José Roberto Julianelli

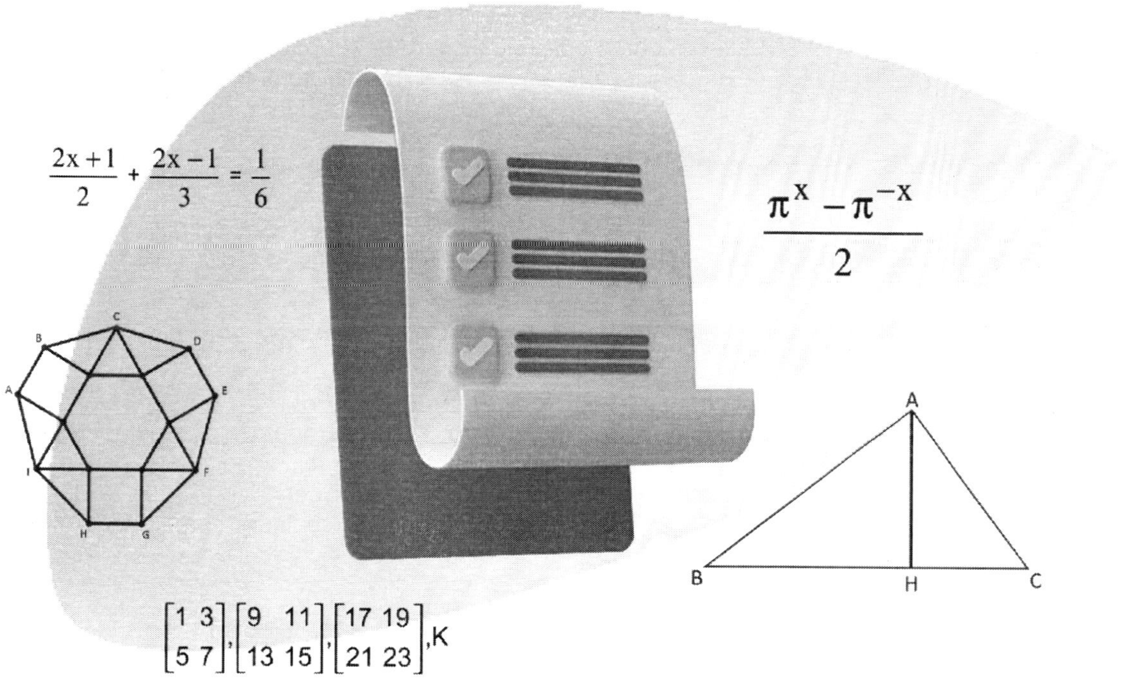

Questões de Matemática para Concursos

Aprovação em 100 horas de estudo

Editora Ciência Moderna

Questões de Matemática para Concursos - Aprovação em 100 horas de estudo

Editor: Paulo André P. Marques
Produção Editorial: Dilene Sandes Pessanha
Capa: Equipe Ciência Moderna
Diagramação: Equipe Ciência Moderna
Copidesque: Equipe Ciência Moderna

FICHA CATALOGRÁFICA

JULIANELLI, José Roberto.

Questões de Matemática para Concursos - Aprovação em 100 horas de estudo

Rio de Janeiro: Editora Ciência Moderna Ltda., 2022.

1. Matemática
I — Título

ISBN: 978-65-5842-196-2 CDD 510

Editora Ciência Moderna Ltda.
R. Alice Figueiredo, 46 – Riachuelo
Rio de Janeiro, RJ – Brasil CEP: 20.950-150
Tel: (21) 2201-6662/ Fax: (21) 2201-6896
E-MAIL: LCM@LCM.COM.BR
WWW.LCM.COM.BR
08/22

Sumário

1 - Números e Operações e Álgebra Básica

1 - A diferença *0,8 – 0,08* é equivalente a:

a) $\frac{41}{50}$

b) $\frac{18}{25}$

c) $\frac{16}{25}$

d) $\frac{27}{50}$

2 - João tem um caderno com 124 páginas. Se numerar todas as páginas, de 1 até 124, a quantidade de algarismos que serão escritos por João é igual a:

a) 124
b) 372
c) 564
d) 592

3 - Marcela foi ao cinema com suas amigas, levando 50 reais em sua bolsa. Na tabela abaixo estão registrados os gastos de Marcela:

Itens	Gastos (em Reais)
entrada do cinema	12,80
ônibus (ida e volta)	6,20
pipoca	2,50
lanche	7,60

Considerando que foram feitas apenas essas despesas, pode-se concluir que o total, em reais, que Marcela retornou para casa é igual a:

a) 29,10
b) 20,90
c) 19,10
d) 16,90

4 - O menor número natural pelo qual deve ser multiplicado o número 30870 para que ele se torne um quadrado perfeito é:

a) 40
b) 60
c) 70
d) 100

5 **-** Mariana visita sua avó de 15 em 15 dias; Thiago visita sua avó de 20 em 20 dias. No dia 1º de abril Mariana e Thiago visitaram suas avós. O número mínimo de dias, necessário para que eles voltem a visitar suas avós no mesmo dia é igual a:

a) 20
b) 30
c) 45
d) 50
e) 60

6 **-** Ao somar 78 com 47, Fernanda inverteu a ordem dos algarismos do segundo número, isto é, somou 78 com 74. Assim, o resultado encontrado por Fernanda, em relação ao que deveria ter obtido é:

a) 37 unidades maior
b) 37 unidades menor
c) 27 unidades maior
d) 27 unidades menor

7 **-** Marcelo recebeu uma fatura no valor de R$ 128,50, cuja data do vencimento era 12 de maio de 2011. Nessa fatura, era informado que se o pagamento fosse feito após a data do vencimento, seria cobrada uma multa de 10% sobre o valor da fatura, além de um acréscimo de R$0,25 por dia de atraso. Sabendo que Marcelo pagou por essa fatura um total de R$144,35, pode-se concluir corretamente que a fatura foi paga no dia

a) 20 de maio de 2011
b) 24 de maio de 2011
c) 28 de maio de 2011
d) 01 de junho de 2011

8 **-** Observe a charge a seguir e leia as informações no quadro abaixo:

Os pais de Junior ficaram muito preocupados com a obesidade do filho. Depois de muita conversa, conseguiram convencê-lo a fazer uma dieta, na qual a previsão é de que ele vai perder, a cada mês, 10% do "peso" registrado no mês anterior. Considere que, ao iniciar sua dieta, Junior "pesava" 120 Kg.

Com base nas informações anteriores, pode-se concluir corretamente que o "peso" de Junior, após 2 meses de dieta será, em quilogramas, igual a:

a) 110
b) 108
c) 97,2
d) 87,5

9 - Num determinado dia da semana, Pedro comparou as cotações, em relação ao real, para compra do dólar e do euro turismo, obtendo o seguinte quadro:

Moeda	**Preço de Compra (em Reais)**
1 dólar	1,55
1 euro	2,17

Com base no quadro acima pode-se afirmar que, nesse dia da semana, com 100 euros Pedro poderia comprar uma quantidade de dólares igual a:

a) 62
b) 102
c) 120
d) 140

10 - Pedro foi à feira no domingo e percebeu a seguinte relação entre os preços de três mercadorias:

Dois melões custavam o mesmo preço de cinco maçãs;
Quatro maçãs custavam o mesmo preço de uma dúzia de laranjas.

Com base nas relações acima pode-se concluir corretamente que, nesse dia, pelo preço de 10 melões, Pedro poderia comprar uma quantidade de laranjas igual a:
a) 35
b) 60
c) 70
d) 75

Leia a tirinha extraída do jornal O GLOBO em 07/02/2010 e as informações abaixo para responder as duas questões a seguir:

URBANO, o aposentado — A. Silvério

Na tirinha, observa-se que Urbano tenta lembrar o segredo do cadeado da TV. Ele sabia que o segredo era formado por 4 algarismos diferentes, sendo o primeiro diferente de zero.

11 **-** A diferença entre o maior e o menor número de quatro algarismos que Urbano pode formar para testar o segredo do cadeado é igual a:

a) 8888
b) 8853
c) 8642
d) 8426

12 **-** Suponha que o número desse segredo seja **27X8**, em que X representa um algarismo, e que esse número seja múltiplo de 3 e de 4. Pode-se concluir corretamente que o valor de **X** é igual a:

a) 0
b) 1
c) 4
d) 7

13 **-** No cardápio do almoço de um restaurante é oferecido macarrão de 6 em 6 dias, enquanto a sobremesa gelatina é oferecida de 4 em 4 dias. Se no almoço de hoje o restaurante ofereceu macarrão e gelatina, o número mínimo de dias necessários para que essa coincidência ocorra novamente é igual a:

a) 10
b) 12
c) 18
d) 24

14 **-** O salário de um ajudante de cozinha é de R$ 680,00. Se esse salário tiver um aumento de 12%, passará a valer, em reais, o equivalente a:

a) 714,60
b) 724,80
c) 748,80
d) 761,60

15 **-** Leia a história em quadrinhos abaixo, publicada no jornal O GLOBO em 14/07/2004:

(O Globo)

Suponha que URBANO tenha contado um total de 207 cotonetes. Se ele escrever todos os números naturais de 1 a 207, o total de algarismos escritos por URBANO será igual a:

a) 508
b) 510
c) 513
d) 515

16 - Marcelo escreveu lado a lado a palavra ACREDITAR formando a sucessão de letras

ACREDITARACREDITARACREDITARACREDITAR...

Quando chegar à letra que ocupa a 2012ª posição, a letra escrita por Marcelo será:

a) C
b) D
c) R
d) T

17 - Mariana quer viajar para o exterior e decidiu fazer uma pesquisa sobre a cotação do dólar e do euro em comparação com o real. No dia que fez sua pesquisa constatou que:

1 dólar = 1,80 reais
1 euro = 2,88 reais

Com a quantia em reais que tem reservado para a viagem, Mariana verificou que poderia comprar 3.800 dólares.

Com base nos dados acima foram feitas as três afirmações:

1. Mariana possui reservado para viagem o equivalente a 6800 reais
2. Com o dinheiro que possui reservado para a viagem, Mariana poderá comprar 2375 euros
3. No dia da pesquisa, Mariana percebeu que 1 dólar era equivalente a 1,60 euros.

Após a análise dessas afirmações, pode-se concluir corretamente que o número de afirmações corretas é igual a:

a) 0
b) 1
c) 2
d) 3

18 - Em um lote de roupas fabricadas por uma confecção, 60% da produção é do modelo A e 40% do modelo B. Sabe-se que 4% das roupas fabricadas do modelo A e 1,5% das do modelo B apresentam pequenos defeitos.
O percentual de roupas desse lote que apresentam pequenos defeitos é de:

a) 5,5%
b) 3%
c) 2,75%
d) 2%

19 - Um comerciante aumenta o preço inicial P de um produto em 20% e, em seguida, resolve fazer uma promoção, dando um desconto, também de 20%, sobre o novo preço.
Com base nessas informações, pode-se concluir corretamente que o preço final desse produto será igual a:

a) $1,44 \cdot P$
b) $1,00 \cdot P$
c) $0,98 \cdot P$
d) $0,96 \cdot P$

20 - Para escrever todos os termos da sequência de números naturais (1, 2, 3, 4, ..., n), Marcelo escreveu 564 algarismos. O valor de n é:

a) 224
b) 120
c) 112
d) 108

21 - Marcela aumentou o preço de um vestido de sua loja em 40% e, em seguida, aplicou um segundo aumento ao preço do mesmo vestido, verificando que o preço final do vestido ficou 75% mais caro do que era originalmente. Pode-se concluir que o segundo aumento aplicado por Marcela foi igual a:

a) 35%
b) 30%
c) 25%
d) 20%

22 - No final do ano passado, foi constatado que a população de uma cidade havia aumentado 1.200 habitantes. Porém, no início deste ano, devido a uma epidemia, essa nova população diminuiu 11%. Após essas duas ocorrências, a cidade ficou com 32 habitantes a menos que havia antes do aumento de 1.200 habitantes. O número original de habitantes dessa cidade era de:

a) 1.168
b) 9.168
c) 10.000
d) 11.200

23 - Um tanque tem capacidade para armazenar 3.000 litros de água. Na base desse tanque há uma torneira por onde a água pode escoar a uma vazão constante. Às 6 horas de um certo dia, quando esse tanque estava cheio de água, a torneira foi aberta. Às 13 horas desse mesmo dia constatou-se que ainda havia 2.440 litros de água no tanque. Pode-se concluir que este tanque estará vazio às:

a) 21 horas e 30 minutos do mesmo dia.
b) 23horas e 30 minutos do mesmo dia.
c) 9 horas e 30 minutos do dia seguinte.
xd) 19 horas e 30 minutos do dia seguinte

24 - Um marceneiro possui 4 pedaços de ripas, cujas medidas são iguais a 0,15 m, 0,7 m, 1,5 m e 5 m. Esse marceneiro deseja cortar essas ripas, de modo que a medida de cada pedaço seja a mesma e a maior possível. O número total de pedaços que esse marceneiro obterá após fazer esses cortes é igual a:

a) 127
b) 137
c) 147
d) 157

25 - Analise as três afirmações abaixo, acerca do número natural $\mathbf{N = 8^2 \times 55^9}$:

I. N é divisível por 220
II. N possui 700 divisores positivos
III. N não é divisível por 160

O número de afirmações corretas é igual a:

a) 0
b) 1
c) 2
d) 3

26 - O desenho abaixo representa um terreno com a forma de um trapézio retângulo, cuja área vale 80m² e as medidas de seus lados são expressas em metros:

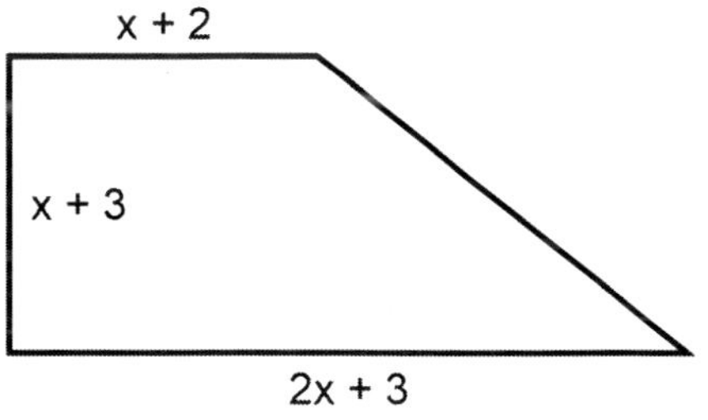

O perímetro desse terreno é, em metros, igual a:

a) 38
b) 36
c) 34
d) 32

27 - O quadrado da soma de três números naturais consecutivos excede a soma de seus quadrados em 292 unidades. O maior desses números é:

a) Múltiplo de 3
b) Divisível por 4
c) Divisível por 3
d) Múltiplo de 6

28 - A solução do sistema de equações $\begin{cases} \sqrt{x} + \sqrt[3]{y} = 12 \\ x - \sqrt[3]{y} = 8 \end{cases}$ é o par ordenado de números reais (x, y). Pode-se concluir corretamente que o produto x . y é igual a:

a) 2^{11}
b) 2^{12}
c) 2^{13}
d) 2^{14}

29 - Considere um conjunto A, subconjunto do conjunto dos números reais IR, e que em A seja definida uma operação @, de modo que, para todo x ϵ A e y ϵ A, se tenha $x @ y = \dfrac{x+y}{2x-y}$.

Com relação a essa operação, foram feitas as cinco afirmações abaixo:

i) $A = \{x \in \Re,\ y \in \Re\ /\ y \neq 2x\}$
ii) $3 @ 5 = 8$
iii) Se $x @ 8 = \dfrac{3}{2}$, somente se x = 10
iv) A operação @ é comutativa.
v) Se y = x, x ≠ 0, então $x @ y$ é constante

O número de afirmações corretas é:

a) 2
b) 3
c) 4
d) 5

30 - As raízes da equação do 2º grau $3x^2 - 4x - 1 = 0$ são r e s. Dentre as equações do 2º grau abaixo, aquela que tem raízes r^3 e s^3 é:

a) $27x^2 - 100x - 1 = 0$
b) $27x^2 + 100x - 1 = 0$
c) $27x^2 - 64x - 1 = 0$
d) $27x^2 - 64x + 1 = 0$

31 - ***(MACK)*** O consumo de combustível de um carro de fórmula 1 é de 2 litros por km rodado. A bomba de reabastecimento injeta 12 litros por segundo. Durante uma parada para reabastecer, supondo que o tanque esteja vazio, injeta-se gasolina por 7 segundos. Se a extensão da pista é de 3,5 km, a quantidade máxima de voltas que ele pode percorrer, antes de um novo reabastecimento, é:

a) 13
b)14
c) 15
d) 12
e) 16

32 - ***(FUVEST)*** Para que fosse feito um levantamento sobre o número de infrações de trânsito, foram escolhidos 50 motoristas. O número de infrações cometidas por esses motoristas, nos últimos cinco anos, produziu a seguinte tabela:

Nº DE INFRAÇÕES	Nº DE MOTORISTAS
de 1 a 3	7
de 4 e 6	10
de 7 a 9	15
de 10 a 12	13
de 13 a 15	5
maior ou igual a 16	0

Pode-se, então, afirmar que a média do número de infrações, por motorista, nos últimos cinco anos, para este grupo está entre:

a) 6,9 e 9,0
b) 7,2 e 9,3
c) 7,5 e 9,6
d) 7,8 e 9,0
e) 8,1 e 10,2

33 - Num bolão, sete amigos ganharam vinte e um milhões, sessenta e três mil e quarenta e dois reais. O prêmio foi dividido em sete partes iguais. Logo, o que cada um recebeu, em reais, foi:

a) 3.009.006,00
b) 3.009.006,50
c) 3.090.006,00
d) 3,090.006,50
e) 3.900.060,50

34 - (VUNESP) Três viajantes partem num mesmo dia de uma cidade **A**. Cada um desses três viajantes retorna à cidade **A** exatamente a cada 30, 48 e 72 dias, respectivamente. O número mínimo de dias transcorridos para que os três viajantes estejam juntos novamente na cidade **A** é:

a) 144.
b) 240.
c) 360.
d) 480.
e) 720.

35 - (UFMG) Seja **N** o menor número inteiro pelo qual se deve multiplicar 2520 para que o resultado seja o quadrado de um número natural. Então, a soma dos algarismos de **N** é:

a) 9
b) 7
c) 8
d) 10

36 - Leia a composição em quadrinhos abaixo, que foi extraída do jornal O DIA:

Considere cada ano referido acima como 365 dias. A diferença entre o número de dias que o homem está desempregado e o número de dias que ele sonhou estar desempregado é:

a) 1075
b) 1080
c) 1085
d) 1090
e) 1095

37 - (UENF) Uma rede de lanchonetes distribuiu uma revista com alguns jogos de passatempo, como o que está sendo reproduzido abaixo.

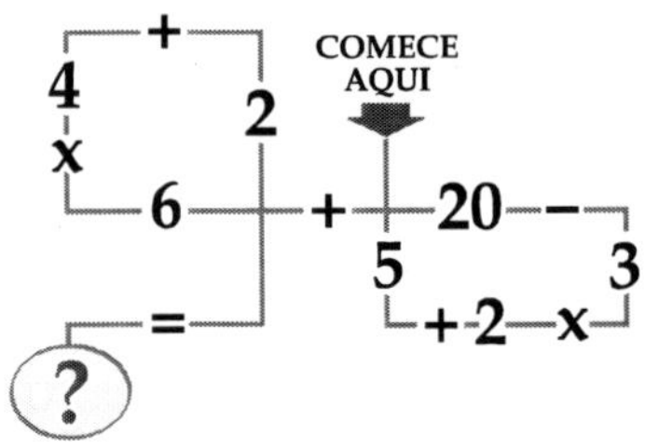

A revista apresentou o valor **30** como resposta. Mariana discordou da resposta apresentada pela revista, pois aprendeu que numa expressão do tipo:

$$5 + 2 \times 3 - 20 + 6 \times 4 + 2$$

algumas operações têm prioridade sobre outras.

a) Determine o resultado correto encontrado por Mariana.

b) Reescreva a expressão, utilizando parênteses e/ou colchetes, para que o resultado seja 30.

38 - (UERJ)

(O Globo, 30/08/96.)

O cálculo errado da gorjeta levou os dois amigos a pagarem uma conta de R$ 58,00, quando o valor correto a pago deveria ser R$ 18,00 + 10% de R$ 18,00.
Se soubessem um pouquinho de aritmética, esses clientes poderiam ter economizado, em reais, a quantia de:

a) 36,20
b) 38,20
c) 39,00
d) 48,20

39 - (UERJ)

(O Globo)

Supondo que a garçonete tenha decidido misturar água ao café com leite do "seu" Almeida. Num copo de 300 ml, colocou 20 ml de água pura e completou o restante de acordo com o pedido do freguês.
Em comparação com a porção solicitada de café com leite, pode-se afirmar que "seu" Almeida bebeu pelo menos uma quantidade de leite igual a:

a) 5 ml
b) 10 ml
c) 15 ml
d) 20 ml

40 - Uma fábrica de picolés lançou a seguinte campanha publicitária:

JUNTE 5 PALITOS DE PICOLÉS E
TROQUE POR 1 PICOLÉ DE PALITO

Se uma pessoa juntar 101 palitos, ela poderá usar esses palitos para trocar por uma quantidade máxima de picolés igual a:

a) 20
b) 21
c) 23
d) 24
e) 25

41 - (UERJ)

No Brasil, a rapadura surgiu no século XVII com os primeiros engenhos de cana-de-açúcar. Logo ganhou estigma de comida de pobre. No passado, era predominantemente consumida pelos escravos e mesmo hoje, só eventualmente, frequenta as mesas mais fartas. Apesar disso, seu valor calórico é riquíssimo. Cada 100 gramas têm 132 calorias – ou seja, 200 gramas equivalem em energias a um prato de talharim com ricota.

(FERNANDES, Manuel. Revista Terra, ago/96.)

Triunfo, cidade do interior de Pernambuco, produz em rapadura por ano o equivalente a 1,98 bilhões de calorias. Isto representa, em toneladas, uma produção de rapadura correspondente a:

a) 2000
b) 1500
c) 200
d) 150

42 - (UERJ)

O engenheiro Ronaldo Belassiano descobriu que o carioca é o povo mais ágil para embarcar nos coletivos. Ele leva, em média, apenas 1,85 segundos contra 2,4 segundos gastos, em média, pelos londrinos.

(Super Interessante, set/96 – com adaptações.)

Com base no texto, considere que um ônibus no Rio de Janeiro fique parado num ponto, durante 74 segundos, e embarque passageiros de acordo com a média apresentada.
Em Londres, para embarcar essa mesma quantidade de passageiros, o ônibus deverá ficar parado durante:

a) 96 s
b) 104 s
c) 108 s
d) 220 s

43 - (UERJ) Ao analisar as notas fiscais de uma firma, o auditor deparou-se com a seguinte situação:

QUANTIDADE	MERCADORIA	PREÇO UNITÁRIO (R$)	TOTAL (R$)
metros	cetim	21,00	56,00

Não era possível ver o número de metros vendidos, mas sabia-se que era um número inteiro. No valor total, só apareciam os dois últimos dos três algarismos da parte inteira.
Com as informações acima, o auditor concluiu que a quantidade de cetim, em metros, declarada nessa nota foi:

a) 16
b) 26
c) 36
d) 46

44 - Uma relação de peças de um almoxarifado apresenta números riscados, permanecendo legível o total.

Parafusos: 3* *
Porcas: 320
Arruelas: * *0
Total: 1065

Determine a quantidade possível de cada item da nota, na ordem: parafusos, porcas e arruelas.

a) 385, 320 e 360
b) 350, 320 e 395
c) 285, 330 e 450
d) 395, 320 e 340
e) 390, 320 e 355

45 - Leia atentamente a tirinha abaixo:

Com base nos dados apresentados, pode-se afirmar que o diálogo entre os marinheiros ocorreu exatamente numa:
a) 5ª feira, às 12h 20min 23s
b) 5ª feira, às 9h 20min 23s
c) 4ª feira, às 3h 20min 23s
d) 4ª feira, às 22h 20min 23s
e) 5ª feira, às 15h 20min 23s

46 - (UERJ) Nicole pediu a seu irmão João que pensasse em um número e efetuasse as seguintes operações, nesta ordem:

1ª) multiplicar o número pensado por 5
2ª) adicionar 6 ao resultado
3ª) multiplicar a soma obtida por 4
4ª) adicionar 9 ao produto
5ª) multiplicar a nova soma por 5

João comunicou que o resultado é igual a **K.**
As operações que Nicole deve efetuar com **K**, para "adivinhar" o número pensado, equivalem às da seguinte expressão:

a) (K – 165) : 100
b) (K – 75) : 100
c) K : 100 + 165
d) (K + 165) : 100

47 - (UFF) O número N é o número 1 seguido de 100 zeros. Então, o número N^N é o número 1 seguido de:

a) 100 N zeros
b) 102 N zeros
c) 110 N zeros
d) N^2 zeros
e) N^N zeros

48 - O número natural $n = 2^x \cdot 3^y \cdot 5^z$ com $x > y > z > 0$, possui 105 divisores. Logo, o valor do produto xyz é:

a) 12
b) 18
c) 32
d) 48
e) 75

49 - O mínimo múltiplo comum entre os números 2^m, 5 e 7 é 280. O valor do expoente m é:

a) 2
b) 3
c) 5
d) 8
e) 10

50 - Se $a = 2^3$, $b = a^2$ e $c = 2^{2a}$, então o valor de 8abc é:

a) 2^{20}
b) 4^{15}
c) 2^{18}
xd) 4^{14}
e) 4^{16}

51 - A quinta parte de 25^{18} é:

a) 5^{18}
b) 5^{35}
c) 25^{18}
d) 5^{17}
e) 25^{17}

52 **-** Se a semana tivesse apenas seis dias, de segunda a sábado, e se o dia 25 de junho de um certo ano fosse terça--feira, o dia 2 de novembro do mesmo ano seria:

a) terça-feira
b) quarta-feira
c) quinta-feira
d) sexta-feira
e) sábado

53 **-** O próximo termo da sequência escrita abaixo vale:

65 33 17 9 5 ...

a) 1
b) 2
c) 3
d) 4
e) 5

54 **-** Se a e b são números inteiros, $1 \leq a < b \leq 9$, o menor valor que $\frac{a+b}{ab}$ pode assumir é:

a) 1
b) $\frac{15}{56}$
c) $\frac{2}{9}$
d) $\frac{9}{20}$
e) $\frac{17}{72}$

55 **-** Sendo x = 0,666... e y = 0,333..., qual o valor de $\frac{x-y}{x+y}$?

a) 0,555...
b) 3
c) 1
d) 0,666...
e) 3^{-1}

56 **-** Um aluno escrevendo todos os subconjuntos do conjunto A = {x, y, z,...} esqueceu do conjunto <u>vazio</u>. Assim, ele apenas escreveu 31 subconjuntos. Pode-se afirmar que o número de elementos do conjunto A é:

a) 3
b) 10
c) 5
d) 8
e) 32

57 - Considere dois números inteiros positivos x e y, sendo x > y, com os quais foram realizadas as quatro operações, conforme indicado na tabela abaixo:

(I)	(II)
adição	x + y
subtração	x – y
multiplicação	x · y
divisão	x / y

Sabendo que a soma dos 4 resultados encontrados na coluna (II) é igual a 147, o valor de x é:

a) 18
b) 12
c) 9
d) 6
e) 3

58 - Observe o gráfico a seguir, retirado de uma reportagem da revista VEJA, de 01/07/92:

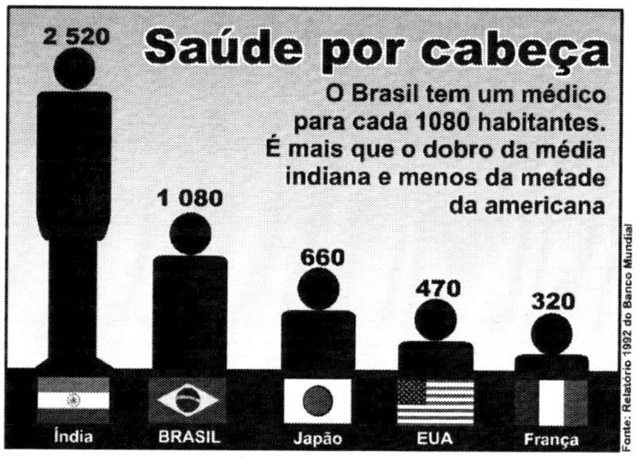

De acordo com os dados apresentados, e supondo que a população do Brasil naquele ano fosse de aproximadamente 151.200.000 de habitantes, pode-se afirmar que a quantidade de médicos que havia no Brasil era próxima de:

a) 100.000
b) 120.000
c) 140.000
d) 160.000
e) 180.000

59 - Se $\begin{cases} a+b+c=120 \\ \dfrac{a}{3}=\dfrac{b}{4}=\dfrac{c}{5} \end{cases}$, então $a^2 + b^2 - c^2$ vale:

a) 4
b) 1
c) 2
d) –4
e) 0

60 - 30% da quarta parte de 3.200 é:

a) 560
b) 320
c) 800
d) 420
e) 240

61 - Numa liquidação, uma camiseta comprada com desconto de 12% sai por R$ 22,00. Se o desconto tivesse sido de 24%, a camiseta teria saído por:

a) R$ 11,00
b) R$ 16,72
c) R$ 19,00
d) R$ 19,36
e) R$ 20,68

62 - Uma indústria pretendendo dobrar sua produção deve programar dois aumentos iguais e sucessivos de, aproximadamente:

a) 25%
b) 30%
c) 35%
d) 40%
e) 50%

63 - Aumentar o preço de um produto em 50% e, em seguida, conceder um desconto de 30% equivalente a aumentar o preço original em:

a) 5%
b) 10%
c) 15%
d) 20%
e) 25%

64 - No mês de agosto, os índices de preços ao consumidor divulgados pela Fipe apontaram um pequena deflação, o que representa teoricamente, um aumento no poder de compra da população. Para que o poder de compra da população aumente 100%, é necessário que a deflação seja de:

a) 100%
b) 50%
c) 25%
d) 12,5%

e) 30%

65 - Um recipiente contém 5 litros de um combustível composto de 8% de álcool e o restante de gasolina. Para que essa porcentagem de álcool passe a 20%, deve-se acrescentar de álcool no recipiente:

a) $\frac{1}{4}$ litro
b) $\frac{1}{2}$ litro
c) $\frac{3}{4}$ litro
d) 1 litro
e) $\frac{3}{2}$ litro

66 - Se $z = \frac{x^3}{y^2}$, então aumentando x e y em 10% cada um, o valor de z:

a) não se altera
b) aumenta 20%
c) aumenta 11%
d) aumenta 21%
e) aumenta 10%

67 - Uma pessoa fez um empréstimo de R$ 1.000,00, a juros de 10% ao mês sobre o saldo devedor. Ficando desempregada, nada pagou durante 3 meses. Ao final do 3º mês, sua dívida é de:

a) R$300,00
b) R$1.111,00
c) R$1.300,00
d) R$1.331,00
e) R$1.600,00

68 - Qual é o tempo necessário para quadruplicar um capital empregado a juros simples de 2,5% ao mês?

a) 1 ano
b) 1 ano e 4 meses
c) 13 anos e 4 meses
d) 10 anos
e) 3 anos e 4 meses

69 - Se <u>**a**</u> é **K** por cento de <u>**b**</u>, que porcentagem de **b** é **Ka**?

a) K%
b) 10K%
c) k^2 %
d) $\frac{1}{k^2}$ %
e) 100%

70 - (MACK) Numa "superpromoção" uma loja oferece 40% de desconto sobre o preço de venda de um produto, havendo, ainda assim, um lucro de 20% sobre o preço de custo desse produto. Se o desconto não tivesse sido dado, o lucro da loja teria sido de:

a) 100%
b) 80%
c) 60%
d) 55%
e) 45%

71 - (MACK) A média das notas de todos os alunos de uma turma é 5,8. Se a média dos rapazes é 6,3 e das moças é 4,3, a porcentagem de rapazes na turma é:

a) 60%
b) 65%
c) 70%
d) 75%
e) 80%

72 - Uma loja de roupas veiculou o seguinte anúncio promocional:

A promoção da loja, oferecendo 50 % no preço do 2º terno corresponde, na compra dos dois ternos, a um desconto real de:

a) 15 %
b) 20 %
c) 25 %
d) 30 %
e) 50 %

73 - (UERJ)

Minamata do Trópico

Brasília Legal é um típico vilarejo amazônico, às margens do rio Tapajós, a 200 km dos garimpos de Itaituba. Tem 135 famílias que vivem da pesca e do extrativismo.

De 150 moradores examinados por pesquisadores, 90% apresentam índices de contaminação por mercúrio superiores a 6 ppm (partes por milhão), o máximo que a Organização Mundial de Saúde (OMS) considera tolerável no organismo humano.

O caso mais grave é o do pescador José Camilo da Silva, 51 anos, conhecido em Brasília Legal como Zé do Cacete. Mergulhado no límpido Tapajós, Zé do Cacete parece desconhecer a gravidade da situação. Testes realizados pelo Instituto de Doença de Minamata, Japão, revelaram que a contaminação mercurial em Zé do Cacete atingia 151 ppm.

(Revista ISTO É, 08/09/93

Considerando-se o índice máximo tolerável pela OMS, a contaminação de José Camilo está com uma taxa percentual (em números redondos) em torno de:

a) 2%
b) 25%
c) 250%
d) 2500%
e) 25000%

74 - (MACK) Um objeto é vendido em uma loja por R$ 26,00. O dono da loja, mesmo pagando um imposto de 20% sobre o preço de venda, obtém um lucro de 30% sobre o preço de custo. O preço de custo desse objeto é:

a) R$ 16,00
b) R$ 14,00
c) R$ 18,00
d) R$ 14,80
e) R$ 16,80

75 - Um time de futebol tem 11 jogadores. Se um jogador fosse substituído por um outro de 20 anos, a média aritmética das idades dos jogadores diminuiria de 1 ano. A soma dos algarismos da idade do jogador substituído é:

a) 4
b) 5
c) 6
d) 7
e) 8

76 - Seja **m** a solução da equação $\frac{2x+1}{2} + \frac{2x-1}{3} = \frac{1}{6}$, em IR. Então:

a) $m + 1 = -3$
b) $2m = -6$
c) $m^3 = -8$
d) $3m = 9$
e) $m + 1 = 0$

77 - O número de valores de x que satisfazem a equação $\frac{2x^2 - 10x}{x^2 - 5x} = x - 3$ é:

a) zero
b) um
c) dois
d) três
e) um inteiro maior que 3

78 - Um rato está 54 metros na frente de um gato que o persegue. Enquanto o rato percorre 4 metros, o gato percorre 7. Quantos metros deverá percorrer o gato para alcançar o rato?

a) 126m
b) 132m
c) 138m
d) 144m
e) 150m

79 - Mário César planejou digitar um trabalho de 360 linhas em n dias digitando k linhas por dia. Como atrasou um dia para começar o trabalho, teve que digitar k + 5 linhas em cada um dos dias restantes. Quantos dias Mário gastou para digitar a tarefa?

a) 8
b) 9
c) 10
d) 7
e) 11

80 - (UNIRIO) Marta vai se casar e N amigas suas resolveram comprar-lhe um presente no valor de R$ 300,00, cada uma delas contribuindo com a quantia de X reais. Na hora da compra, entretanto, uma delas desistiu de participar e as outras tiveram, cada uma, um acréscimo de R$ 15,00 na quota inicialmente prevista. Assim, a afirmação correta é:

a) N = 4
b) X = R$ 60,00
c) X = R$ 45,00
d) X = R$ 50,00
e) N = 6

81 - Leia atentamente a composição em quadrinhos abaixo, extraída do jornal O Globo.

Considere um determinado instante em que houvesse alguns pássaros pousados na cabeça do leão e outros voando. Se voarem 3 pássaros, o número de pássaros que ficam pousados será igual ao número de pássaros que estarão voando. Se pousarem 2, o número de pássaros voando ficará igual à terça parte dos que estarão pousados. Pode-se então concluir que, no instante considerado, o número de pássaros que estavam voando era igual a:

a) 7
b) 9
c) 11
d) 13
e) 15

82 - Se 2x = 3y = 1, então o valor numérico da expressão $\frac{x^3 - xy^2}{y^2 - x^2}$ é:

a) $\frac{-1}{3}$

b) $\frac{-1}{2}$

c) $\frac{1}{2}$

d) $\frac{1}{3}$

e) 1

83 **-** Se $\frac{12}{x-5-y} = -\frac{3}{4}$, então o valor de $(y-x)^2$ é:

a) 81
b) 100
c) 49
d) 121
e) 144

84 **-** Se $M = x + \frac{2y-2x}{2+xy}$ e $N = 1 - \frac{xy-x^2}{2+xy}$, como $xy \neq -1$, então $\frac{M}{N}$ é:

a) x b) y c) x – y d) y – x e) 1

85 **-** O valor da expressão $\frac{x+y}{1-xy}$, para $x = \frac{1}{2}$ e $y = \frac{1}{3}$ é:

a) 4
b) 3
c) 1
d) 0
e) 6

86 **-** Se $A = \frac{\pi^{x}+\pi^{-x}}{2}$ e $B = \frac{\pi^{x}-\pi^{-x}}{2}$ então o valor de $A^2 + B^2 - 2AB$ é igual a:

a) $\frac{1}{\pi}$
b) π^{-x}
c) π^{-2x}
d) 1
e) π

87 **-** Sabendo que $a^2 + 4b^2 + a^2b^2 = (ab-2)^2$, onde a $b \neq 0$, podemos afirmar que $|a+2b|$ é igual a :

a) 0
b) 1
c) 2
d) 3
e) impossível de se calcular.

88 - Racionalizando o denominador, vemos que a razão $\frac{\sqrt{2}+2}{-2+\sqrt{2}}$ é igual a:

a) $-3-2\sqrt{2}$
b) $3-2\sqrt{2}$
c) $-3+2\sqrt{2}$
d) $-1+2\sqrt{2}$
e) $-1-2\sqrt{2}$

89 - Racionalizando o denominador, vemos que a razão $\frac{\sqrt{3}+1}{-1+\sqrt{3}}$ é igual a:

a) $\sqrt{3}-1$
b) $\sqrt{3}+\sqrt{2}$
c) $2+2\sqrt{3}$
d) $1+2\sqrt{3}$
e) $2+\sqrt{3}$

90 - Se r = $\sqrt{3+2\sqrt{2}}-\sqrt{3-2\sqrt{2}}$, então r vale:

a) 2
b) $2\sqrt{3}$
c) $4\sqrt{2}$
d) $\sqrt{6}$
e) $2\sqrt{2}$

91 - Dado que a equação $5x^2 - 3x + m = 0$, admite uma raiz igual a $\frac{1}{2}$, o valor de m, nesta equação, é:

a) 1
b) –1
c) $\frac{1}{4}$
d) $-\frac{1}{4}$
e) $\frac{1}{2}$

92 - As raízes do trinômio $Ax^2 + Bx + C$ são 1 e –5. Pode-se afirmar que:

a) B = –4 b) A ≠ 0
c) C = –5
d) A = 1

e) B = 4

93 - As raízes da equação $mx^2 - ax + b = 0$, onde a, b e m$\in$ IR* são iguais a 2 e 1. Podemos afirmar que:

a) $\frac{a}{b} = \frac{3}{2}$

b) $\frac{b}{a} = \frac{1}{3}$

c) $\frac{a}{b} = \frac{1}{4}$

d) $\frac{b}{a} = 4$

e) $\frac{a}{b} = 1$

94 - A equação $x^2 - mx + 48 = 0$ admite raízes inteiras e positivas. O valor de m pode ser:

a) 18
b) 15
c) 16
d) 17
e) 13

95 - r e s são as raízes de $2x^2 - 5x + k = 3$. Se $\frac{1}{r} + \frac{1}{s} = \frac{4}{3}$, o valor de k é:

a) $\frac{3}{4}$

b) $-\frac{4}{3}$

c) $\frac{27}{4}$

d) 0
e) 1

96 - As raízes da equação $x^2 + mx + p = 1$ são os inversos das raízes da equação $6x^2 - 3x + 8 = 0$. O valor de m + p é

a) $\frac{7}{8}$

b) $\frac{9}{8}$

c) $\frac{1}{8}$

d) $-\frac{9}{8}$

e) $-\frac{1}{8}$

97 - Sabendo que {a, b} é o conjunto-solução da equação $x^2 - px + 4 = 0$, pode-se afirmar que a expressão $a^a \cdot b^b \cdot a^b \cdot b^a$ vale:

a) 4^{5p}
b) 4^{4p}
c) 4^{3p}
d) 4^{2p}
e) 4^p

98 - (FUVEST) As soluções da equação $\frac{x-a}{x+a} + \frac{x+a}{x-a} = \frac{2(a^4+1)}{a^2(x^2-a^2)}$, onde $a \neq 0$, são:

a) $\frac{-a}{2}$ e $\frac{a}{4}$
b) $\frac{-a}{4}$ e $\frac{a}{4}$
c) $\frac{-1}{2a}$ e $\frac{1}{2a}$
d) $-\frac{1}{a}$ e $\frac{1}{2a}$
e) $-\frac{1}{a}$ e $\frac{1}{a}$

99 - (UFSCAR) Considere a equação $x^2 + kx + 36 = 0$, onde x' e x'' representam suas raízes. Para que exista a relação $\frac{1}{x'} + \frac{1}{x''} = \frac{5}{12}$, o valor de k na equação deverá ser

a) –15
b) –10
d) +12
d) +15
e) +36

100 - (MACK) Se $\frac{ax}{x^2-1} + \frac{b}{x-1} = \frac{2x-1}{x^2-1}$ para todo x, $x \neq \pm 1$, então a – b vale:

a) 4
b) –2
c) 3
d) 0
e) –1

2 - Geometria Plana

101 - Um operário precisa esticar dois cabos de aço, do alto de uma torre de 12 metros de altura, até o chão, conforme sugere o desenho abaixo:

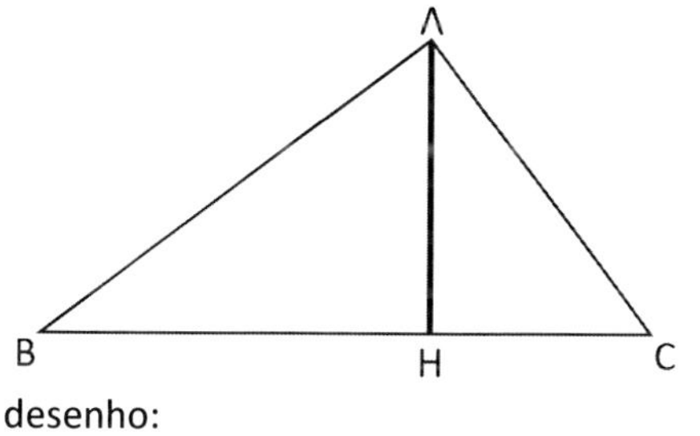

Dados a serem considerados no desenho:

I) ABC é um triângulo retângulo em A.
II) AH representa a torre de 12 metros de altura, e é perpendicular a BC;
III) BA e CA representam os cabos de aço, totalmente esticados;
IV) A distância BH é de 16 metros;

Com base nesses dados, pode-se concluir que a quantidade mínima de cabo de aço que esse operário necessita, para realizar o seu trabalho é, em metros, igual a:

a) 35
b) 25
c) 20
d) 15

102 - Uma empresa alugou um salão retangular de 20 metros de comprimento e 12 metros de largura para instalar seu novo escritório. Pelo projeto de distribuição das diversas seções, 12,5% da área total da sala serão destinados às salas da Diretoria e 20% da área restante serão utilizados para cozinha e banheiros. Na área que restou foram distribuídas as salas dos empregados. Com base nessas informações, pode-se concluir que a área destinada às salas dos empregados é, em metros quadrados, equivalente a:

a) 168
b) 162
c) 140
d) 138

LEIA AS INFORMAÇÕES ABAIXO PARA RESPONDER AS DUAS QUESTÕES A SEGUIR:

Sobre os lados de um hexágono regular de lado 4 cm foram construídos três quadrados e três triângulos equiláteros, formando um eneágono ABCDEFGHI, conforme sugere a figura abaixo:

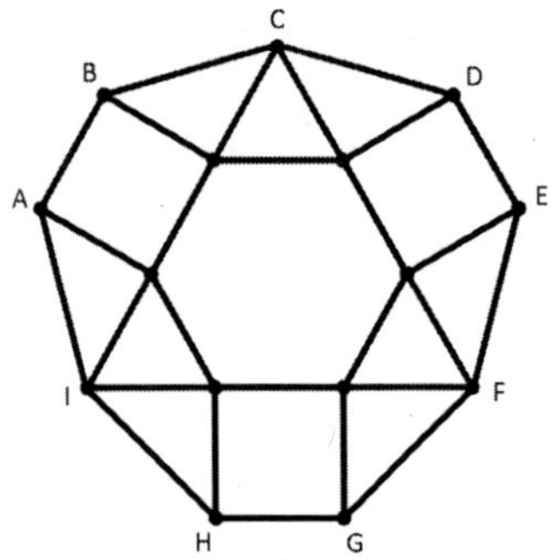

103 - Com base nas informações e na figura acima, pode-se concluir que o perímetro desse eneágono é, em cm, igual a:

a) $12(1+2\sqrt{2})$
b) $24(1+2\sqrt{2})$
c) 36
d) 48

104 - Com base nas informações e na figura acima, pode-se concluir que a área desse eneágono é, em cm², igual a:

a) $12(8+3\sqrt{3})$
b) $12(6+3\sqrt{3})$
c) $16(6+\sqrt{3})$
d) $12(6+\sqrt{3})$

105 - De uma folha de cartolina com a forma de um quadrado de lado 0,80 m, Márcia recortou um triângulo cuja base e a altura medem 0,80 m. Assim, o que sobra de cartolina pode cobrir uma superfície cuja área, em cm², é equivalente a:

a) 3200
b) 3400
c) 3600
d) 3800

106 - O desenho abaixo representa parte do piso de uma sala, em que os ladrilhos utilizados têm a forma de quadrados cujos lados medem 40 cm.
Utilizando a aproximação $\sqrt{5} \cong 2,23$, a medida do segmento AB é, em centímetros, igual a:

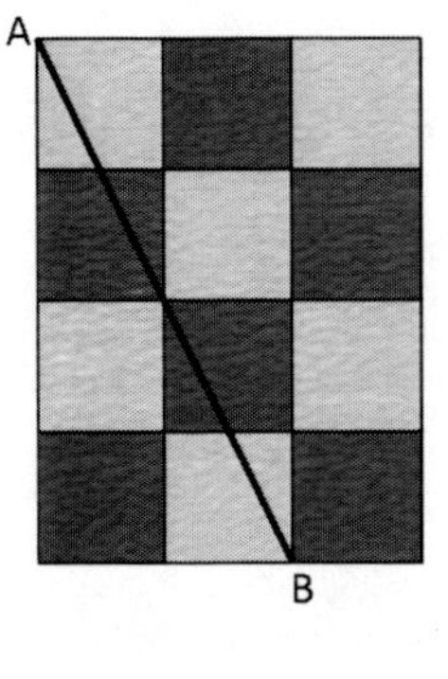

a) 142,4
b) 168,4
c) 178,4
d) 186,4

107 - Na figura abaixo, considere que as circunferências de centro O e O' são tangentes entre si e que a reta tangencia as duas circunferências nos pontos P e M.
Sendo 15 cm e 5 cm os raios das duas circunferências, pode-se concluir corretamente que a área sombreada na figura é, em cm², igual a:

Nessa questão utilize as aproximações: $\sqrt{3} = 1,7$ e $\pi = 3$

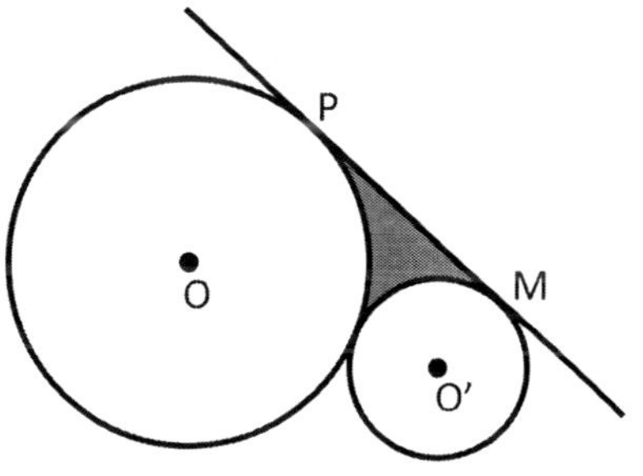

a) 35,5
b) 32,5
c) 29,5
d) 27,5

108 - A figura a seguir sugere a representação de um hexágono regular ABCDEF inscrito num círculo de raio r.

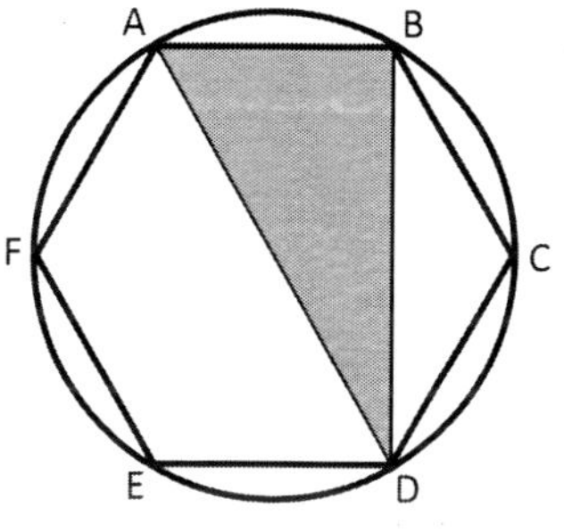

Sendo AD e BD diagonais do hexágono, o perímetro do triângulo ABD pode ser expresso por:

a) $r(3+\sqrt{3})$

b) $r(3\sqrt{3}+1)$

c) $r(3+\frac{\sqrt{3}}{2})$

d) $r(2+\frac{\sqrt{3}}{2})$

109 - A figura abaixo é composta por um quadrado ABCD de lado 8 cm, e um triângulo equilátero ABE.

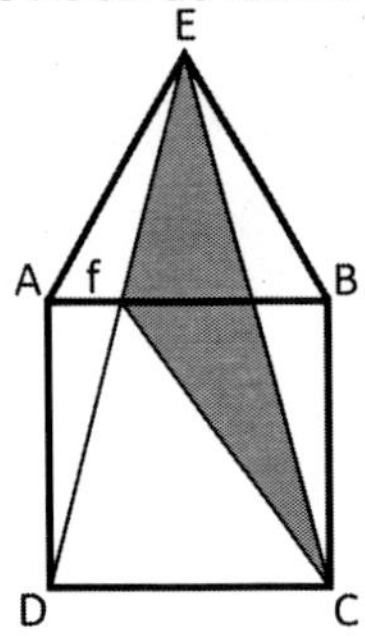

Ligando-se o ponto E ao ponto D, obtém-se F sobre o lado AB do quadrado. A área do triângulo EFC é, em cm^2, igual a:

a) $16\sqrt{3}$

b) $12\sqrt{3}$

c) $64-16\sqrt{3}$

d) $32-16\sqrt{3}$

110 - Uma sala de aula tem a forma de um retângulo cujas dimensões são expressas, em metros, por (3x + 2) e (2x – 1). Se o perímetro dessa sala é igual a 22 metros, pode-se concluir corretamente que a área da sala, em metros quadrados, é igual a:

a) 22
b) 24
c) 28
d) 30

111 - No interior de um retângulo cujos lados medem 14cm e 7cm, foram desenhadas duas circunferências de raio igual a 1cm, que tangenciam dois lados consecutivos do retângulo, conforme sugere a figura abaixo:

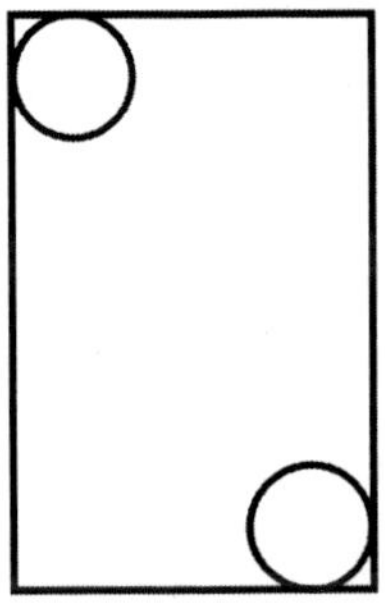

A distância entre os centros dessas circunferências é, em cm, igual a:

a) 10
b) 11
c) 12
d) 13

112 - As figuras abaixo representam um quadrado de lado 12cm e um retângulo cuja base mede 16cm, que possuem áreas numericamente iguais.

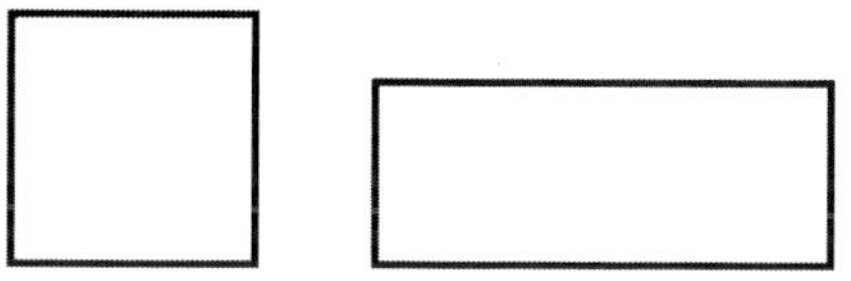

Baseado nessas informações, pode-se concluir que a altura do retângulo é, em cm, igual a:

a) 6
b) 8
c) 9
d) 12

113 - Na figura abaixo ABCD é um quadrado de lado 6 cm e PBC é um triângulo retângulo:

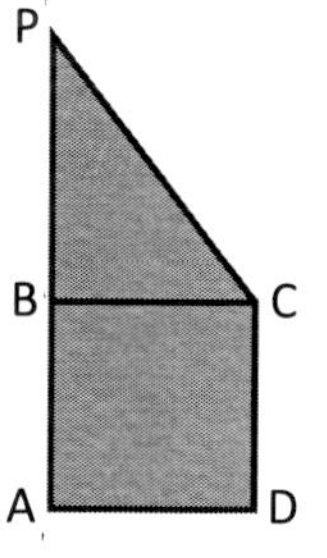

Sabendo que a área do quadrilátero PADC é igual a 60 cm², pode-se concluir corretamente que a medida da hipotenusa do triângulo é, em cm, igual a

a) 7,5
b) 8
c) 9,5
d) 10

114 - A figura abaixo é composta por um triângulo equilátero ABC e um quadrado BCDE.
Considerando que o perímetro do triângulo é 24 cm, área do quadrilátero AFDC é, em cm², igual a:

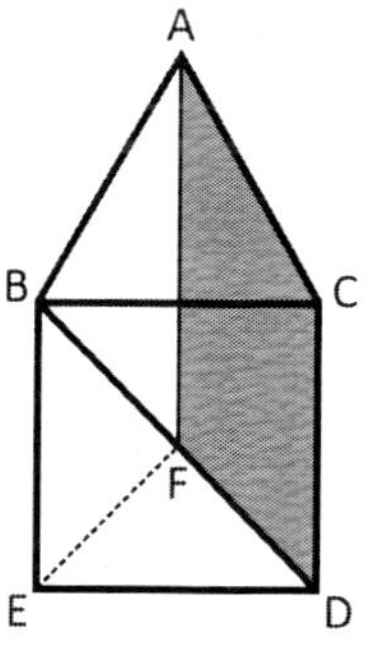

a) $8(3 + 2\sqrt{3})$

b) $8(6 + \sqrt{3})$

c) $8(3 + \sqrt{3})$

d) $8(6 + 2\sqrt{3})$

115 - A figura abaixo sugere a representação de um quadrado ABCD inscrito no triângulo AMN.

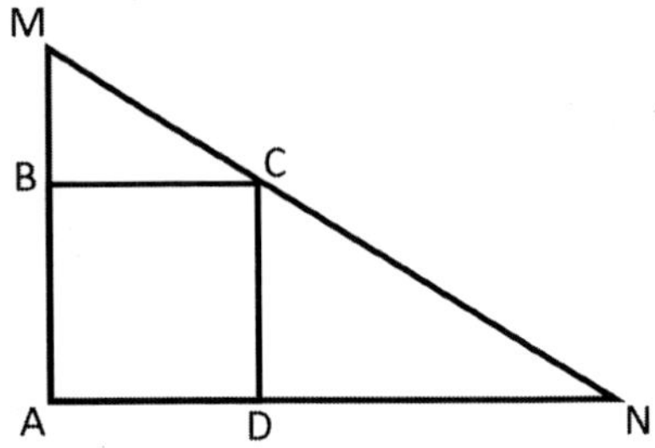

Considerando que os lados AM e AN medem, respectivamente, 6cm e 12cm, pode-se concluir corretamente que a área do quadrado ABCD é, em cm^2, igual a:

a) 12
b) 16
c) 18
d) 24

116 - Na figura abaixo, os segmentos AB e BC são, respectivamente, os lados de um quadrado e de um hexágono regular inscritos num círculo de raio R.

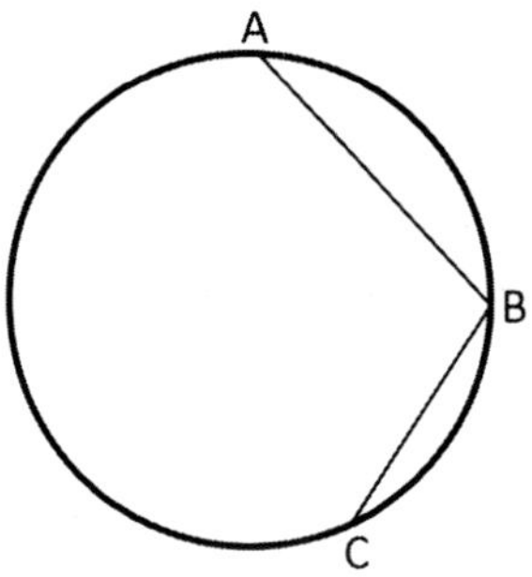

A medida, em graus, do ângulo ABC é igual a:

a) 120
b) 105
c) 90
d) 65

117 - (UERJ) Millôr Fernandes, em uma bela homenagem à Matemática, escreveu um poema do qual extraímos o fragmento abaixo:

Às folhas tantas de um livro de Matemática,
um Quociente apaixonou-se um dia doidamente
por uma Incógnita.
Olhou-a com seu olhar inumerável
e viu-a do ápice à base: uma figura ímpar;
olhos romboides, boca trapezoide,
corpo retangular, seios esferoides.
Fez da sua uma vida paralela à dela,
até que se encontraram no Infinito.
"Quem és tu?" – indagou ele em ânsia radical.
"Sou a soma dos quadrados dos catetos.
Mas pode me chamar de hipotenusa."

....

(Millôr Fernandes. Trinta Anos de Mim Mesmo.)

A incógnita se enganou ao dizer quem era. Para atender ao Teorema de Pitágoras, deveria dar a seguinte resposta:

a) "Sou a soma dos catetos. Mas pode me chamar de hipotenusa."
b) "Sou o quadrado da soma dos catetos. Mas pode me chamar de hipotenusa."
c) "Sou o quadrado da soma dos catetos. Mas pode me chamar de quadrado da hipotenusa."
d) "Sou a soma dos quadrados dos catetos. Mas pode me chamar de quadrado da hipotenusa."

118 - As retas r_1 e r_2 são paralelas. O valor do ângulo a, apresentado na figura abaixo, é:

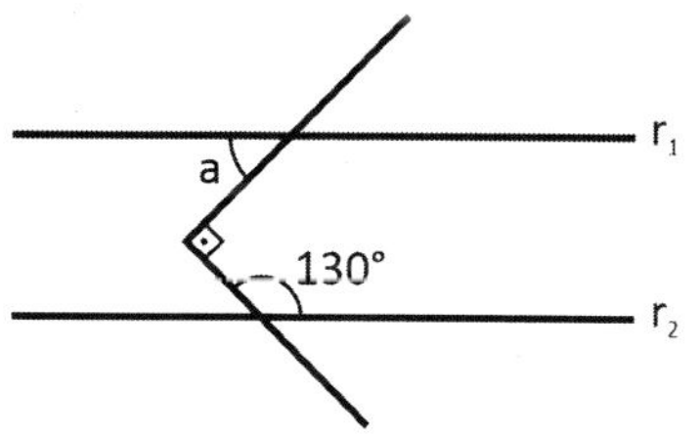

a) 40
b) 45
c) 50
d) 65
e) 130

119 - A área em m^2 do triângulo cujas medidas dos lados são expressas pelas soluções inteiras da inequação $x^2 - 8x + 12 < 0$, é:

a) 6
b) 8
c) 10
d) 12
e) 14

120 - Num triângulo ABC, o lado AB tem a mesma medida do lado AC e o ângulo BÂC mede 80°. O ângulo obtuso formado pelas bissetrizes dos ângulos adjacentes ao lado BC mede:

a) 100°
b) 130°
c) 150°
d) 170°
e) 180°

121 - Considere um triângulo ABC, no qual a altura AD, relativa ao lado BC, e o próprio lado BC medem 10 cm. O perímetro de qualquer retângulo inscrito nesse triângulo, onde um de seus lados esteja contido no lado BC do triângulo, vale:

a) 10cm
b) $10\sqrt{2}$ cm
c) 20cm
d) $20\sqrt{2}$ cm
e) 30cm

122 **-** O lado BC de um triângulo ABC mede 25 cm. A distância entre os pontos médios dos lados AB e AC vale:

a) 10,5 cm
b) 12,5 cm
c) 12 cm
d) 13 cm
e) 14,5 cm

123 **-** Um triângulo equilátero tem 24 cm de perímetro. Construímos um novo triângulo equilátero cujos lados são iguais à altura do primeiro. A altura do segundo triângulo vale:

a) 3 cm
b) $2\sqrt{3}$ cm
c) 6 cm
d) $4\sqrt{3}$ cm
e) 18 cm

124 **-** Num triângulo retângulo, a altura e a mediana relativas à hipotenusa formam um ângulo de 40°. O maior ângulo agudo do triângulo é:

a) 65°
b) 60°
c) 50°
d) 54°
e) 70°

125 - (PUC) Andando 3 km no rumo nordeste e depois mais 3 km no rumo sul, de quantos quilômetros você se afasta aproximadamente do ponto inicial do seu percurso?

a) 2,3
b) 2,7
c) 3
d) 3,6
e) 4,8

126 - (UFPE) Na ilustração a seguir, os segmentos BC e DE são paralelos:

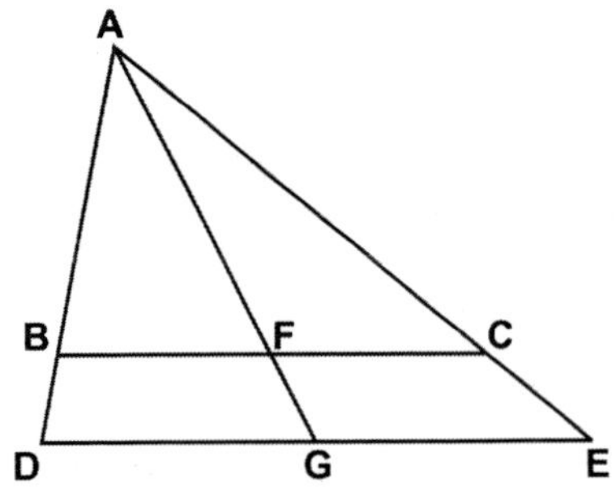

Se BC = 12, DG = 7 e GE = 8, quanto mede FC?

a) 6,2
b) 6,3
c) 6,4
d) 6,5
e) 6,6

127 - Em todo triângulo retângulo, qualquer cateto é a média proporcional da hipotenusa e sua projeção sobre ela. Dada a figura abaixo podemos afirmar que b^2 e c^2 valem, respectivamente:

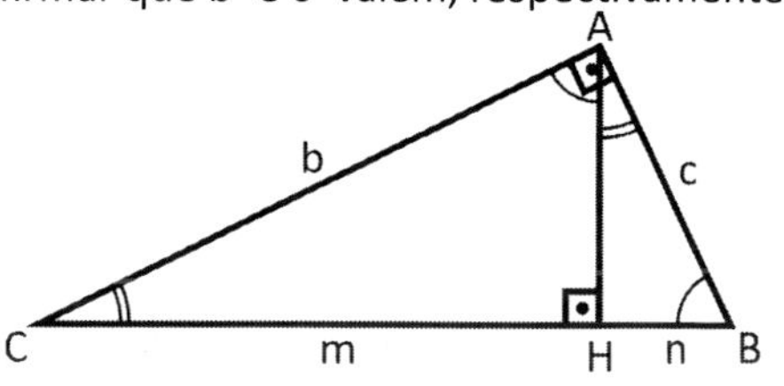

a) am e an
b) an e am
c) $\frac{an}{2}$ e $\frac{am}{b}$
d) $\frac{cn}{2}$ e $\frac{bm}{2}$
e) $\frac{a}{2}$ e $\frac{bn}{2}$

128 - A diferença entre dois ângulos internos de um paralelogramo é 78°. Um destes ângulos internos mede:

a) 51°
b) 39°
c) 78°
d) 102°
e) 112°

129 - Na figura, o segmento AB mede 8 cm. O segmento AE vale:

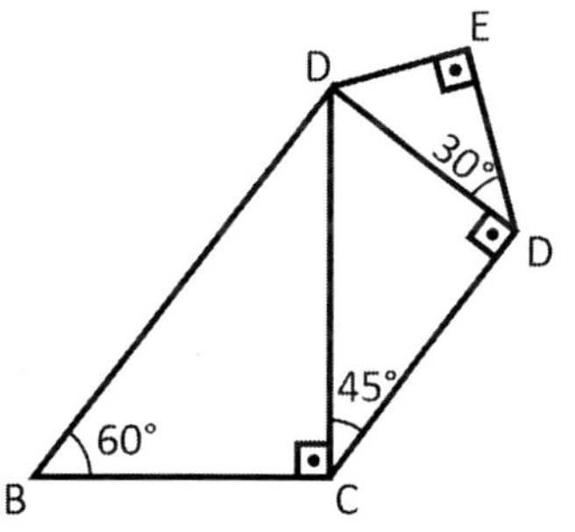

a) 2cm
b) $\sqrt{6}$ cm
c) $4\sqrt{3}$ cm
d) $3\sqrt{2}$ cm
e) 4cm

130 - Sejam A, B, C e D os vértices de um quadrado de lado a = 6 cm; sejam ainda E e F pontos nos lados AD e DC, respectivamente, de modo que BEF seja um triângulo equilátero. A altura desse triângulo mede, em cm:

a) $2(\sqrt{6} - 3\sqrt{3})$
b) $3(3\sqrt{2} - \sqrt{6})$

c) $2(3+\sqrt{6})$

d) $(1-\sqrt{2})$

e) $(3\sqrt{2}-\sqrt{6})$

131 **-** A hipotenusa de um triângulo retângulo mede 6 cm e um dos catetos 3 cm. A área desse triângulo, em cm², mede:

a) $\frac{3\sqrt{3}}{2}$

b) $\frac{4\sqrt{3}}{2}$

c) $\frac{7\sqrt{3}}{2}$

d) $\frac{9\sqrt{3}}{2}$

e) $4\sqrt{3}$

132 **-** A diagonal de um quadrado mede 1 cm a mais que seu lado. A área desse quadrado é:

a) $3-\sqrt{2}$ cm²

b) $1-\sqrt{2}$ cm²

c) 1 cm²

d) $1+\sqrt{2}$ cm²

e) $3+2\sqrt{2}$ cm²

133 - (MACK) Na figura, a diferença entre as áreas dos quadrados ABCD e EFGC é 56. Se $\overline{BE}=4$, a área do triângulo CDE vale:

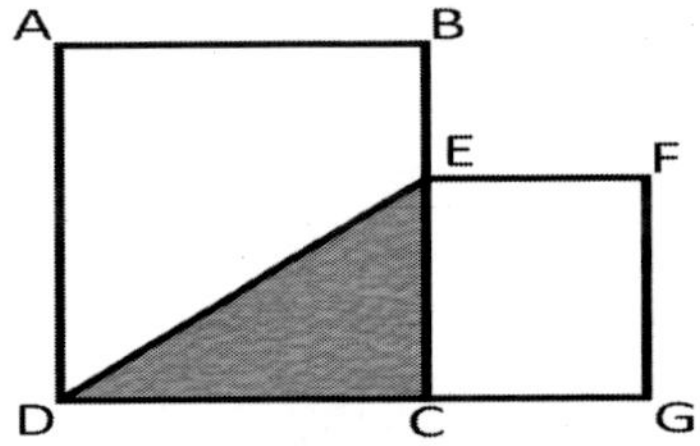

a) 18,5
b) 20,5
c) 22,5
d) 24,5
e) 26,5

134 - (MACK) Na figura, a = 30°, O é o centro da circunferência e $\overline{AB}$ é o lado do polígono regular inscrito na circunferência. Se o comprimento da circunferência é 4π, a área desse polígono é:

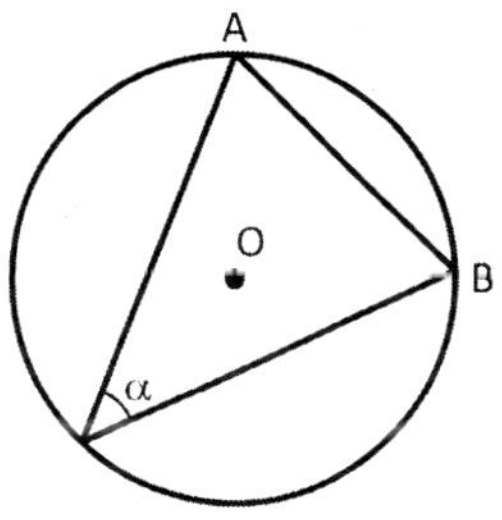

a) $4\sqrt{3}$
b) $6\sqrt{3}$
c) $8\sqrt{3}$
d) $12\sqrt{3}$
e) $16\sqrt{3}$

135 - O perímetro do trapézio retângulo ABCD da figura abaixo mede:

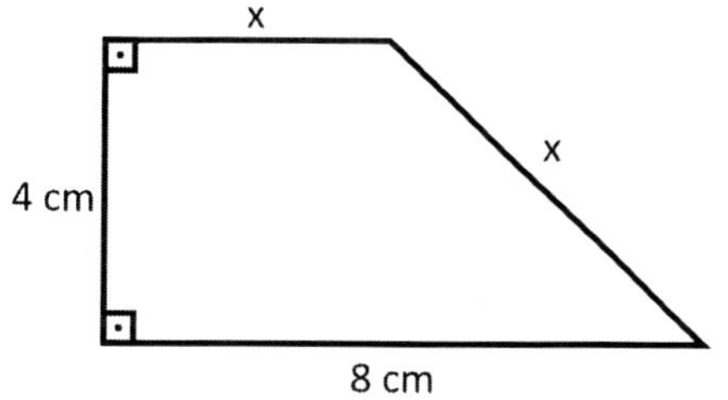

a) 16
b) 22
c) 24
d) 28
e) 32

136 - (MACK) Os quadriláteros ABCD e ADEF têm áreas iguais. Se BC = 4, $CE = \frac{9}{4}$ e EF = 6, o valor de AF é:

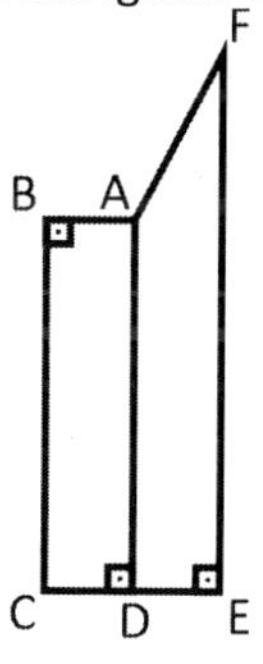

a) $\sqrt{3}$
b) $\sqrt{6}$
c) $\frac{5}{2}$
d) $\frac{7}{3}$
e) $\sqrt{5}$

137 **-** Se a altura do trapézio da figura é 3, então, a diferença entre as áreas dos triângulos assinalados é:

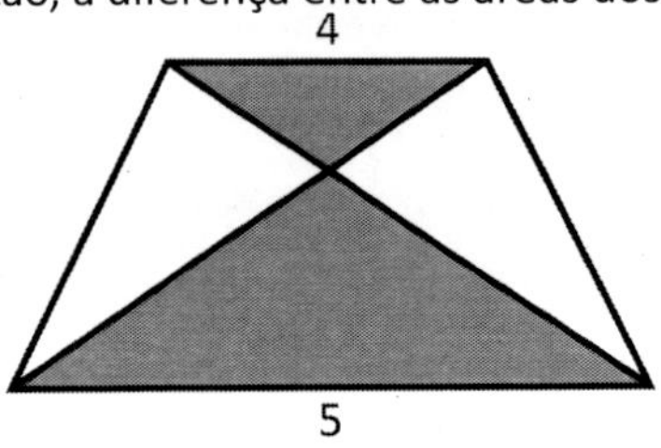

a) $\frac{1}{2}$

b) $\frac{3}{2}$

c) $\frac{5}{2}$

d) $\frac{7}{2}$

e) $\frac{9}{2}$

138 **-** Um quadrado e um hexágono regular estão inscritos em um mesmo círculo. A área do hexágono em função do lado l do quadrado é:

a) $\frac{3\sqrt{3}l^2}{4}$

b) $\frac{\sqrt{3}l^2}{4}$

c) $4\sqrt{3}l^2$

d) $2\sqrt{3}l^2$

e) $l^2\sqrt{3}$

139 - (ITA) Duas circunferências concêntricas C_1 e C_2 têm raios de 6 cm e $6\sqrt{2}$ cm, respectivamente. Seja $\overline{AB}$ uma corda de C_2, tangente à C_1. A área da menor região delimitada pela corda $\overline{AB}$ e pelo arco AB mede, em cm^2.

a) $9(\pi - 3)$
b) $18(\pi + 3)$
c) $18(\pi - 2)$
d) $18(\pi + 2)$
e) $16(\pi + 3)$

140 - (UNIRIO) Construindo-se dois semicírculos cujos diâmetros estão apoiados em dois lados consecutivos de um quadrado, consegue-se desenhar um coração. Usando-se uma cartolina de dimensões 70 cm por 52 cm, quantos corações, no máximo, poderão ser recortados, sabendo que o perímetro do quadrado é 40 cm?
(Considere $\pi = 3,14$)

a) 26
b) 24
c) 22
d) 20
e) 18

141 - *(ITA)* O triângulo ABC, inscrito numa circunferência, tem um lado medindo $\frac{20}{\pi}$cm, cujo ângulo oposto é de 15°. O comprimento da circunferência, em cm, é

a) $20\sqrt{2}(1+\sqrt{3})$.
b) $400(2+\sqrt{3})$.
c) $80(1+\sqrt{3})$.
d) $10(2\sqrt{3}+5)$.
e) $20(1+\sqrt{3})$.

142 - *(UERJ)* Uma pista de corrida com 7,5 km de extensão tem a forma de uma curva circular fechada. Um ciclista é capaz de fazer o percurso completo em 20 minutos, enquanto um corredor o faz em meia hora. Considere que o ciclista e o corredor partam do mesmo ponto A da pista, no mesmo instante, ambos mantendo velocidades constantes ao longo de todo o percurso, porém deslocando-se em sentidos contrários.
O tempo mínimo necessário, em minutos, para que ambos voltem a se encontrar é igual a:

a) 10
b) 12
c) 13
d) 15

143 - Duas cordas AB e CD se cortam num ponto M formando um ângulo de 30°, conforme a figura abaixo. Os segmentos AM e MB medem respectivamente 6 cm e 2 cm. Determine o maior segmento da outra corda sabendo que a área do triângulo ACM é o dobro da área do triângulo MDB.

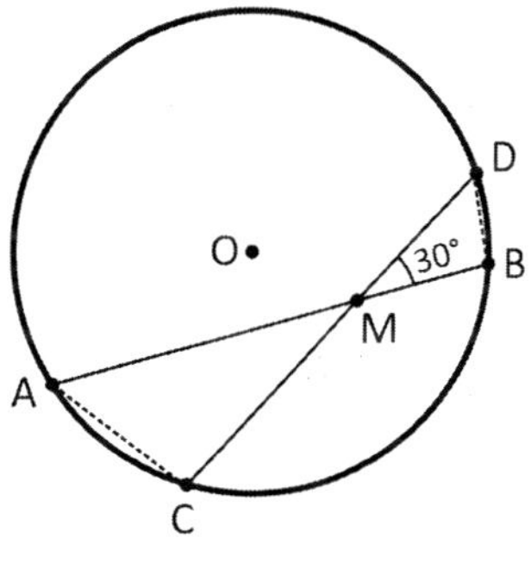

a) $\sqrt{2}$
b) $2\sqrt{2}$
c) 3
d) 4
e) 5

144 - Leia a reportagem a seguir, publicada na revista VEJA, e observe o gráfico de setores apresentado:

Os americanos e o aborto

O aborto continua livre nos EUA, mas já pode ser regulamentado pelos governos estaduais, conforme decidiu a Suprema Corte na semana passada. A solução de compromisso nessa polêmica reflete a queda-de-braço entre os juízes conservadores (quatro), moderados (três) e ultraliberais (dois). Veja na tabela o que os americanos pensam sobre o direito ao aborto.

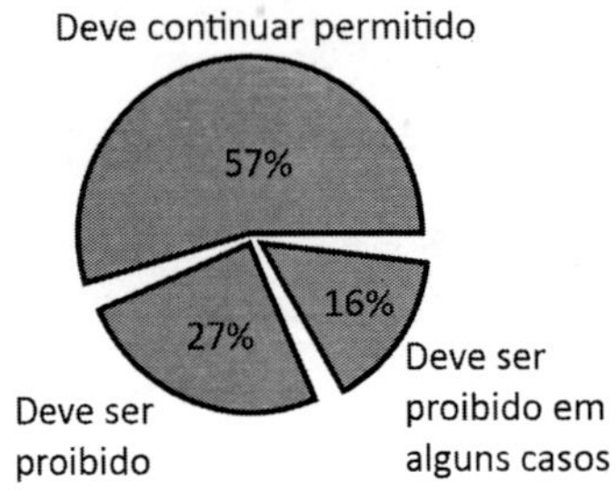

A medida, em graus, do ângulo que corresponde ao percentual de pessoas que acham que o aborto deve continuar permitido é aproximadamente igual a:

a) 100°
b) 180°
c) 205°
d) 220°
e) 245°

145 **-** Um pentágono regular está inscrito numa circuferência como mostra a figura abaixo. As retas AG e BG são prolongamentos dos lados do pentágono. O ângulo $A\hat{G}B$ vale:

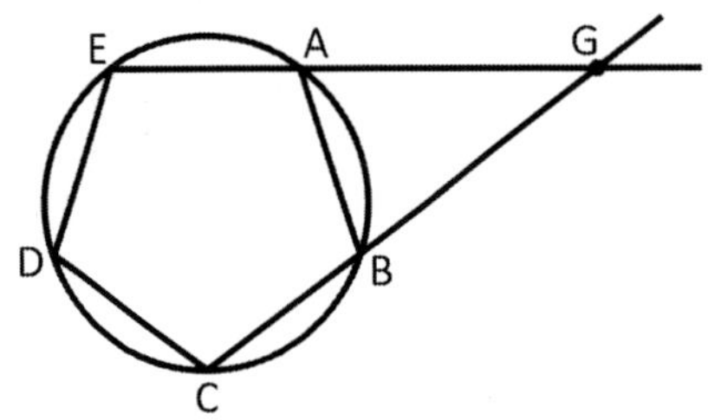

a) 18°
b) 24°
c) 36°
d) 54°
e) 72°

146 **-** A figura representa um círculo inscrito num quadrante de circunferência cujo raio é igual a 2. Então, o raio do círculo inscrito vale:

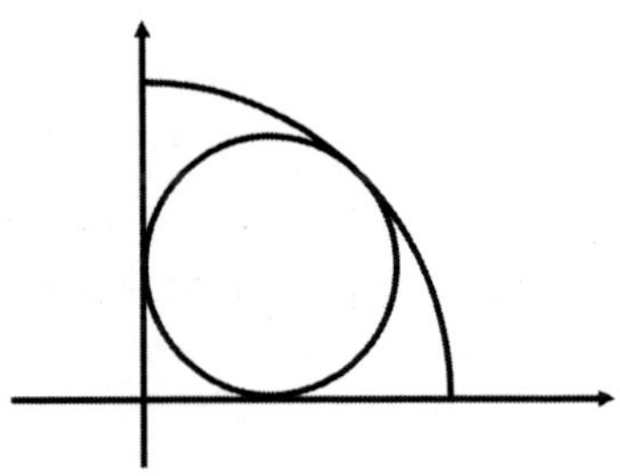

a) $2\sqrt{2}-2$
b) $\sqrt{2}-1$
c) 1
d) $\sqrt{2}+1$
e) $2\sqrt{2}+2$

147 - Na figura abaixo MC = 1 cm, MD = 2 cm e $A\hat{P}B = 90°$. O valor do raio R é:

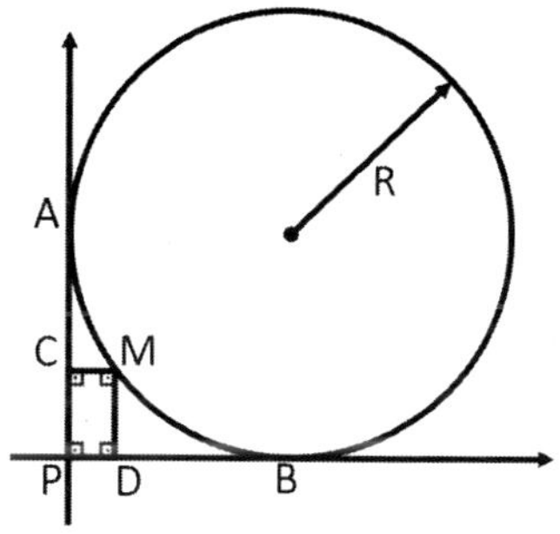

a) 3cm b) 4cm c) 5cm d) 6cm e) 7 cm

148 - A figura representa uma circunferência e duas cordas dessa circunferência. A corda CD intercepta o ponto médio da corda AB, determinando os segmentos CM = 2 cm e DM = 8 cm. A medida da corda AB em cm, é:

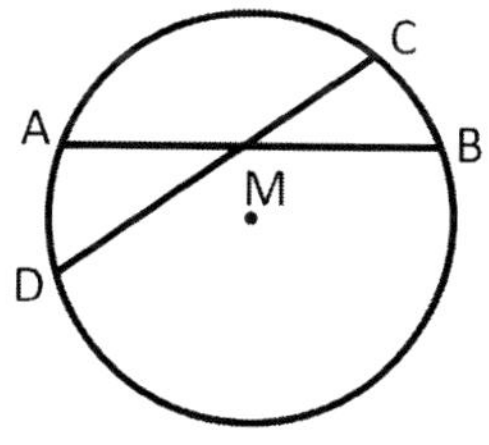

a) 2 b) 4 c) 6 d) 8 e) 10

149 - Calcule a área de um segmento circular de 120° num círculo de raio 10 cm.

a) $S = \frac{25}{3}\left(3\pi - 3\sqrt{3}\right)$ cm²

b) $S = \frac{25}{4}\left(3\pi - 3\sqrt{3}\right)$ cm²

c) $S = \frac{25}{3}\left(4\pi - 3\sqrt{3}\right)$ cm²

d) $S = \frac{25}{4}\left(4\pi - 3\sqrt{3}\right)$ cm²

e) $S = \frac{25}{7}\left(3\pi - 3\sqrt{3}\right)$ cm²

150 - Um quadrado de lado x metros, está inscrito numa circuferência de raio R metros. Para que a diferença entre a área do círculo e a área do quadrado seja igual a $4\pi - 8$ metros quadrados, o valor do raio deverá ser:

a) 1 m

b) 2π m

c) $\sqrt{\pi}$ m

d) 2m

e) $(\pi - 1)$ m

151 - Considere dois círculos concêntricos de centro $\underline{0}$. Sabendo que a área da região compreendida entre as duas circunferências (coroa circular) é $\frac{1}{4}$ da área do círculo maior, então a razão do raio menor para o raio maior é:

a) $\frac{\sqrt{3}}{2}$

b) $\frac{1}{2}$

c) $\frac{3\sqrt{3}}{2}$

d) $\frac{1}{4}$

e) $\sqrt{3}$

UTILIZE O ENUNCIADO A SEGUIR PARA RESPONDER AS DUAS PRÓXIMAS QUESTÕES:

Uma palheta PQ de um limpador de parabrisas de um automóvel tem 36cm de comprimento e está ligada a um braço de 36cm que descreve um ângulo de 150°, conforme sugere a figura abaixo:

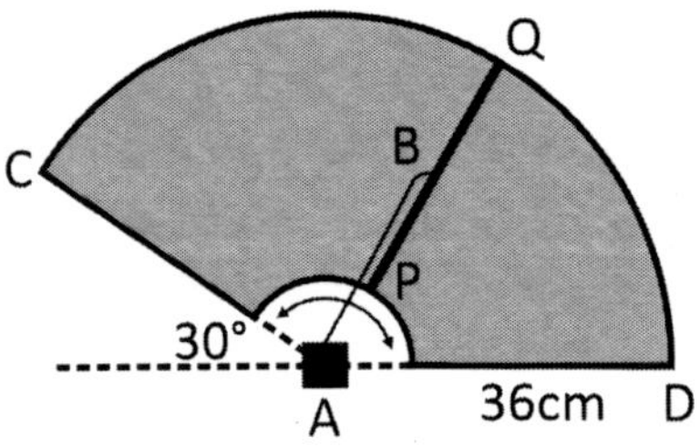

152 - Sendo B o ponto médio de PQ, usando $\pi = 3$ e, supondo que a superfície do parabrisas é perfeitamente plana, a área da superfície varrida pela palheta, em cm^2, é igual a:

a) 3.000
b) 3.160
c) 3.240
d) 3.400
e) 3.500

153 - O comprimento do arco **CD**, descrito pela extremidade da palheta mede, em cm:

a) 120
b) 125
c) 130
d) 135
e) 140

154 - (UFF) O triângulo MNP é tal que $\hat{M}$ = 80° e $\hat{P}$ = 60°. A medida do ângulo formado pela bissetriz do ângulo interno $\hat{N}$ com a bissetriz do ângulo externo $\hat{P}$ é:

a) 20°
b) 30°
c) 40°
d) 50°e
e) 60°

155 - (UFF) A razão entre o lado do quadrado inscrito e o lado do quadrado circunscrito em uma circunferência de raio R é:

a) $\frac{1}{3}$ b) $\frac{1}{2}$ c) $\frac{\sqrt{3}}{3}$ d) $\frac{\sqrt{2}}{2}$ e) $\sqrt{2}$

156 - (UFF) Considere o triângulo *PMN*, retângulo em *M*, representado na figura abaixo.

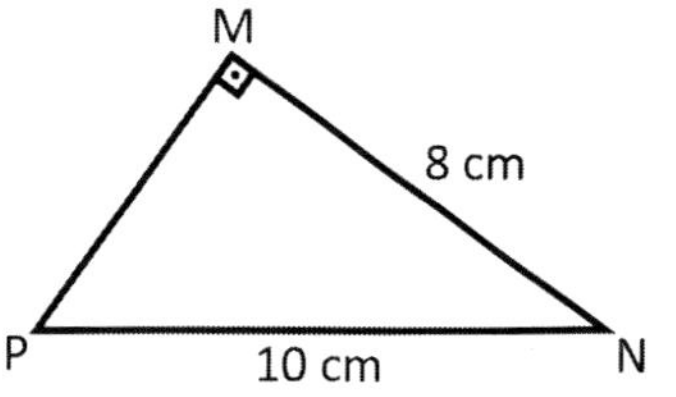

A área, em cm², do triângulo obtido, unindo-se os pontos médios de $\overline{PM}$, $\overline{MN}$ e $\overline{NP}$ é:

a) 4
b) 6
c) 12
d) 20
e) 24

157 - (UFF) O triângulo *PQR* é retângulo em *Q*, *N* é o ponto médio de $\overline{QR}$ e $\overline{NM}$ é perpendicular a $\overline{PR}$, conforme a figura abaixo.

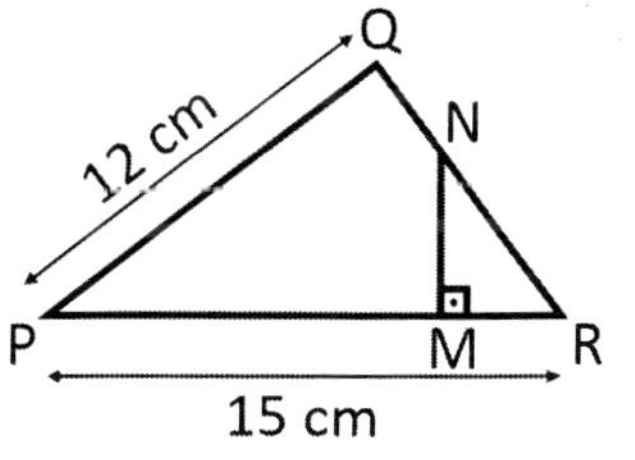

Determine a medida de $\overline{NM}$.

158 - (UFF) Considere o triângulo *PQR*, isósceles o retângulo em *Q*, representado na figura abaixo.

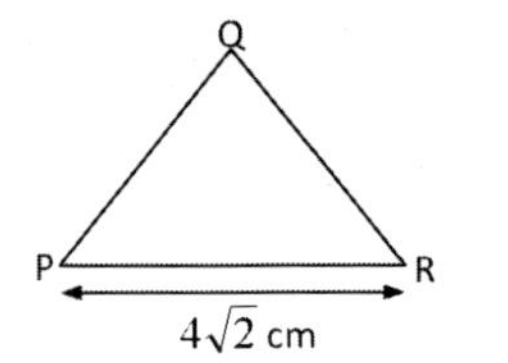

Determine o valor de h.

159 - Na figura abaixo, o triângulo QRS é equilátero e está inscrito no quadrado MNPQ, de lado L.

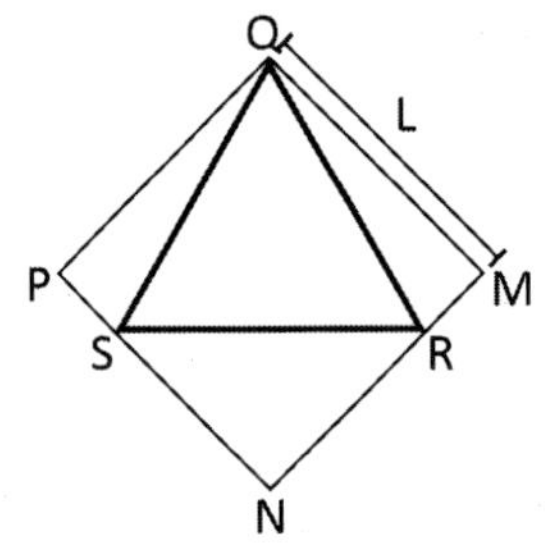

Pode-se afirmar que o lado do triângulo é:

a) $L \cdot \frac{\sqrt{2}}{2}$ b) $L \cdot \frac{\sqrt{3}}{3}$ c) $L \cdot \frac{\sqrt{6}}{2}$ d) $L \cdot \left(\sqrt{2}+\sqrt{6}\right)$ e) $L \cdot \left(\sqrt{6}-\sqrt{2}\right)$

160 - (UFRJ) Os três lados do triângulo equilátero ABC foram prolongados de segmentos AA’ = BB’ = CC’, de modo que a medida do segmento AA’ corresponde a 20% da medida do lado AC, conforme indicado na figura abaixo.

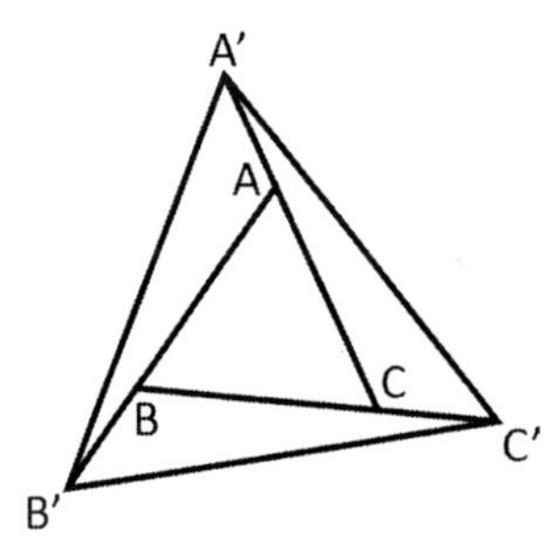

Determine o percentual de aumento que a área do triângulo A’B’C’ apresenta em relação à área do triângulo original ABC.

161 - (UFPE) Nas ilustrações abaixo temos dois quadrados, ABCD e EFGH, inscritos em triângulos retângulos isósceles e congruentes.

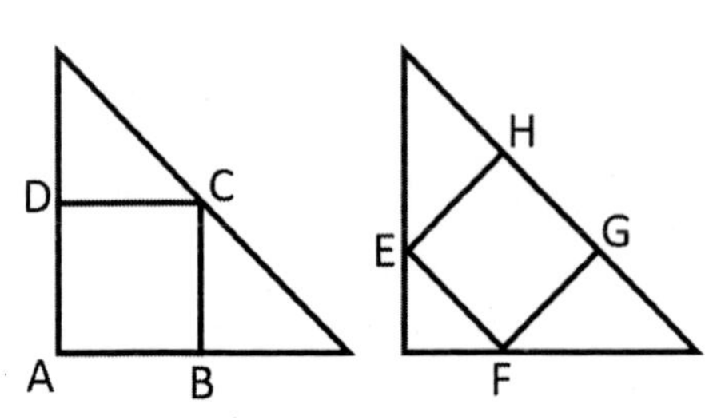

Se o quadrado EFGH tem lado medindo $6\sqrt{2}$ à, calcule a área do quadrado ABCD.

162 - (Colégio Naval) $A_1A_2...A_n$ é um polígono regular convexo, de n lados, inscrito em um círculo. Se o vértice A_{15} é diametralmente oposto ao vértice A_{46}, o valor de n é:

a) 62
b) 60
c) 58
d) 56
e) 54

163 - (UNESP) A figura representa um triângulo retângulo de vértices A, B e C, onde o segmento de reta DE é paralelo ao lado AB do triângulo.
Se AB = 15 cm, AC = 20 cm e AD = 8 cm, a área do trapézio ABED, em cm^2, é:

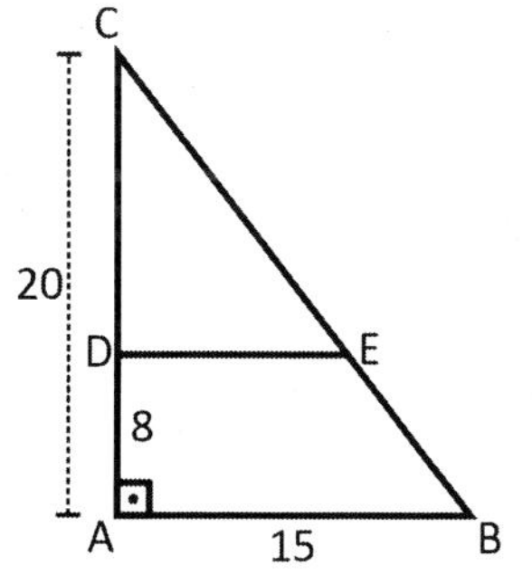

a) 84. b) 96. c) 120. d) 150. e) 192.

164 - (UFF) Um serralheiro deseja construir a grade de ferro desenhada na figura abaixo:

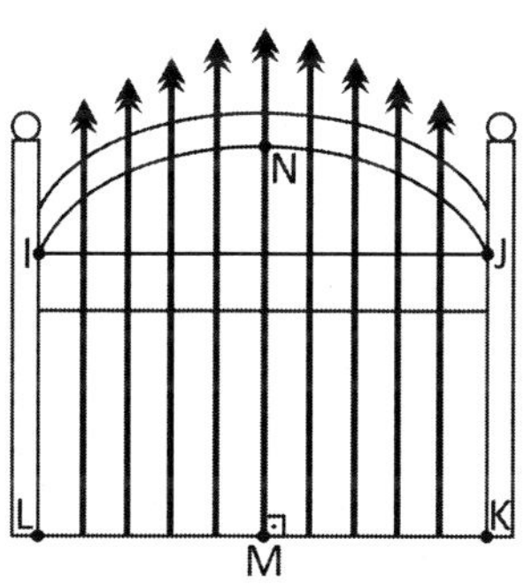

Sabe-se que $\overline{MN}$ é mediatriz do lado $\overline{LK}$ do retângulo IJKL e as medidas de $\overline{LK}$, $\overline{MN}$ e $\overline{JK}$ são, respectivamente, 2m, 2m e $\sqrt{3}$ m. Para construir o arco de circunferência $\overset{\frown}{IJ}$, o serralheiro deve utilizar uma vara de ferro com o seguinte comprimento:

a) $\dfrac{2\pi}{3}$m b) $\dfrac{3\pi}{4}$m c) $\dfrac{4\pi}{5}$m d) $\dfrac{5\pi}{6}$m e) π m

165 - (UFRJ) Em uma mesa de bilhar, uma bola está situada no ponto P, a 30 cm do menor lado da mesa e a 10 cm do maior. Teixeirinha, em uma exibição, dá uma tacada em que a bola, após três tabelas, volta ao ponto P, percorrendo o caminho PABCP, conforme a figura abaixo. Em cada tabela, o ângulo de coincidência é igual ao de reflexão.

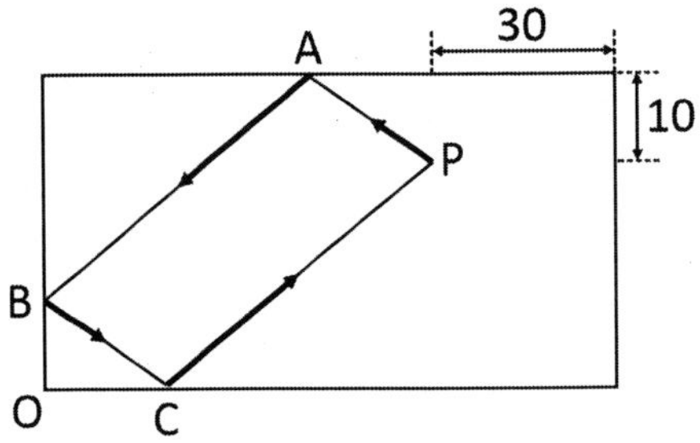

Calcule a distância BO.

166 - (UFMG) Nesta figura, o quadrado ABCD está inscrito no triângulo AMN, cujos lados AM e AN medem, respectivamente, m e n:
Então, o lado do quadrado mede:

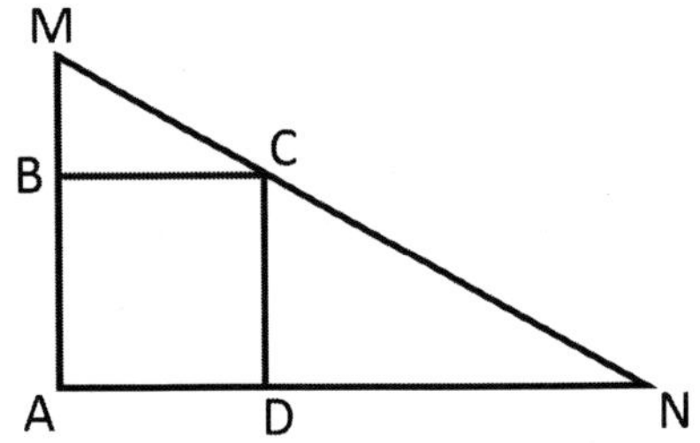

a) $\dfrac{mn}{m+n}$. b) $\sqrt{\dfrac{m^2+n^2}{8}}$ c) $\dfrac{m+n}{4}$ d) $\dfrac{\sqrt{mn}}{2}$

167 - (UFF) Considere uma folha de papel em forma de retângulo RSTU, como na figura 1. São feitas, sucessivamente, 2 dobras nessa folha. A primeira é feita de modo que o ponto S caia sobre o segmento $\overline{MN}$, sendo M e N, respectivamente, pontos médios de $\overline{RS}$ e $\overline{UT}$ de acordo com a figura 2. A Segunda é feita de modo que o ponto P também caia sobre o segmento $\overline{MN}$, conforme a figura 3.

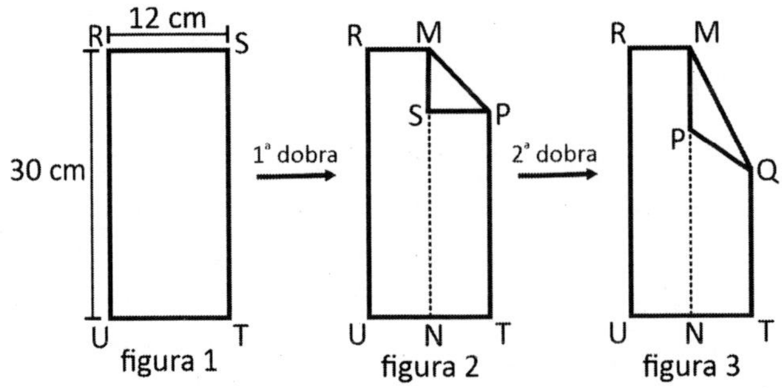

A área do triângulo MPQ é:

a) $18\sqrt{2}$ cm² b) 30 cm² c) 45 cm² d) $36\sqrt{2}$ cm² e) $45\sqrt{3}$ cm²

168 - (UFF) O hexágono regular abaixo representado possui lado igual a L.

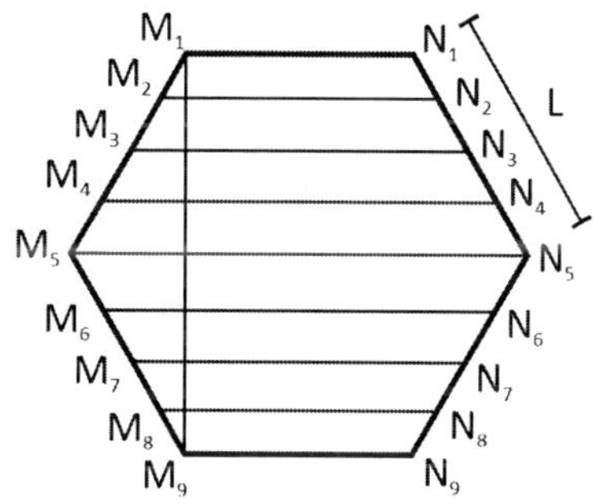

Sabendo-se que os 9 segmentos $\overline{M_1N_1}$, $\overline{M_2N_2}$, ..., $\overline{M_9N_9}$ são todos paralelos e dividem o segmento $\overline{M_1M_9}$ em 8 partes iguais, pode-se afirmar que a soma $\overline{M_1N_1}+\overline{M_2N_2}+K\ +\overline{M_9N_9}$ é igual a:

a) 11 L b) 12 L c) 13 L d) 14 L e) 15 L

169 - No quadrilátero abaixo, *BC* = *CD* = 3 cm, *AB* = 2 cm, $A\hat{D}C$ = 60° e $A\hat{B}C$ = 90°.

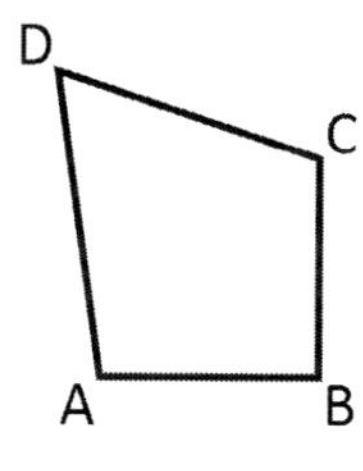

A medida, em **cm**, do perímetro do quadrilátero é:

a) 11 Xb) 12 c) 13 d) 14 e) 15

170 - No quadrilátero ABCD abaixo, $A\hat{B}C$ = 150°, *AD* = *AB* = 4 cm, *BC* = 10 cm, *MN* = 2 cm, sendo M e N, respectivamente, os pontos médios de CD e BC.

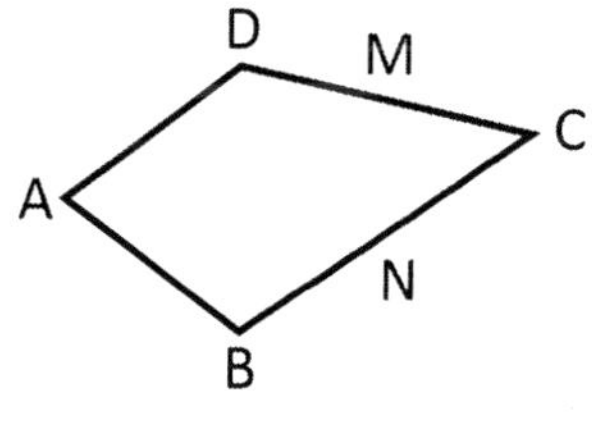

A medida, em **cm²**, da área do triângulo **BCD** é:

a) 10 b) 15 c) 20 d) 30 e) 40

171 - (UFMG) Nesta figura, o triângulo equilátero ABC está inscrito numa circunferência de raio 2:

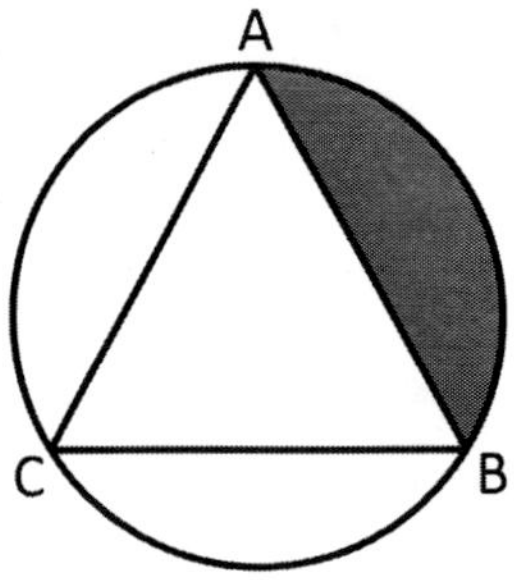

Então, a área da região hachurada é:

a) $\frac{4\pi-3\sqrt{3}}{3}$. b) $\frac{2\pi-3\sqrt{3}}{3}$. c) $\frac{3\pi-4\sqrt{3}}{3}$. d) $\frac{3\pi-2\sqrt{3}}{3}$.

172 - (UERJ) Um foguete é lançado com velocidade igual a 180 m/s, e com um ângulo de inclinação de 60° em relação ao solo. Suponha que sua trajetória seja retilínea e sua velocidade se mantenha constante ao longo de todo o percurso. Após cinco segundos, o foguete se encontra a uma altura de x metros, exatamente acima de um ponto no solo, a y metros do ponto de lançamento. Os valores de x e y são, respectivamente:

a) 90 e $90\sqrt{3}$

b) $90\sqrt{3}$ e 90

c) 450 e $450\sqrt{3}$

d) $450\sqrt{3}$ e 450

173 - (UERJ) Leia o texto abaixo:

Na Universidade do Estado do Rio de Janeiro (UERJ), os pesquisadores conseguiram eliminar em 24 horas 70% dos coliformes fecais do esgoto com algas verdes microscópicas da espécie Chlorella pyrenoidosa, comum nos lagos e rios. Essas algas, em vez de absorverem a maior parte da poluição, como o aguapé, atuam principalmente aumentando a quantidade de oxigênio na água, através da fotossíntese, num processo que realimenta o trabalho de degradação orgânica pelas bactérias. O desafio dos pesquisadores, agora, é transformar as algas em alimentos. Cada alga dessa espécie tem 65% da proteína em sua composição química. Com isso, pode gerar 80 mil kg de proteína por ano, num tanque de tratamento de 10 mil m^2, o que corresponde a mais de cem vezes o potencial da soja plantada em igual área.

(Revista Globo Ciência, dez/1992.)

Se a superfície do lago fosse em forma de um círculo e tivesse a capacidade de produzir 9600 kg de proteínas por ano, considerando $\pi = 3$, o raio desse círculo seria de:

a) 10 m b) 20 m c) 30 m d) 40 m e) 50 m

174 - (UNIRIO) Uma placa de cerâmica com uma decoração simétrica, cujo desenho está na figura abaixo, é usada para revestir a parede de um banheiro. Sabendo-se que cada placa é um quadrado de 30 cm de lado, a área da região hachurada é:

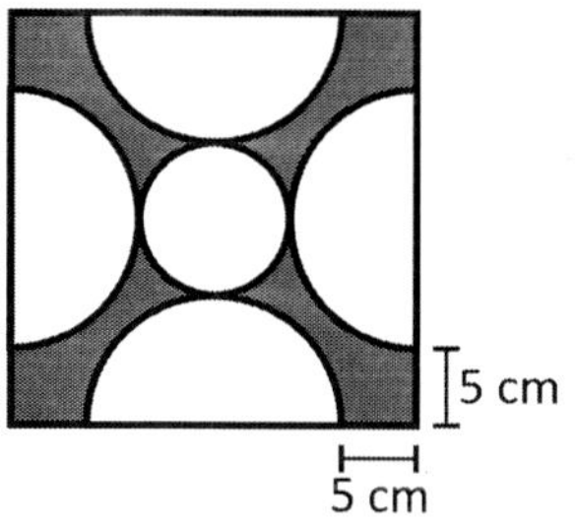

a) $900 - 125\pi$ b) $900(4 - \pi)$ c) $500\pi - 900$
d) $500\pi - 225$ e) $225(4 - \pi)$

175 - (UFF) A figura abaixo, representa duas circunferências C e C' de mesmo raio r.

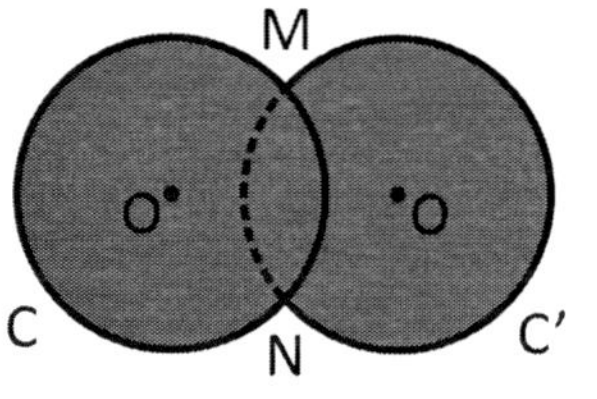

Se $\overline{MN}$ é lado comum de hexágonos regulares inscritos em C e C', então o perímetro da região sombreada é:

a) $\frac{10\pi r}{3}$ b) $\frac{\pi r}{3}$ c) $\frac{2\pi r}{3}$ d) $4\pi r$ e) $2\pi r$

176 - (UNIFICADO)

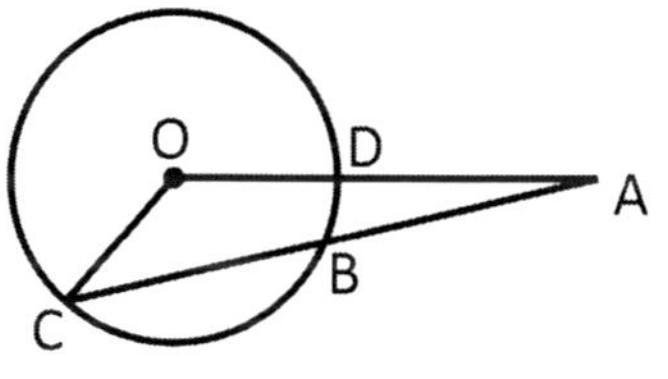

Na figura acima, AB = 8 cm, BC = 10 cm, AD = 4 cm e o ponto O é o centro da circunferência. O perímetro do triângulo AOC mede, em cm:

a) 36 b) 45 c) 48 d) 50 e) 54

177 - (UFMG) Na Figura I, está representado um retângulo, cuja base mede 25 cm e cuja altura mede 9 cm. Esse retângulo está dividido nas regiões α, β e γ.
Sem que haja qualquer superposição delas, essas regiões podem ser reagrupadas, formando um quadrado, como mostrado na Figura II.

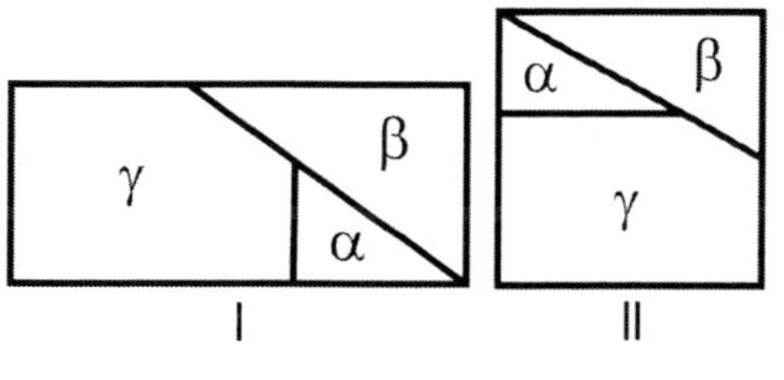

Então, é CORRETO afirmar que a área da região α mede

a) 24 cm².
b) 28 cm².
c) 30 cm².
d) 32 cm².

178 - (UERJ)

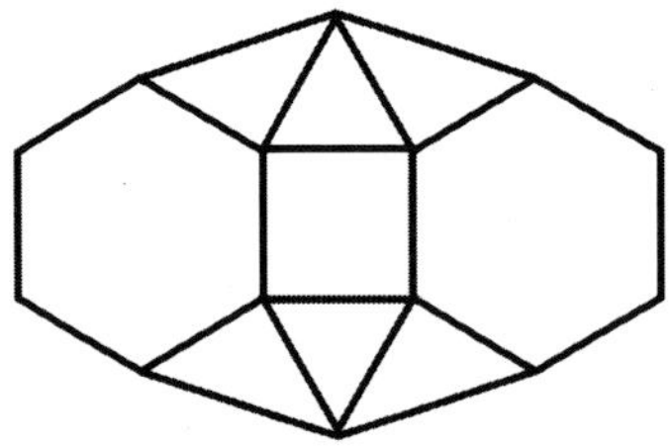

O decágono da figura acima foi dividido em 9 partes: 1 quadrado no centro, 2 hexágonos regulares e 2 triângulos equiláteros, todos com os lados congruentes ao do quadrado, e mais 4 outros triângulos.
Sendo T a área de cada triângulo equilátero e Q a área do quadrado, pode-se concluir que a área do decágono é equivalente a:

a) 14T + 3Q b) 14T + 2Q c) 18T + 3Q d) 18T + 2Q

179 - (UERJ)

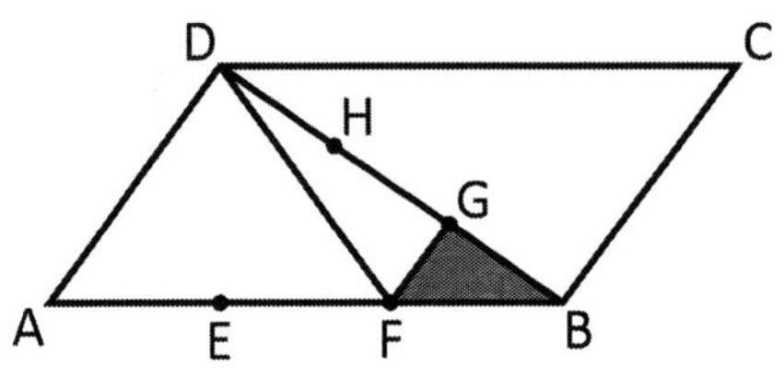

O paralelogramo ABCD teve o lado (AB) e a sua diagonal (BD) divididos, cada um, em três partes iguais, respectivamente, pelos pontos {E, F} e {G, H}. A área do triângulo FBG é uma fração da área do paralelogramo (ABCD).
A sequência de operações que representa essa fração está indicada na seguinte alternativa:

a) $\frac{1}{2} \cdot \frac{1}{3} \cdot \frac{1}{3}$ b) $\frac{1}{2} + \frac{1}{3} \cdot \frac{1}{3}$ c) $\frac{1}{2} \cdot \left(\frac{1}{3} + \frac{1}{3}\right)$ d) $\frac{1}{2} + \frac{1}{3} + \frac{1}{3}$

180 - (UFF) A seta abaixo foi obtida a partir de um quadrado de lado ℓ e diagonal d.

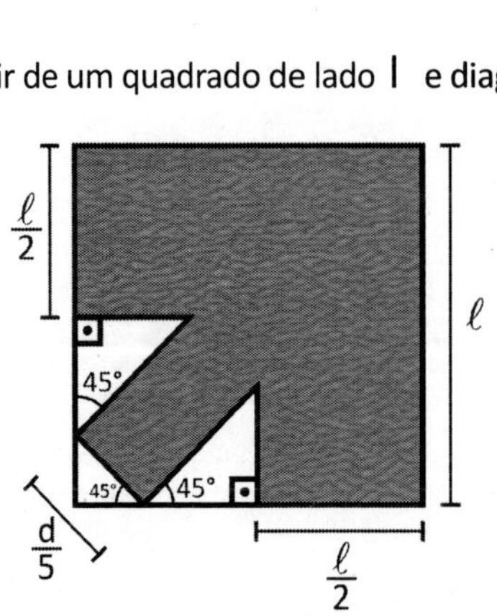

Determine a área da seta em função de ℓ.

181 - (UFF) Determine a área da região hachurada na figura abaixo, sabendo que todas as circunferências têm raio r.

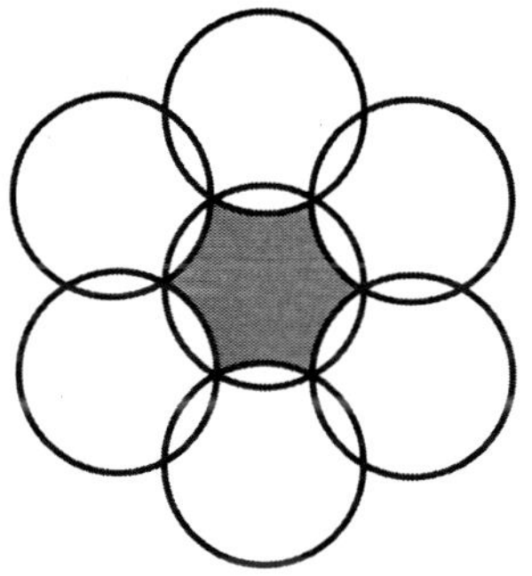

182 - (UENF) A extremidade A de uma planta aquática encontra-se 10 cm acima da superfície da água de um lago (fig.1). Quando a brisa a faz balançar, essa extremidade toca a superfície da água no ponto B, situado a $10\sqrt{3}$ cm do local em que sua projeção ortogonal C, sobre a água, se encontrava inicialmente (fig.2). Considere $\overline{OA}$, $\overline{OB}$ e $\overline{BC}$ segmentos de retas e o arco AB uma trajetória do movimento da planta.

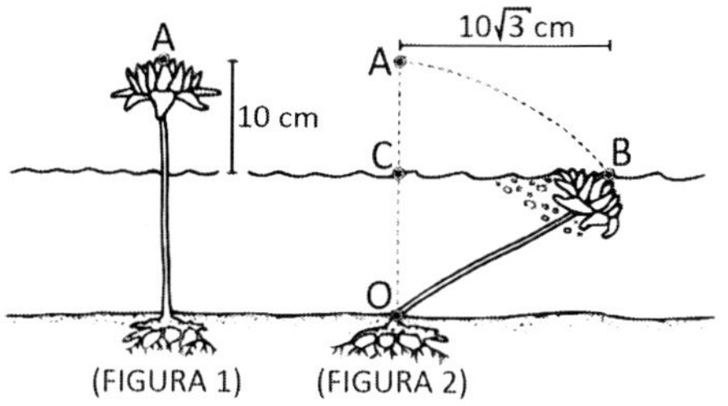

(FIGURA 1) (FIGURA 2)

Determine:

A) a profundidade do lago no ponto O em que se encontra a raiz da planta; Resp.: 10 cm

B) o comprimento, em cm, o arco AB.

183 - (UERJ) Um professor de matemática fez, com sua turma, a seguinte demonstração;

→ Colocou um CD sobre uma mesa e envolveu-o completamente com um pedaço de barbante, de modo que o comprimento do barbante coincidisse com o perímetro do CD;

→ Em seguida, emendando ao barbante um outro pedaço, de 1 metro de comprimento, formou uma circunferência maior que a primeira, concêntrica com o CD.

Veja as figuras abaixo:

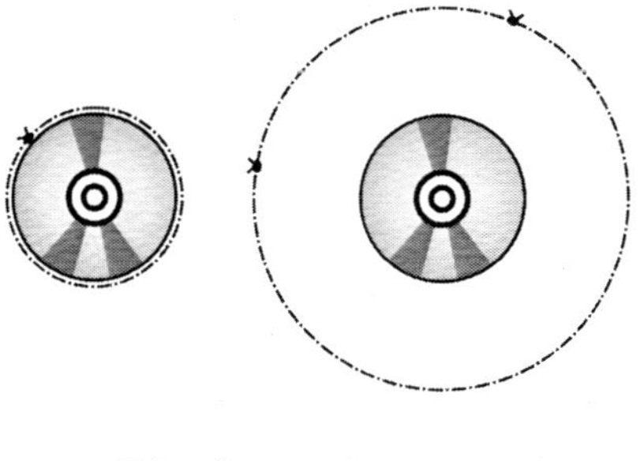

Calculou, então, a diferença entre as medidas do raio da circunferência maior e do raio do CD, chamando-a de x. Logo, após, imaginando um CD com medida do raio idêntica a do raio da Terra, repetiu teoricamente, as etapas anteriores, chamando de y a diferença encontrada.

Assim, demonstrou a seguinte relação entre essas diferenças, x e y:

a) $x + y = \pi^{-1}$
b) $x + y = \pi^{-2}$
c) $y - x = \pi^{-2}$
d) $y - x = \pi^{-1}$

184 - (MACK) Se um círculo e um quadrado têm áreas iguais então a razão entre o comprimento da circunferência do círculo e o perímetro do quadrado é:

a) $\frac{2}{\pi}$
b) $\frac{2}{\sqrt{\pi}}$
c) $\frac{\sqrt{\pi}}{2}$
d) 2π
e) $\frac{\pi}{2}$

185 - (MACK) Na figura, ABCD é um quadrado inscrito no triângulo EFG. Se a medida de $\overline{FG}$ é 10, o perímetro do quadrado é:

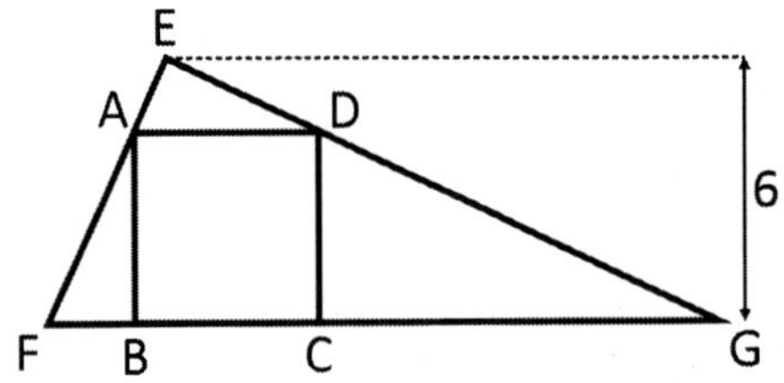

a) 20 b)15 c)18 d)16 e)17

3 - Conjuntos e Lógica Matemática

186 - Considere A e B dois subconjuntos do conjunto C = {1, 2, 3, 4, 5, 6, 7, 8, 9, 10}, e as seguintes informações:

I) $A \cap B = \{3, 4, 5\}$
II) $B - A = \{6, 7\}$
III) $C - (A \cup B) = \{9, 10\}$

Com base nessas informações, pode-se concluir que:

a) $A = \{1, 2, 3, 4, 5, 8\}$
b) $A - B = \phi$
c) $2 \subset A$
d) $A = \{1, 2, 8\}$

187 - Considere que as proposições abaixo:

i. Todo professor é rico.
ii. Se Orlando é médico, então Orlando gosta de viajar.
iii. Nenhum professor é rico.
iv. Se Orlando gosta de viajar, então Orlando é médico
v. Se Orlando não gosta de viajar, então Orlando não é médico

A partir dessas proposições é possível concluir corretamente que:

a) A proposição iii é a negação lógica da proposição i
b) As proposições ii e iv são equivalentes
c) A proposição v é a negação lógica da proposição ii
d) As proposições ii e v são equivalentes

188 - Numa escola foi realizada uma pesquisa para saber quais eram os esportes preferidos pelos alunos. Os esportes mais citados foram Futebol (F), Basquete (B) e Vôlei (V), e a partir das respostas obtidas foi construído o gráfico abaixo:

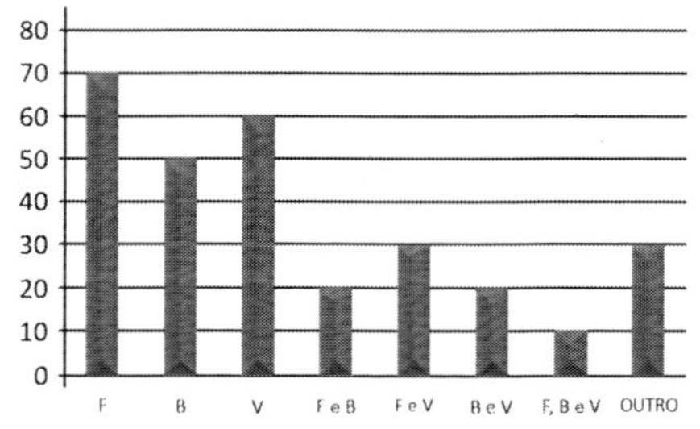

Com base nesses dados foram feitas 4 afirmações:

i. 290 alunos da escola participaram da pesquisa
ii. Dos alunos que participaram da pesquisa, 80 não preferem futebol
iii. Dos alunos que participaram da pesquisa, 50 preferem, pelo menos, dois dos esportes mais citados
iv. Dos alunos que participaram da pesquisa, 180 preferem somente de um dos esportes mais citados

O número de afirmações corretas é:

a) 1
b) 2
c) 3
d) 4

189 - Ao final de uma semana de aulas, o auxiliar de coordenação constatou que, em uma turma de 45 alunos, 20 receberam advertência verbal, 18 receberam advertência escrita, 8 receberam os dois tipos de advertências e os demais não receberam qualquer tipo de advertência. Pode-se concluir corretamente que o número de alunos dessa turma que não receberam advertência nessa semana é igual a:
a) 10
b) 12
c) 15
d) 18

190 - Numa pesquisa realizada com 65 pessoas sobre o jornal que costumam ler, foram obtidos os seguintes dados:
. 20 pessoas leem o jornal A
. 25 pessoas leem o jornal B
. 30 pessoas leem o jornal C
. 10 pessoas leem os jornais A e B
. 11 pessoas leem os jornais B e C
. 12 pessoas leem os jornais A e C
. O número de pessoas que leem apenas o jornal B
é o dobro das que leem apenas o jornal A

Com base nessas informações, pode-se concluir que:

a) 10 pessoas leem os três jornais
b) 12 pessoas leem apenas o jornal A
c) 15 pessoas não leem nenhum desses três jornais
d) 17 pessoas leem apenas dois desses três jornais

191 - Considere a afirmação:

"Se a inflação aumenta, então o número de empregos diminui."

A negação lógica dessa afirmação é:

a) Se a inflação não aumenta, então o número de empregos não diminui
b) A inflação aumenta e o número de empregos não diminui
c) Se o número de empregos não diminui, então a inflação não aumenta
d) A inflação não aumenta e o número de empregos não diminui

192 - Considere as três premissas a seguir:

. No aniversário de minha esposa, trago-lhe flores.
. Ou é aniversário de minha esposa ou eu trabalho até tarde
. Eu não trouxe flores para minha esposa hoje.

Assim, pode-se concluir que:

a) Hoje trabalhei até tarde
b) Hoje não trabalhei até tarde
c) Hoje é aniversário da minha esposa
d) Hoje eu não trabalhei, porque é o aniversário da minha esposa

193 **-** Num certo dia, três amigos, Antonio, Bernardo e Fernando, saíram da faculdade e cada um foi a um local, antes de voltar para casa. Mais tarde, ao chegarem em suas casas, cada um percebeu que havia esquecido um objeto no local onde estivera. Considere que:

- Um deles esqueceu o celular no bar e outro, a agenda na pizzaria
- Antonio esqueceu um objeto na casa da namorada
- Bernardo não esqueceu a agenda e nem a chave de casa.

Assim, pode-se concluir que:

a) Fernando foi a um bar
b) Bernardo foi a uma pizzaria
c) Fernando esqueceu a chave de casa
d) Bernardo esqueceu o celular

194 **-** Considere as duas afirmações:

- Todo BIP é TIC
- Nenhum CAC é TIC

Assim, pode-se concluir que:

a) Existe BIP que é CAC
b) Nenhum BIP é CAC
c) Existe CAC que é BIP
d) Nenhum TIC é BIP

195 **-** O número mínimo de pessoas em um grupo, necessário para que seja possível garantir que quatro delas tenham nascido em um mesmo mês do ano, é igual a:

a) 49
b) 48
c) 37
d) 36

196 **-** Considere a afirmação:

"Se uma pessoa é psicóloga, então ela ganha muito dinheiro."

Considerando que a afirmação acima seja verdadeira, assinale a única afirmação que também é verdadeira:

a) Se uma pessoa não é psicóloga, então ela não ganha muito dinheiro.
b) Se uma pessoa ganha muito dinheiro, então ela é psicóloga.
c) Se uma pessoa não ganha muito dinheiro, então ela não é psicóloga.
d) Toda pessoa que ganha muito dinheiro é psicóloga.
e) Nenhuma pessoa que é psicóloga ganha muito dinheiro.

197 - Considere as afirmações:

I - Existem brasileiros que são famosos.
II - Todas as pessoas famosas são inteligentes.
III - O jogador de futebol Cristiano Ronaldo é famoso.

Admitindo que essas afirmações sejam verdadeiras, analise as conclusões abaixo:

O jogador Cristiano Ronaldo é brasileiro.
Não existem brasileiros inteligentes.
Todos os brasileiros são inteligentes
Existem brasileiros famosos que não são inteligentes
O jogador Cristiano Ronaldo não é inteligente
Existem brasileiros inteligentes que não são famosos.

O número de conclusões corretas é:

a) 1
b) 2
c) 4
d) 5
e) 6

198 - Num dicionário escolar foram encontradas as seguintes definições:

Animal vertebrado: *é aquele que possui vértebras, isto é, são os animais de cuja estrutura faz parte um esqueleto ósseo ou cartilagíneo*
Ave: *animal vertebrado com o corpo coberto de penas.*

(Dicionário Escolar Silveira Bueno – Ediouro/2000)

A partir dessas definições, é possível concluir corretamente que:

a) Todo animal vertebrado tem o corpo coberto de penas
b) Existem animais vertebrados que têm o corpo coberto de penas
c) Todos os vertebrados que não são aves possuem o corpo coberto de penas
d) Se um animal não é vertebrado, então ele pode ser uma ave
e) Se um animal não é uma ave, então ele não é vertebrado

199 - Para promover um funcionário para o cargo de Diretor, uma empresa estabeleceu como critério a escolha daquele que tivesse conhecimento nas três áreas de atuação da empresa: Mercado de Capitais, Previdência Complementar e Estatística. Ao fazer a avaliação entre 30 de seus funcionários mais experientes, obteve o seguinte quadro:

Mercado	Previdência	Estatística	Mercado e Previdência	Mercado e Estatística	Previdência e Estatística	Nenhuma das três áreas
12	18	13	7	6	9	5

De acordo com o critério estabelecido pela empresa, o número de funcionários que poderão ser promovidos ao cargo de Diretor é igual a:

a) 2
b) 3
c) 4
d) 5

200 - A negação da sentença **"Tenho que estudar e amanhã não vou sair"** é:

a) Não tenho que estudar e amanhã vou sair.
b) Não tenho que estudar ou amanhã vou sair.
c) Não tenho que estudar nem amanhã vou sair.
d) Não tenho que estudar então amanhã vou sair.

e) Tenho que estudar ou amanhã não vou sair.

201 - *(UFF)* Dados três conjuntos M, N e P não vazios tais que M – N = P, considere as afirmações:

I) $P \cap N = \varnothing$
II) $M \cap P = P$
III) $P \cup (M \cap N) = M$

Com relação a estas afirmações conclui-se que:

a) Todas são verdadeiras.
b) Somente a II e a III são verdadeiras.
c) Somente a I e a II são verdadeiras
d) Somente a I e a III são verdadeiras.
e) Nenhuma é verdadeira.

202 - *(UFF)* Considere os conjuntos X e Y:

$X = \{x \in IN \ / \ x$ é múltiplo de $3\}$
$Y = \{y \in IN \ / \ y$ é ímpar$\}$
Determine o centésimo termo da sucessão obtida quando se escrevem os elementos de $X \cap Y$ em ordem crescente.

203 - *(UFF)* Uma pesquisa feita em uma comunidade indicou que as doenças A, B, C e D são as que mais afetam a população, conforme percentual indicado no gráfico.

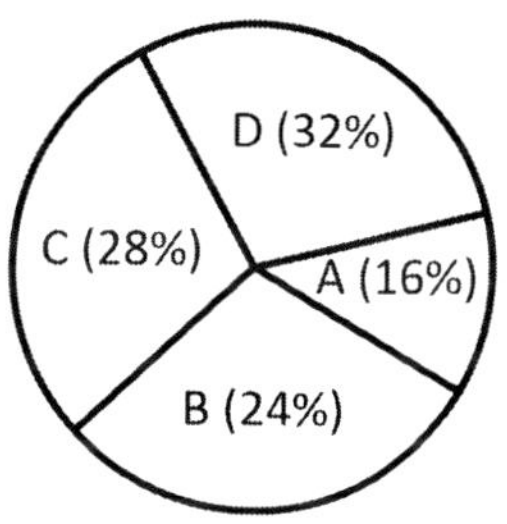

Sabendo que 250.000 pessoas são afetadas pela doença A, determine o número de pessoas afetadas pela doença B.

204 - Sejam os conjuntos U = {1, 2, 3, 4} e A = {1, 2}. O conjunto de B tal que $B \cap A = \{1\}$ e $B \cup A = U$ é:

a) $\varnothing$
b) {1}
c) {1, 2}
d) {1, 3, 4}
e) U

205 - Para decidir a eleição de prefeito de uma cidade, 1.200.000 pessoas compareceram às seções eleitorais, para escolher entre dois candidatos A e B. O candidato A, eleito, recebeu 48.600 votos a mais do que seu concorrente B. Foram registrados 8.600 votos nulos, não havendo porém, votos em branco. O número de votos do candidato vencedor foi:

a) 840.000
b) 571.400
c) 750.000
d) 620.000
e) 940.000

206 - Analisando os currículos de 50 candidatos a um emprego na área de informática, verificou-se que 32 sabiam usar Windows 95, que 16 operavam com OS-2 e que 20% não conheciam nenhum desses dois sistemas operacionais. Foram selecionados apenas os candidatos capazes de operar com ambos os sistemas. O número de candidatos aprovados foi:

a) 6
b) 8
c) 16
d) 40
e) 48

207 - Considere os conjuntos:

$A = \{x \in N \mid x \text{ é ímpar}\}$
$B = \{x \in Z \mid -2 \leq x < 4\}$
$C = \{x \in N^* \mid x \leq 3\}$

Determine um conjunto $X \subset B$, sabendo que $B - X = A \cap C$

a) $X = \{0, 2, 4\}$
b) $X = \{-1, 2, 4\}$
c) $X = \{-1, 0, 2, 4\}$
d) $X = \{-2, -1, 0, 2, 3\}$
e) $X = \{-2, -1, 0, 2\}$

208 - Quantos elementos devo acrescentar ao conjunto $A = \{x \in IN^* \mid x(x-1)(x+2)(x-3)(x+4)(x-5) = 0\}$ para que o novo conjunto formado admita 64 subconjuntos?

a) nenhum
b) 1
c) 2
d) 3
e) 4

209 - Sejam os conjuntos $A = \{(x, y) \in IR^2 / 2x - 5 = y\}$ e $B = \{(x, y) \in R^2 / 3x + 2y = 4\}$. O conjunto $A \cap B$ é:

a) $\{(-1, 2)\}$
b) $\{(2,-1)\}$
c) $\{(-2, 1)\}$
d) $\{(2, 1)\}$
e) $\{(1,-2)\}$

210 - Qual das sentenças abaixo é equivalente a "Se Luiza foi à praia então Guilherme foi ao cinema."

a) Luiza foi à praia ou Guilherme foi ao cinema.
b) Se Guilherme foi ao cinema então Luiza foi à praia.
c) Se Guilherme não foi ao cinema então Luiza foi à praia.
d) Se Luiza não foi à praia então Guilherme não foi ao cinema.
e) Se Guilherme não foi ao cinema então Luiza não foi à praia.

211 - Mário, irmão de Pedro, disse a Marcos, irmão de Henrique, que seu irmão é amigo de Sérgio.

Pode-se concluir que:

a) Pedro é amigo de Henrique.
b) Pedro é amigo de Marcos.
c) Pedro é amigo de Sérgio.
d) Mário é amigo de Henrique.
e) Todas as afirmativas acima estão erradas.

212 - A negação da sentença:

"Tenho que estudar e amanhã não vou sair" é:

a) Não tenho que estudar e amanhã vou sair.
b) Não tenho que estudar ou amanhã vou sair.
c) Não tenho que estudar nem amanhã vou sair.
d) Não tenho que estudar então amanhã vou sair.
e) Tenho que estudar ou amanhã não vou sair.

213 - (UERJ) Rafael comprou quatro passagens aéreas para dar uma de presente para cada um de seus quatro netos. Para definir a época em que irão viajar, Rafael pediu para cada um dizer uma frase. Se a frase fosse verdadeira, o neto viajaria imediatamente; se fosse falsa, o neto só viajaria no final do ano. O quadro abaixo apresenta as frases que cada neto falou:

NETO	FRASE
I	Viajarei para a Europa.
II	Meu voo será noturno.
III	Viajarei no final do ano.
IV	O Flamengo é o melhor time do Brasil.

A partir das frases ditas, Rafael não pôde definir a época da viagem do neto representado pelo número:

a) I b) II c) III d) IV

214 - (ITA) Considere as seguintes afirmações sobre o conjunto U = {0, 1, 2, 3, 4, 5, 6, 7, 8, 9}:

$\varnothing \in U$ e $n(U) = 10$.
$\varnothing \subset U$ e $n(U) = 10$.
$5 \in U$ e $\{5\} \subset U$.
$\{0, 1, 2, 5\} \cap \{5\} = 5$.

Pode-se dizer, então, que é (são) verdadeira(s)

a) apenas I e III.
b) apenas II e IV.
c) apenas II e III.
d) apenas IV.
e) todas as afirmações

215 - (UENF) Considere um grupo de 50 pessoas que foram identificadas em relação a duas categorias: quanto à cor dos cabelos, louras ou morenas; quanto à cor dos olhos, azuis ou castanhos. De acordo com essa identificação, sabe-se que 14 pessoas no grupo são louras com olhos azuis, que 31 pessoas são morenas e que 18 têm olhos castanhos.
Calcule, no grupo, o número de pessoas morenas com olhos castanhos.

216 - (UERJ) Em um posto de saúde foram atendidas, em determinado dia, 160 pessoas com a mesma doença, apresentando, pelo menos, os sintomas diarreia, febre ou dor no corpo, isoladamente ou não.
A partir dos dados abaixo registrados nas fichas de atendimento dessas pessoas, foi elaborada a tabela abaixo.

SINTOMAS	FREQUÊNCIA
diarreia	62
febre	62
dor no corpo	72
diarreia e febre	14
diarreia e dor no corpo	08
febre e dor no corpo	20
diarreia, febre e dor no corpo	X

Na tabela, **X** corresponde ao número de pessoas que apresentaram, ao mesmo tempo, os três sintomas.

Pode-se concluir que **X** é igual a:

a) 6
b) 8
c) 10
d) 12

217 - (EEAR) Numa pesquisa de mercado sobre o consumo de cerveja, obteve-se o seguinte resultado: 230 pessoas consomem a marca A; 200 pessoas, a marca B; 150, ambas as marcas; e 40 não consomem cerveja.

O número de pessoas pesquisadas foi:

a) 620
b) 470
c) 320
d) 280

218 - (PUC-RJ) Sejam x e y números tais que os conjuntos {1, 4, 5} e {x, y, 1} sejam iguais. Então, podemos afirmar que:

a) $x = 4$ e $y = 5$
b) $x \neq 4$
c) $y \neq 4$
d) $x + y = 9$
e) $x < y$.

219 - (ITA) Seja o conjunto $S = \{r \in \mathbb{Q} : r \geq 0 \text{ e } r^2 \leq 2\}$, sobre o qual são feitas as seguintes afirmações:

I - $\frac{5}{4} \in S$ e $\frac{7}{5} \in S$.
II - $\{x \in \mathbb{R} : 0 \leq x \leq \sqrt{2}\, x\} \cap S = \varnothing$.

III - $\sqrt{2} \in S$.

Pode-se dizer, então, que é (são) verdadeira(s) apenas:

a) I e II
b) I e III
c) II e III
d) I
e) II

220 - (ITA) Denotemos por n(X) o número de elementos de um conjunto finito X. Sejam A, B e C conjuntos tais que $n(A \cup B) = 8$, $n(A \cup C) = 9$, $n(B \cup C) = 10$, $n(A \cup B \cup C) = 11$ e $n(A \cap B \cap C) = 2$. Então, $n(A) + n(B) + n(C)$ é igual a:

a) 11
b) 14
c) 15
d) 18
e) 25

4 - Funções, Função Composta e Função Inversa

221 - O número **S** do sapato que uma pessoa calça está relacionado com o comprimento **p**, em centímetros, do seu pé pela fórmula:

$$S = \frac{5p + 28}{4}$$

Qual é o comprimento do pé de uma pessoa que calça sapatos de número **41**?

a) 41cm
b) 30,8cm
c) 27,2cm
d) 35,2cm
e) 29,5cm

222 - A altura de uma planta, em metros, é dada por $h = 0{,}4 - \frac{2}{5+t}$, sendo **t** a idade da planta em meses. Essa planta nunca terá uma altura de:

a) 28cm
b) 32cm
c) 36cm
d) 38cm
e) 42cm

223 - (UENF) Observe os gráficos abaixo, que representam, em reais, as vendas e os lucros anuais de uma empresa no período de 1990 a 1995.

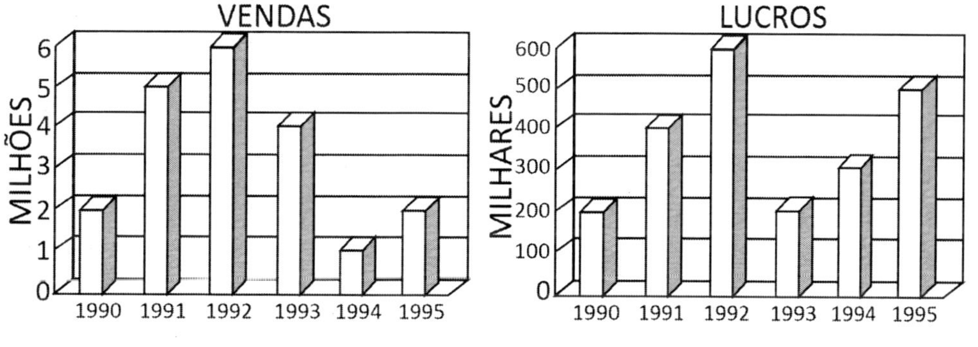

De acordo com os gráficos, calcule:

A) a média, em milhões de reais, das vendas dessa empresa no período considerado;

B) a razão entre o lucro e a venda em 1992.

224 - (UERJ) O recente incidente ocorrido na reserva indígena dos ianomâmis reabriu o debate em torno de uma questão antiga, que é a do desaparecimento dos povos indígenas, vítimas da violência do "homem branco".

Em relação a esse fato, a revista VEJA (25/08/93) publicou uma reportagem com o gráfico abaixo, que demonstra como a relação entre esses povos, no Brasil, desenvolveu-se desde a descoberta.

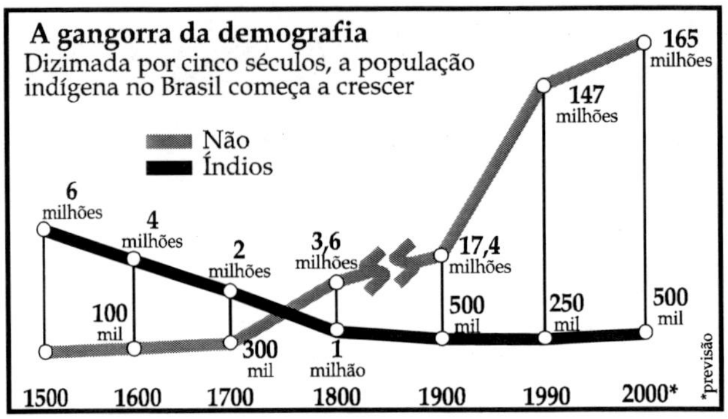

Após analisar o gráfico, conclui-se que:

a) de 1500 a 1700 as duas populações cresceram na mesma proporção
b) entre 1700 a 1800, a população indígena foi superada pela "não indígena"
c) em 1900 a diferença entre as duas populações era de cerca de 12 milhões de habitantes
d) no ano de 1990 a população indígena era igual à "não indígena"
e) após 2000, a população indígena terá sua taxa de crescimento diminuída

225 - (UFRJ) Cíntia, Paulo e Paula leram a seguinte informação numa revista:

"conhece-se, há mais de um século, uma fórmula para expressar o peso ideal do corpo humano adulto em função da altura: $P = (a - 100) - \left(\frac{a - 150}{k}\right)$*, onde P é o peso, em quilos, a é a altura, em centímetros, k = 4, para homens e k = 2, para mulheres"*

a) Cíntia, que pesa 54 quilos, fez rapidamente as contas com k = 2 e constatou que, segundo a fórmula, estava 3 quilos abaixo do seu peso ideal. Calcule a altura de Cíntia.

b) Paulo e Paula têm a mesma altura e ficaram felizes em saber que estavam ambos exatamente com seu peso ideal, segundo a informação da revista. Sabendo que Paulo pesa 2 quilos a mais do que Paula, determine o peso de cada um deles.

226 - (UNESP) O número de ligações telefônicas de uma empresa, mês a mês, no ano de 2005, pode ser representado pelo gráfico.

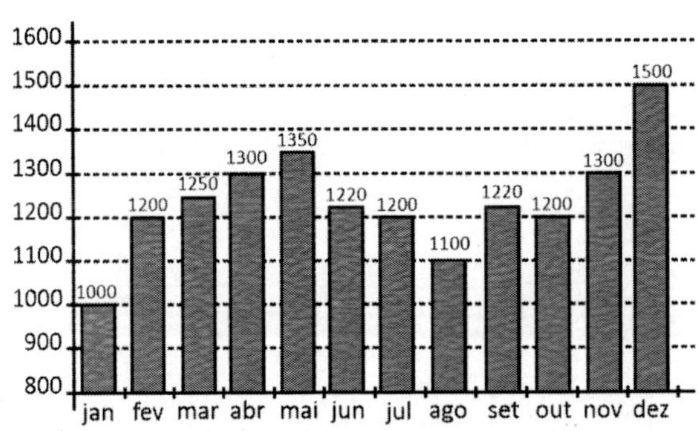

Com base no gráfico, pode-se afirmar que a quantidade total de meses em que o número de ligações foi maior ou igual a 1.200 e menor ou igual a 1.300 é:

a) 2.
b) 4.

c) 6.
d) 7.
e) 8.

227 - *(PUC-Campinas)* Considere um número real X diferente de 4 e siga, etapa por etapa, a sequência de instruções abaixo.

I) Some a X o seu quadrado.
II) Multiplique por 2 o resultado obtido na etapa I.
III) Some 15 ao resultado obtido na etapa II.
IV) Subtraia 55 do resultado obtido na etapa III.
V) Divida por $(x - 4)$ o resultado obtido na etapa IV.
VI) Subtraia 10 do resultado obtido na etapa V.

O resultado final na etapa VI é igual

a) à metade de X.
b) ao próprio X.
c) ao sucessor de X.
d) à soma de 5 e X.
e) ao dobro de X.

228 - *(UNIFESP)* Seja $f: Z \rightarrow Z$ uma função crescente e sobrejetora, onde Z é o conjunto dos números inteiros. Sabendo-se que $f(2) = -4$, uma das possibilidades para $f(n)$ é:

a) $f(n) = 2(n - 4)$.
b) $f(n) = n - 6$.
c) $f(n) = -n - 2$.
d) $f(n) = n$.
e) $f(n) = -n^2$.

229 - *(EEAR)* Em uma maternidade, num certo dia, três mães deram à luz. A 1ª teve gêmeos; a 2ª, trigêmeos, e a 3ª, um único filho.
Considere, para aquele dia, o conjunto das três mães, o conjunto dos seis bebês e as seguintes relações:

R_1 que associa cada mãe a seu filho;
R_2 que associa cada filho à sua mãe, e
R_3 que associa cada bebê ao seu irmão.

É(são) função(funções)

a) somente R_1.
b) somente R_2.
c) somente R_3.
d) R_1, R_2 e R_3.

230 - *(Conc. Prof-SP)* Dez pessoas fundaram, no início do ano, um clube. Um dos regulamentos de seu regimento interno prevê que cada sócio pode apresentar, no máximo, 2 novos sócios ao final de cada ano. A expressão que permite calcular o número máximo de sócios após decorrerem x anos é:

a) $3.10^x + 10$
b) 2.10^x
c) $10 + 2^x$

d) 10.2^x
e) 10.3^x

231 - (Conc. Prof-SP) O gráfico apresenta dados referentes a faltas por dia em uma classe, durante um certo período de tempo.

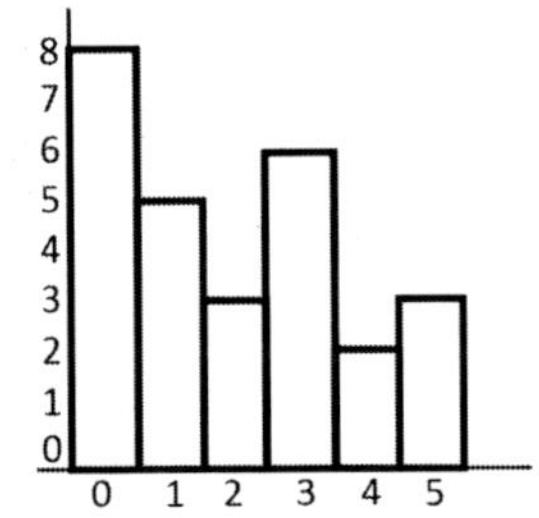

De acordo com o gráfico, no período observado ocorreram.

a) 15 faltas em 8 dias.
b) 2 faltas por dia.
c) 6 faltas no terceiro dia.
d) 52 faltas em 27 dias.
e) 2 faltas a cada quatro dias.

232 - Seja f função real de variável real definida por $f(x) = 1 - \sqrt{x^2 - 1}$. Se f(q) = –4, então q é igual a :

a) ± 1
b) ± 3
c) ± 4
d) ± 5
e) ± 6

233 - Sejam f e g funções reais tais que $f(x) = 2x^2 - 1$ e $g(y) = y^{-1}$. Então f(g(2)) é igual a:

a) $-\frac{1}{2}$
b) $\frac{1}{2}$
c) 1
d) –1
e) $\frac{3}{2}$

234 - Dada uma função f : IR → IR, definida por $f(x) = 3x^2 - 8x + 1$. O menor valor de x tal que f (x) = 4 é:

a) 3
b) –3
c) 2
d) $\frac{1}{3}$

e) $-\frac{1}{3}$

235 - Seja f uma função de IR em IR tal que $f(x) = 5x^3 - 4x^2 + 3x - 1$. Então $f\left(\frac{1}{2}\right)$ vale:

a) $\frac{1}{8}$

b) $\frac{2}{15}$

c) $\frac{3}{16}$

d) $-\frac{4}{7}$

e) $-\frac{1}{16}$

236 - Se (a, b) e (c, d) são os pontos de intersecção das curvas $y = x^2$ e $y = x + 2$, então a + c vale:

a) 1
b) 2
c) –1
d) –2
e) 3

237 - Considere a função f real definida por: $f(x + 2) - f(x) = 2x$, $\forall x \in$ IR. O valor de $f(20) - f(16)$ é:

a) 68
b) 70
c) 72
d) 74
e) 76

238 - As funções f e g são inversas. Se f é definida por $f(x) = \frac{3}{x-2}$, então g (–1) é igual:

a) –3
b) –2
c) 1
d) –1
e) 3

239 - Se f^{-1} é a função inversa da função f: IR → IR, definida por $f(x) = 2x - 3$, então $f^{-1}(5)$ é igual a:

a) 1
b) 2
c) 3

d) 4
e) 0

240 - *(UNIRIO)* A função inversa da função bijetora f: R – {4} → R – {2} definida por $f(x) = \frac{2x-3}{x+4}$ é:

a) $f^{-1}(x) = \frac{x+4}{2x+3}$

b) $f^{-1}(x) = \frac{x-4}{2x-3}$

c) $f^{-1}(x) = \frac{4x+3}{2-x}$

d) $f^{-1}(x) = \frac{4x+3}{x-2}$

e) $f^{-1}(x) = \frac{4x+3}{x+2}$

241 - *(UFF)* Considere as funções f, g e h, todas definidas em [m, n] com imagens em [p, q] representadas através dos gráficos abaixo:

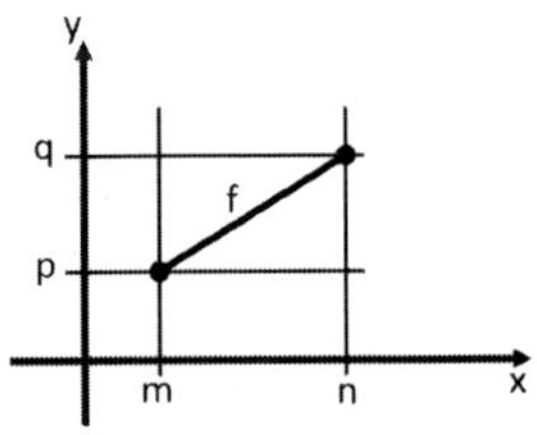

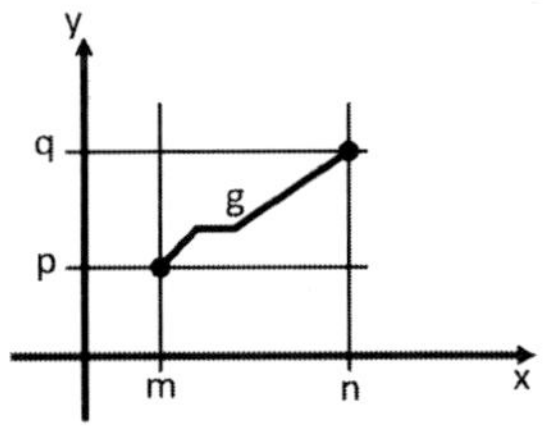

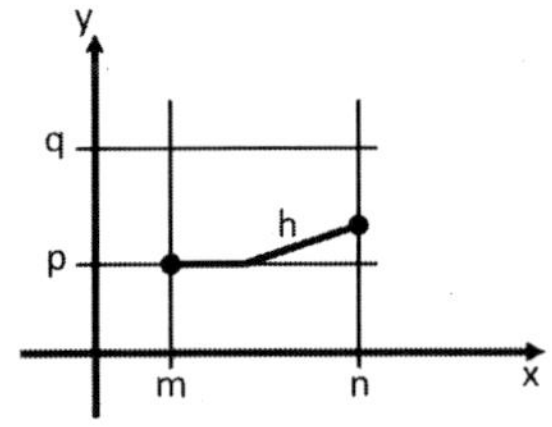

Pode-se afirmar que:

a) f é bijetiva, g é sobrejetiva e h não é injetiva.
b) f é sobrejetiva, g é injetiva e h não é sobrejetiva.
c) f não é injetiva, g é bijetiva e h é injetiva.
d) f é injetiva, g não é sobrejetiva e h é bijetiva.
e) f é sobrejetiva, g não é injetiva e h é sobrejetiva.

242 - Sejam f e g funções, definidas em IR, por f(x) = 3x – 1 e g(x) = –x + 4. O valor de f{f[g(1)]}

a) 20
b) 21
c) 22
d) 23
e) 24

243 - Se $f(x-2) = x^2 - 4$, então o valor de f(2) é:

a) 9
b) 10
c) 11
d) 12
e) 13

244 - Sejam f e g funções definidas em IR por f(x) = 3x –1 e g(x) = 1 – 2x. O valor de $g\left[f\left(\frac{1}{2}\right)\right]$ é:

a) 1

b) −1
c) 2
d) −2
e) 0

245 - Considere a função f : IR → IR, tal f(2x − 3) = x + 1. Então f(1) é igual a:

a) 1
b) 2
c) 3
d) 4
e) 5

246 - Se $f(3x + 1) = 4x^2 + 3x + 2$, $\forall\ x \in$ IR, então f(x) vale:

a) $\dfrac{6x^2 - 7x - 5}{7}$

b) $\dfrac{2x^2 - 3x + 1}{5}$

c) $\dfrac{x^2 - 1}{9}$

d) $\dfrac{x^2 + 1}{7}$

e) $\dfrac{4x^2 + x + 13}{9}$

247 - Seja f uma função real de variável real. Se $f\left(\dfrac{x-2}{x-1}\right) = x^2 + 1$, então f(−1) é igual a:

a) −1

b) $\dfrac{13}{4}$

c) $\dfrac{1}{6}$

d) $\dfrac{-1}{4}$

e) $\dfrac{7}{2}$

248 - ***(UFF)*** Dadas as funções reais de variável real f e g definidas por $f(x) = x^2 - 4x + 3$ com $x \geq 2$ e $g(x) = 2 + \sqrt{1+x}$ com $x \geq -1$, determine:

a) (gof)(x).
b) $f^{-1}(120)$.

249 - (UFF) Considere as funções reais de variável real f e g definidas por $f(x) = 3x + 1$ e $g(x) = -2x - 2$. Determine:

a) a função $h = f \circ g$.
b) as inversas de f e g.

250 - (UFMG) No plano cartesiano desenhado abaixo, está representado o gráfico de um polinômio do terceiro grau $p(x) = ax^3 + bx^2 + cx + d$, sendo a, b, c e d números reais,

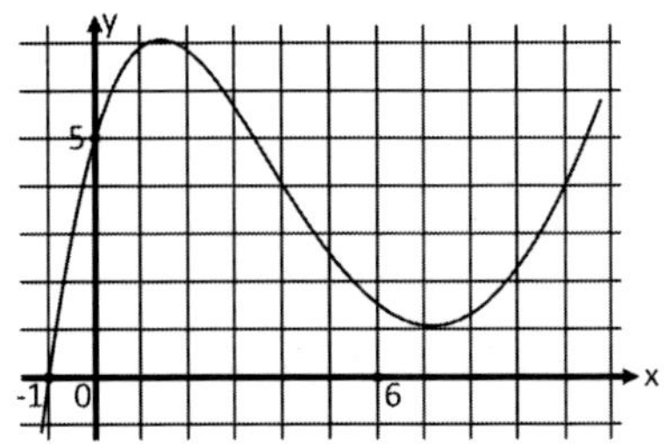

Considere estas afirmativas referentes a esse polinômio:

I) $a - b + c - 5 = 0$; e
II) $p(p(6)) > p(6)$.

Então, é CORRETO afirmar que

a) nenhuma das afirmativas é verdadeira.
b) apenas a afirmativa I é verdadeira.
c) apenas a afirmativa II é verdadeira.
d) ambas as afirmativas são verdadeiras.

5 - Funções Polinomiais de 1º e 2º graus e Função Modular

251 - Suponha que em 2011, numa determinada capital brasileira, o preço de um imóvel cresceu de forma linear, apresentando os seguintes valores, conforme mostra o gráfico abaixo:

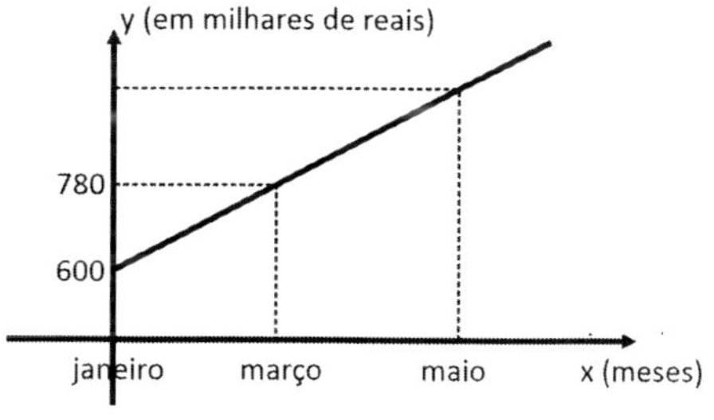

Admitindo que o preço desse imóvel continue aumentando de forma linear, o seu valor no mês de novembro de 2011 será, em reais, igual a:

a) 1.500.000
b) 1.350.000
c) 1.240.000
d) 1.140.000

252 - No sistema cartesiano ortogonal abaixo estão representadas duas funções:
$f(x) = ax^2 + bx + c$ e $g(x) = mx + q$ em que a, b, c, m e q são números reais, $a \neq 0$ e $m \neq 0$.

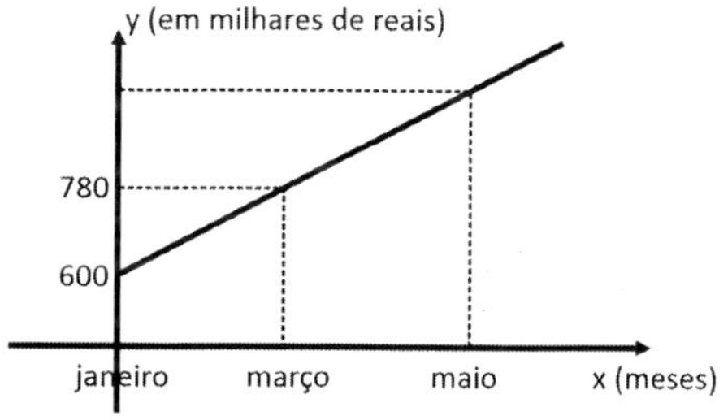

Com base nas informações obtidas a partir do gráfico, foram feitas cinco afirmações:

i. O conjunto solução da equação $f(g(x)) = 4$ é dado por $S = \{0\ ,\ 6\}$
ii. m = 2a
iii. m > a
iv. O intervalo real que representa a solução da inequação $\frac{g(x)}{f(x)} \geq 0$ é dado por $S = [-2,\ +\infty[$
v. c + q = 0

As afirmações verdadeiras são:

a) i e ii
b) ii, iii e v
c) i, ii e iv
d) ii e iv

253 - Existe uma fórmula que pode ser utilizada para calcular a área aproximada da superfície corporal de uma pessoa, conhecida como fórmula de Mosteller, cuja expressão algébrica é $A = \sqrt{\frac{ph}{3600}}$, em que A é a área em m², p é o "peso" em quilogramas e h a altura da

pessoa em centímetros.

Com base nas informações acima, pode-se concluir corretamente que a área da superfície corporal de uma pessoa que "pesa" 90 kg e tem 1,6 m de altura é, em m², igual a:

a) 0,2
b) 2
c) 4
d) 20

254 - Duas operadoras de celular oferecem os seguintes planos aos seus clientes:

Operadora A: o cliente paga uma assinatura de R$ 50,00 e cada minuto em ligações locais custa R$ 0,25.

Operadora B: o cliente paga um valor fixo de R$ 40,00 para até 50 minutos em ligações locais e, a partir de 50 minutos, o custo de cada minuto em ligações locais é de R$ 1,50.

Com base nesses dados foram feitas as quatro afirmações abaixo:

I - O cliente que optar pela operadora A pagará R$ 55,50 por um consumo mensal de 30 minutos em ligações locais.

II - O cliente que optar pela operadora B pagará R$ 55,00 por um consumo mensal de 60 minutos em ligações locais.

III - O cliente pagará o mesmo valor se optar por qualquer das operadoras, caso o seu consumo mensal seja de 68 minutos em ligações locais.

IV - Comparado com o plano oferecido pela operadora A, o plano oferecido pela operadora B será sempre mais vantajoso para o cliente.

Analisando essas afirmações, pode-se concluir que as corretas são:

a) I e II
b) I e III
c) II e III
d) II e IV

255 - Um grupo de alunos de uma turma da 1ª série do Ensino Médio de uma escola formou um time de futebol. Para o jogo de estreia, eles pensaram em encomendar algumas camisetas com o emblema do time para vender para os torcedores.

Fizeram um levantamento de preços, obtendo o seguinte orçamento de uma fábrica:

1. Despesas fixas para confecção: R$ 120,00, independente do número de camisetas;
2. Camiseta de malha especial: R$ 7,50 por camiseta.

O número mínimo de camisetas que devem ser encomendadas para fabricação, a fim de que o custo por camiseta seja de R$ 8,00 é igual a:

a) 180
b) 200
c) 220
d) 240

256 - No plano cartesiano abaixo estão representadas duas funções $f(x) = ax + b$ e $g(x) = mx^2 + nx + q$, em que $a \cdot m \neq 0$:

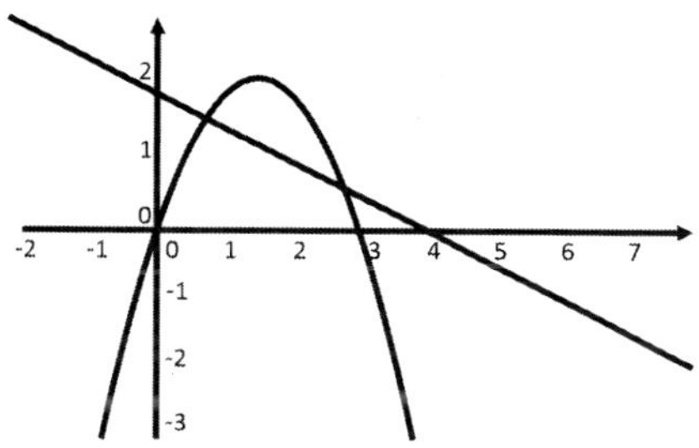

A solução da inequação-produto $f(x) \, . \, g(x) > 0$ é o conjunto de todos os valores reais de x tais que:

a) $0 < x < 3$ ou $x > 4$
b) $0 < x < 3$
c) $x < 0$ ou $x > 4$
d) $x < 0$ ou $3 < x < 4$

257 - Uma função real f, de variável real, é tal que $f\left(\dfrac{2x-1}{3}\right) = x^2 - 4x + 2$. Pode-se concluir corretamente que o valor da expressão $f(5) - f(0)$ é igual a:

a) 5
b) 12,75
c) 26
d) 33,75

258 - O gráfico abaixo representa uma função polinomial do 2º grau $f(x) = ax^2 + bx + c$, $a \neq 0$.

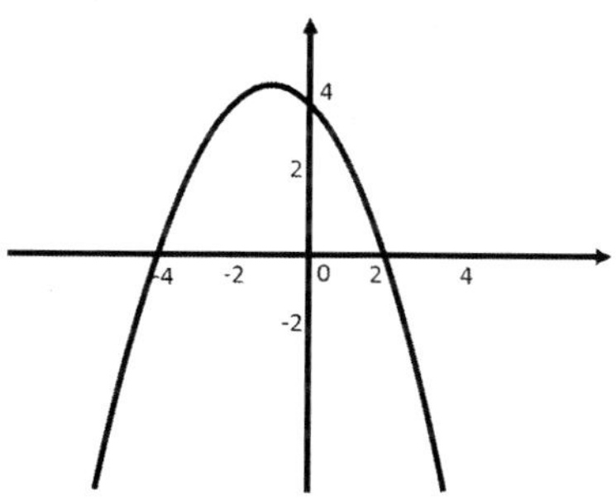

Sobre essa função foram feitas três afirmações:
i. O valor máximo dessa função é igual a 4
ii. A equação $f(x) = 2$ possui uma única raiz real
iii. $f(-8) = f(6)$

O número de afirmações corretas é:

a) 0
b) 1
c) 2
d) 3

259 - Os gráficos abaixo representam partes de duas funções polinomiais do primeiro grau:

i) f(x) que passa pelos pontos (0, 3) e (6, 6)
ii) g(x) que passa pelos pontos (0, 0) e (5, 4)

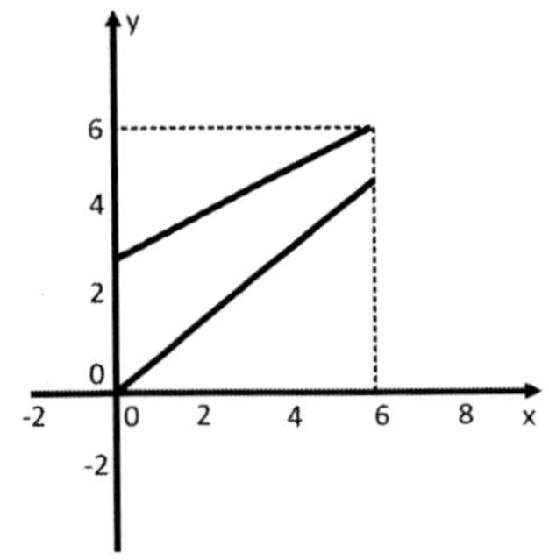

Com base nessas informações, pode-se concluir corretamente que:

a) f(x) – g(x) > 0 para todo x > 10
b) $g(f(2)) = \frac{16}{5}$
c) f(x) = g(x) quando x = 8
d) $f(g(2)) = \frac{16}{5}$

260 - O conjunto solução do sistema de inequações $\begin{cases} y \geq x - 3 \\ y \leq -x^2 + 6x - 5 \end{cases}$ é formado por pares ordenados que pertencem aos seguintes quadrantes:

a) 1º e 2º
b) 2º e 3º
c) 3º e 4º
d) 1º e 4º

261 - O gráfico abaixo representa uma função polinomial do 2º grau, f(x) = ax² + bx + c, com vértice no ponto V(–3, 4).

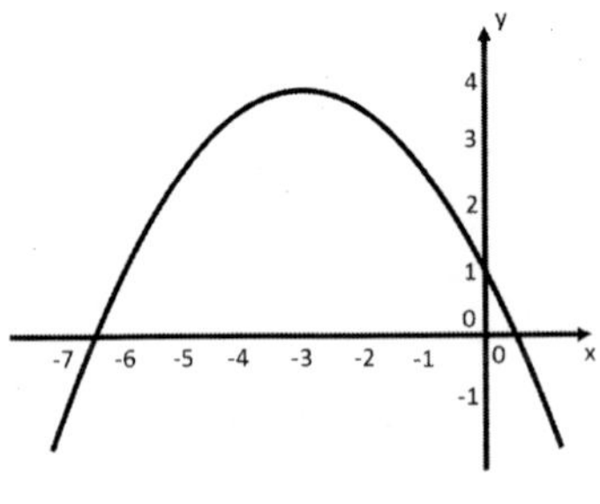

Sabendo que f(0) = 1, pode-se concluir que:

a) A menor raiz da equação f(x) = 0 é $-3 - 2\sqrt{3}$
b) A equação f(x) = 5 possui duas raízes reais
c) f(1) = –1,5
d) b + c = –3a

262 - O preço de venda de um veículo usado no final de janeiro era de R$ 38000,00. Este mesmo veículo, no final de abril, custava R$ 26000,00. Sabe-se que, nesse período, o preço desse veículo teve uma variação linear. Com base nessas informações, pode-se concluir que o preço de venda desse veículo no final de março era, em reais, igual a:

a) 35000
b) 34000
c) 32000
d) 30000

263 - O gráfico abaixo representa o custo total y de uma empresa para a fabricação de x peças de um determinado produto.

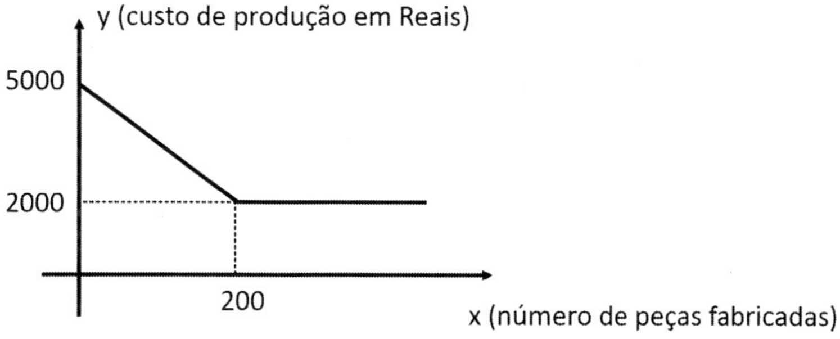

Sabendo que o preço de venda de cada peça fabricada é de R$ 5,00, pode-se concluir que:

a) O custo para a fabricação de 150 peças é de R$ 2700,00
b) Para ter lucro, essa empresa precisa vender, no mínimo, 250 peças
c) Na fabricação de 80 peças, o custo unitário de cada peça é de R$ 47,50.
d) Se forem fabricadas e vendidas 1000 peças, a empresa terá um lucro de R$ 2000,00

264 - O gráfico abaixo representa uma função polinomial do 2º grau, $f(x) = ax^2 + bx + c$.

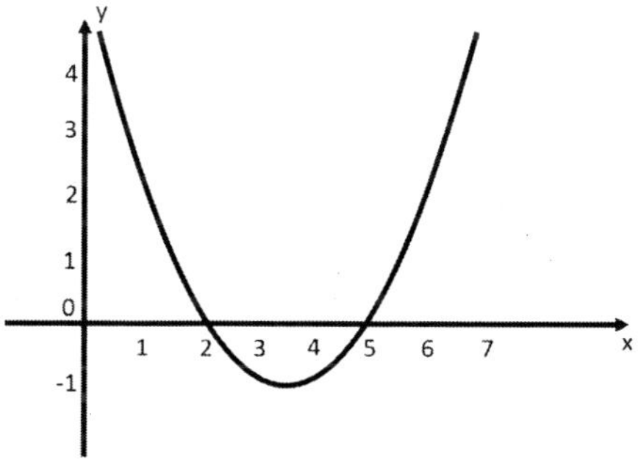

Sabendo que $f(0) = 5$, pode-se concluir que $f(-1)$ é igual a

a) 6
b) 8
c) 9
d) 10

265 **-** A produção de grãos, em milhões de toneladas, de um certo país, está representada no gráfico cartesiano abaixo:

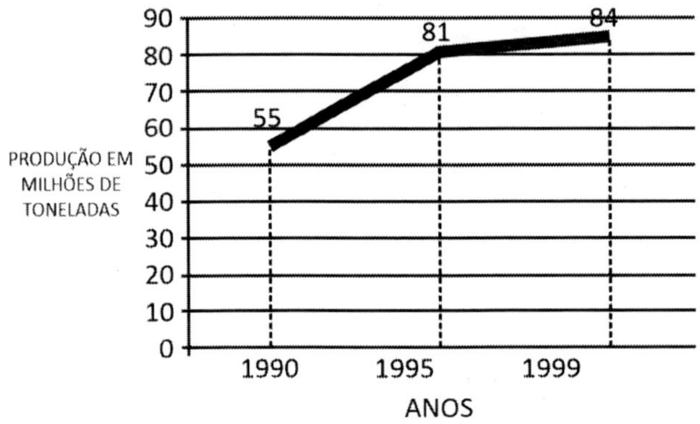

Considere que a produção de grãos desse país, a partir de 1995, tenha apresentado uma taxa de crescimento constante. Pode-se concluir que a produção, em milhões de toneladas, no ano de 2010 foi igual a:

a) 89,75
b) 90,25
c) 91,75
d) 92,25

266 **-** Uma função f é dada por f (x) = ax + b, onde a e b são números reais e f(1) = 1 e f(–2) = –8, então f(4) é igual a:

a) 10
b) 6
c) 8
d) 4
e) 12

267 **-** Uma função f é dada por f(x) = ax + b, onde a e b são números reais. Se f(–1) = 3 e f(1) = –1, então f(3) é igual a:

a) 1
b) 3
c) –3
d) 5
e) –5

268 **-** Uma função de f é dada por f (x) = ax + b, onde a e b são números reais. Se $f\left(\frac{1}{2}\right) = -2$ e f (–1) = –5, então $f\left(\frac{3}{2}\right)$ é o número:

a) 0
b) –1
c) 1
d) 2
e) –3

269 **-** Uma função da forma f(x) = ax + b é denominada função linear. Existindo uma função linear tal que f(1) = –3f(3) = 1, podemos afirmar que:

a) f(–3) = –1
b) f(–2) = –4
c) f(–1) = 3
d) f(0) = –5
e) f(2) = 4

270 - (UFF) Considere as funções f: **R** → **R** e g: **R** → **R**

x → y = –2x + 2   x → y = –2x + 6

Calcule a área do quadrilátero formado pelos gráficos das funções **f** e **g** e os eixos coordenados.

271 - (UNIFICADO) O gráfico que representa a inversa da função $f(x) = 3 - \frac{3}{4}x$ é:

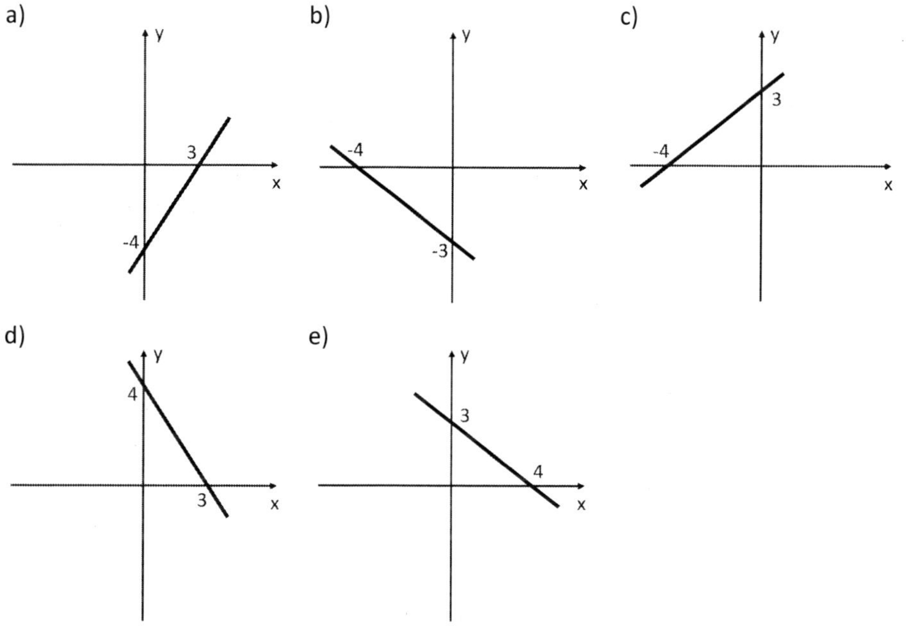

272 - (UNIRIO) O gráfico da função y = mx + n, onde m e n são constantes, passa pelos pontos A(1, 6) e B(3, 2). A taxa de variação média da função é:

a) –2
b) –1/2
c) 1/2
d) 2
e) 4

273 - (UENF)

CAMPOS: APROXIMADAMENTE 70% DA PRODUÇÃO DE PETRÓLEO NACIONAL

O Brasil produz hoje (1996) 1.000.000 de barris de petróleo cru (bruto) por dia e necessita de 1.100.000 barris/dia.

Por isso, importa 100.000 barris/dia.

No ano de 1970, o Brasil produziu 150.000 barris/ia e consumiu 400.000 barris/dia.
Suponha que a produção quanto o consumo comportem-se linearmente.
O esboço abaixo resume o que eu disse:

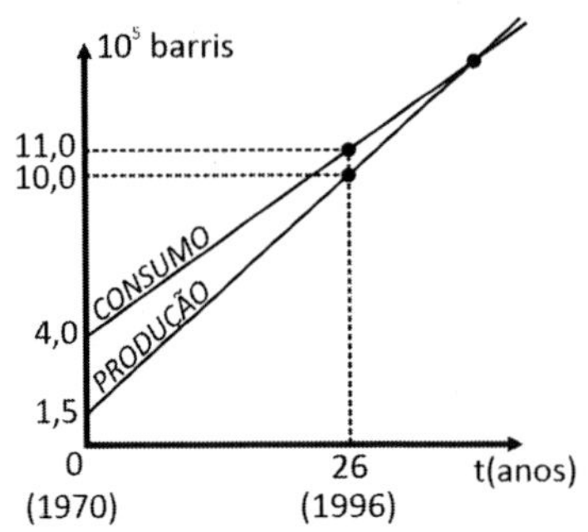

Calcule, nestas condições, a partir de que ano o Brasil será autossuficiente em petróleo bruto.

274 - Se devido ao desgaste ou outros fatores, o valor y de um bem está diminuindo com o tempo x de acordo com a função $y = ax + b$, dizemos que ele está sofrendo depreciação linear. Suponha que o valor de um equipamento hoje é 20 mil reais e daqui a 9 anos será 2 mil reais. Admitindo depreciação linear, qual será o valor do equipamento daqui a 6 anos?

a) 8 mil reais
b) 9 mil reais
c) 10 mil reais
d) 12 mil reais
e) 15 mil reais

275 - (UNIFICADO)

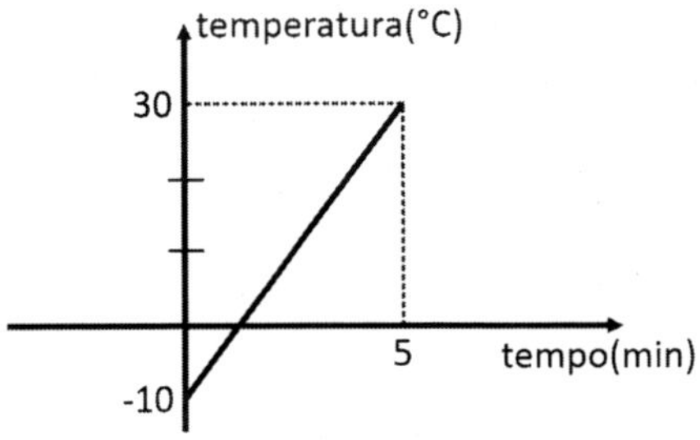

Uma barra de ferro com temperatura inicial de –10°C foi aquecida até 30°C. O gráfico acima representa a variação da temperatura da barra em função do tempo gasto nessa experiência. Calcule em quanto tempo, após o início da experiência, a temperatura da barra atingiu 0°C.

a) 1 min
b) 1 min e 5 seg
c) 1 min e 10 seg
d) 1 min e 15 seg
e) 1 min e 20 seg

276 - (UERJ) Uma panela, contendo um bloco de gelo a –40°C, é colocada sobre a chama de um fogão. A evolução da temperatura T, em graus Celsius, ao longo do tempo x, em minutos, é descrita pela seguinte função real:

$$T(x)=\begin{cases}20x-40 & \text{se} \quad 0 \le x < 2\\ 0 & \text{se} \quad 2 \le x \le 10\\ 10x-100 & \text{se} \quad 10 < x \le 20\\ 100 & \text{se} \quad 20 < x \le 40\end{cases}$$

O tempo necessário para que a temperatura da água atinja 50°C, em minutos, equivale a:

a) 4,5
b) 9,0
c) 15,0
d) 30,0

277 - *(UERJ)* Admita que, a partir dos cinquenta anos, a perda da massa óssea ocorra de forma linear, conforme mostra o gráfico abaixo.

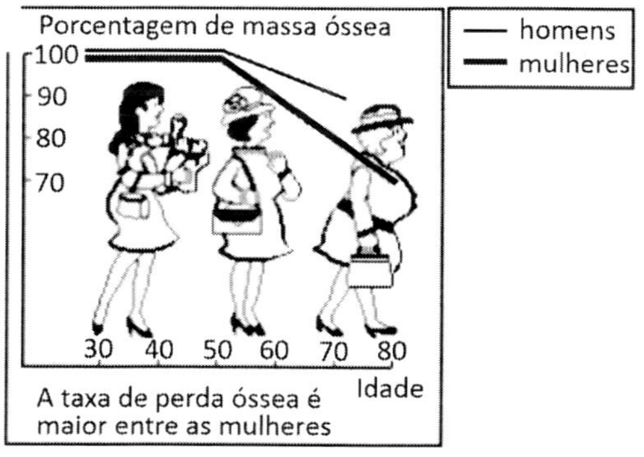

Aos 60 e aos 80 anos, as mulheres têm, respectivamente, 90% e 70% da massa óssea que tinham aos 30 anos.
O percentual de massa óssea que as mulheres já perderam aos 76 anos, em relação à massa aos 30 anos, é igual a:

a) 14
b) 18
c) 22
d) 26

278 - *(UENF)* Um tanque com capacidade para 1.200 litros de água tem um fundo por onde a água escoa a uma razão constante. Considere V o volume do tanque, em litros, e t o tempo de escoamento, em horas, relacionados pela equação:

$$\mathbf{V = 1200 - 12t}$$

Estando o tanque totalmente cheio, calcule:

a) o volume de água no tanque, após 30 horas de escoamento;
b) o tempo necessário para que ele se esvazie totalmente.

279 - (UENF) Sabe-se que, nos pulmões, o ar atinge a temperatura do corpo e que, ao ser exalado, tem temperatura inferior a do corpo, já que é resfriado nas paredes do nariz. Através de medições realizadas em um laboratório, foi obtida a função $T_E = 8,5 + 0,75T_A$, $12° \leq T_A \leq 30°$, em que T_E e T_A representam, respectivamente, a temperatura do ar exalado e a do ambiente.

Calcule:

A) a temperatura do ambiente quando $T_E = 25°C$;
B) o maior valor que pode ser obtido pata T_E.

280 - (UFF) Resolva a inequação: $\frac{2x-1}{1-3x} \geq 5$

281 - Quantos números inteiros satisfazem a inequação $\frac{x+1}{3-x} \geq 0$?

a) 1
b) 2
c) 3
d) 4
e) 5

282 - Qual é o menor valor inteiro de **x** que satisfaz a inequação $\frac{1+\frac{x-2}{3}}{\frac{x-2}{3}-1} > 1$?

a) 2
b) 3
c) 4
d) 5
e) 6

283 - (PUC-SP) Quantos números inteiros e estritamente positivos satisfazem a sentença $\frac{1}{x-20} \leq \frac{1}{12-x}$?

a) Dezesseis.
b) Quinze.
c) Quatorze.
d) Treze.
e) Menos que treze.

284 - No sistema de coordenadas cartesianas abaixo, estão representadas duas funções do 1º grau, f(x) e g(x).

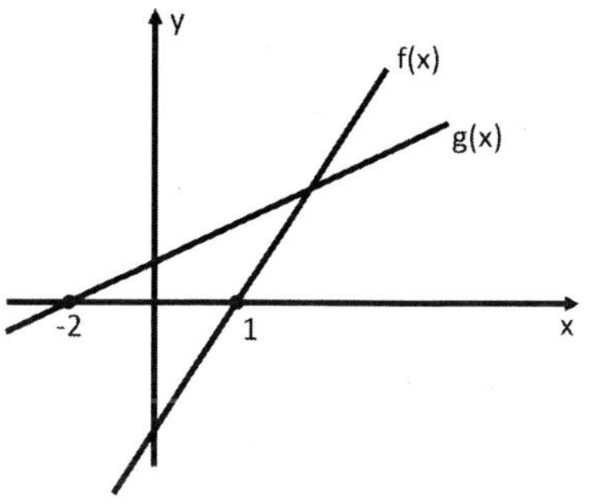

Os valores de x para os quais têm-se $\frac{f(x)}{g(x)} \leq 0$ pertencem ao intervalo:

a) $]-\infty, -2[$ b) $]-\infty, -2]$ c) $]-2, 1]$ d) $[-2, 1]$ e) $]1, +\infty[$

285 - *(UERJ)* A promoção de uma mercadoria em um supermercado está representada, no gráfico abaixo, por 6 pontos de uma mesma reta.

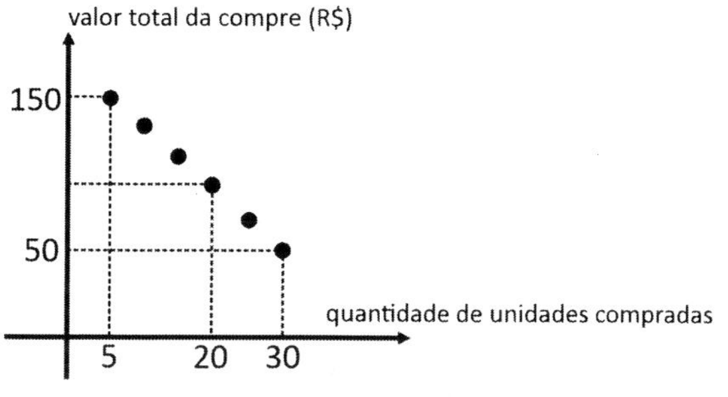

Quem comprar 20 unidades dessa mercadoria, na promoção, pagará por unidade, em reais, o equivalente a:

a) 4,50
b) 5,00
c) 5,50
d) 6,00

286 - Os pontos A, B e C do gráfico cartesiano abaixo pertencem a uma mesma reta.

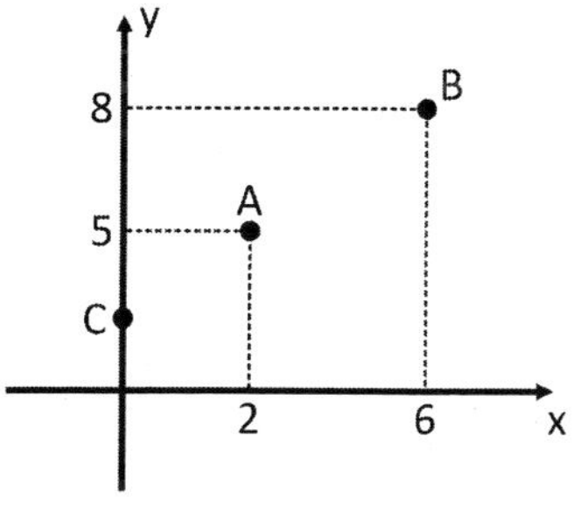

A distância entre C e B é igual a:

a) 8,5
b) 8,0
c) 7,5

d) 7,0
e) 6,5

***287* -** No gráfico abaixo estão representadas duas retas r e s, perpendiculares. O ponto de interseção dessas retas é P (a, b). Pode-se afirmar que a + b é igual a:

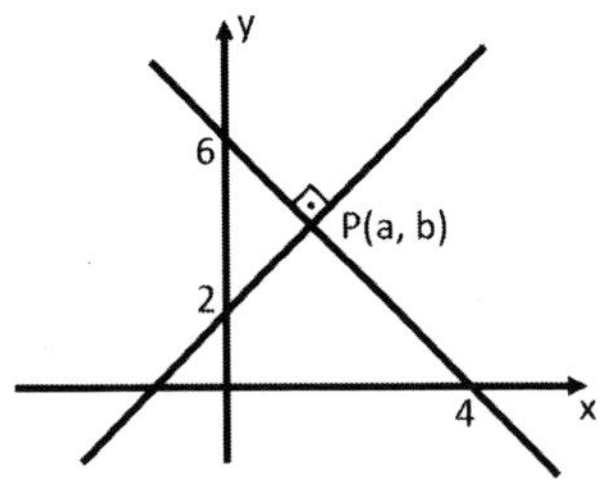

a) 72/13 b) 70/13 c) 68/13 d) 66/13 e) 64/13

288* - *(UERJ) A razão entre a massa e o volume de uma substância, ou seja, a sua massa específica, depende da temperatura. A seguir, são apresentadas as curvas aproximadas da massa em função do volume para o álcool e para o ferro, ambos à temperatura de 0° C.

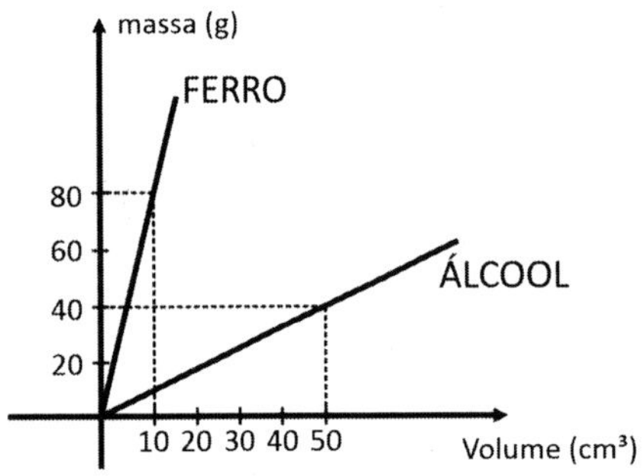

Considere ρ_F a massa específica do ferro e ρ_A a massa específica do álcool.
De acordo com o gráfico, a razão $\frac{\rho_F}{\rho_A}$ é igual a:

a) 4
b) 8
c) 10
d) 20

289* - *(RURAL) Em um clube existem duas piscinas iguais para crianças. Uma das piscinas tem 900 l de água e vai ser enchida na razão de 40 l /min. A outra piscina está com 700 l e vai ser enchida na razão 60 l /min. Construa um gráfico dessas duas funções, determinando o tempo (em minuto) em que elas terão a mesma quantidade de água.

***290* -** Observe a figura abaixo, onde está representada uma sequência de retângulos.

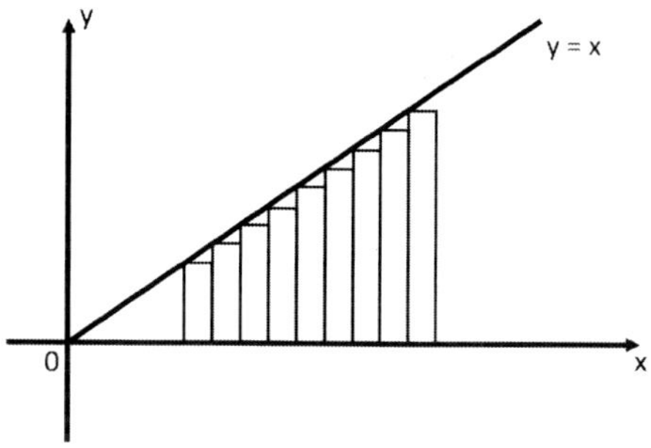

A área da região formada por esses 9 retângulos é igual a:

a) 0,45 cm^2
b) 4,5 cm^2
c) 0,045 cm^2
d) 5,5 cm^2
e) 0,55 cm^2

291 - Um consumidor comprou um botijão de gás de cozinha de 13 kg e iniciou sua utilização. Nos dez primeiros dias, seu consumo diário de gás foi de 400 g. Após esse período, seu consumo de gás caiu para 300 g até acabar o gás do botijão. Considere m a função que expressa a massa de gás, em gramas, em função do número t de dias de consumo, $t \in N^*$. Assinale o que for correto.

01) A função $m: A \subset IN^* \to IR$ é dada por $m(t) = \begin{cases} 13000 - 400t & 1 \le t \le 10 \\ 9000 - 300t & 10 < t \le 30. \end{cases}$

02) A massa de gás no botijão será de 7500 g após 15 dias do início da utilização.
04) O coeficiente angular da reta que passa pelos pontos que expressam o gráfico de m, no intervalo [1, 10], é positivo.
08) O gráfico de m é formado por segmentos de reta que não se interceptam.
16) O percentual de consumo do primeiro dia de uso é aproximadamente 3% da massa total de gás no botijão.
32) O domínio da função m é o conjunto $\{t \in N^*; 1 \le t \le 40\}$.
64) O botijão estará completamente vazio no 30º dia de uso.

292 - (CONC. PROF-SP) O valor de um determinado tipo de automóvel diminui com o passar do tempo, como mostra o gráfico.

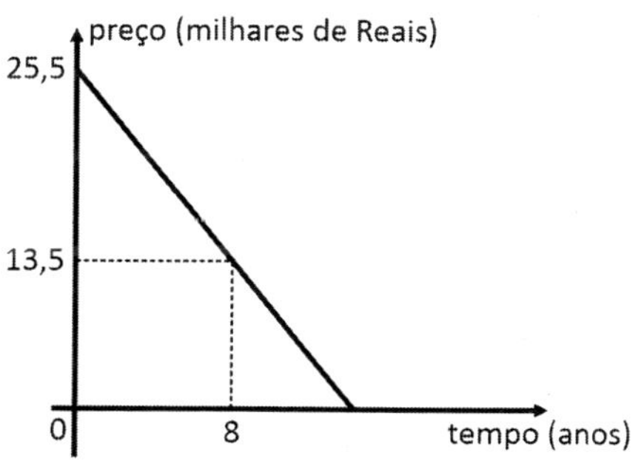

Esse carro não terá valor algum, decorridos

a) 12 anos. b) 13 anos. c) 15 anos. d) 16 anos. e) 17 anos.

293 - O gráfico da função quadrática definida por $y = x^2 - mx + (m - 1)$, onde $m \in IR$, tem um único ponto em comum com o eixo das abscissas. Então, o valor de $\underline{y}$ que essa função associa a x = 2 é:

a) −2

b) –1
c) 0
d) 1
e) 2

294 - (UFF) Sendo f a função real de variável real definida por $f(x) = x^2 - 6x + 8$, com $x > 3$, determine o valor de $f^{-1}(3)$.

295 - (UFF) Considere o gráfico da função f definida por $f(x) = 3x^2 - px + q$:

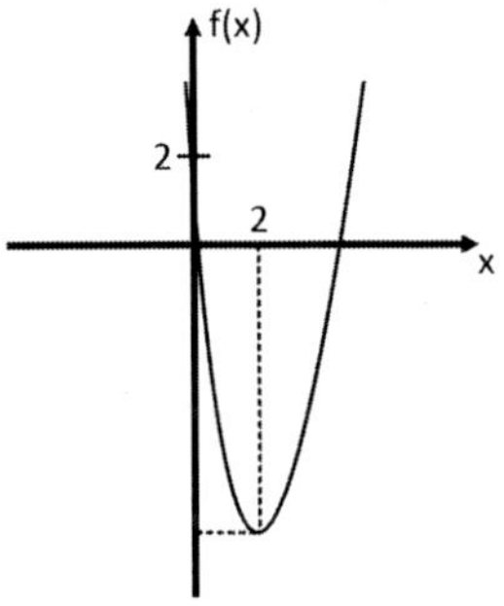

A expressão de f(x) é:

a) $3x^2 - 4x + 2$
b) $3x^2 - 12x + 2$
c) $3x^2 + 12x + 2$
d) $3x^2 + 2x - 2$
e) $3x^2 - 2x - 2$

296 - (FUVEST) Para que a parábola $y = 2x^2 + mx + 5$ não intercepte a reta $y = 3$, devemos ter

a) $-4 < m < 4$
b) $m < -3$ ou $m > 4$
c) $m > 5$ ou $m < -5$
d) $m = -5$ ou $m = 5$
e) $m \neq 0$

297 - (UFF) Sendo f a função real de variável real definida por $f(x) = \sqrt{\dfrac{x+1}{x^2-4}}$, determine o seu domínio.

298 - (UEM) Considere as funções reais f e g definidas por $f(x) = x + 2$ e $g(x) = x^2$, para todo x real. Nessas condições, assinale o que for correto.

1) As funções f e g são sobrejetoras.
2) Os domínios de $(f \,.\, g)(x)$ e $\dfrac{f(x)}{g(x)}$ diferem por um único número real.
$f^{(2)}(x) = (fof)(x) = x^2 + 4x + 4$.
   Os gráficos de f e de g se interceptam no ponto P(2, 4).
3) As funções f e g são injetoras no intervalo $[0, \infty)$.
4) O único valor de x para o qual a função $f(x) = (gof)(x)$ se anula é zero.
5) $(fog)(x) = x^2 + 2$ e $(gof)(x) = x^2 + 4x + 4$.

299 - (UNIFICADO)

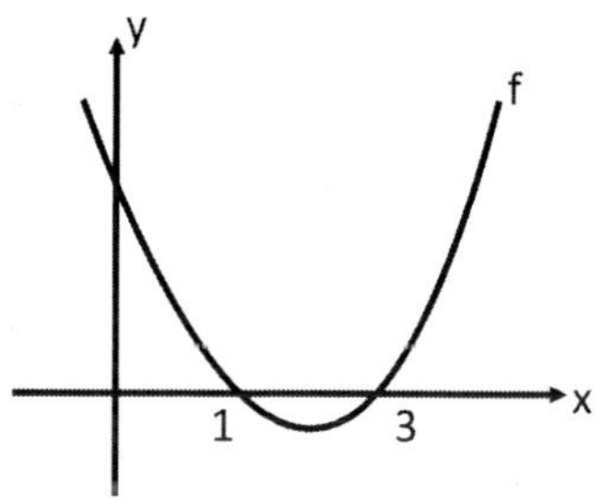

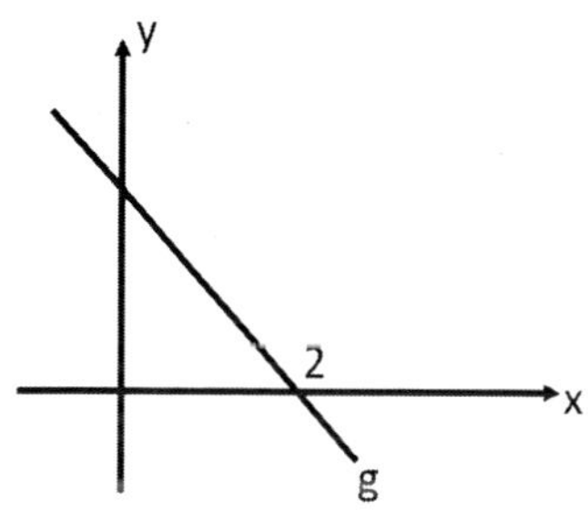

As figuras acima nos mostram as funções f(x) e g(x) representadas pelos seus gráficos cartesianos. A solução da inequação $\frac{f(x)}{g(x)} \geq 0$ é:

a) $x \leq 1$ ou $2 < x \leq 3$
b) $1 \leq x < 2$ ou $x \geq 3$
c) $x < 2$ ou $x \geq 3$
d) $1 \leq x \leq 3$ ou $x \neq 2$
e) $x \geq$ e $x \neq 2$

300 - (FUVEST) Seja f a função que associa, a cada número real x, o menor dos números $x + 3$ e $-x + 5$. Assim, o valor máximo de f(x) é:

a) 1
b) 2
c) 4
d) 6
e) 7

301 - (MACK) Na figura a seguir temos o gráfico de $y = x^2 - 2px$, de vértice A. A área do triângulo OAB é:

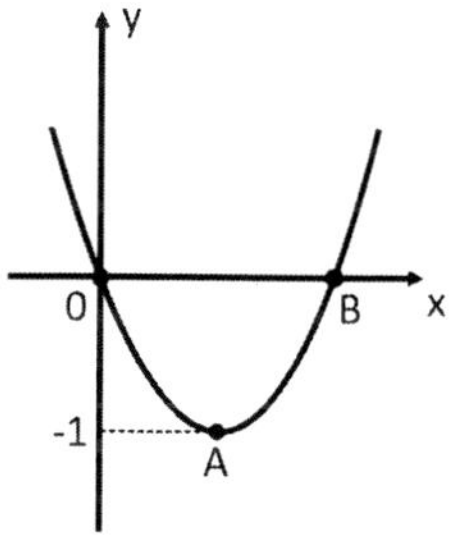

a) 2 b) 3/2 c) 4 d) 4/3 e) 1

302 - (MACK) Na figura, A, B, C, e D são pontos da curva $y = x^2 + a$.

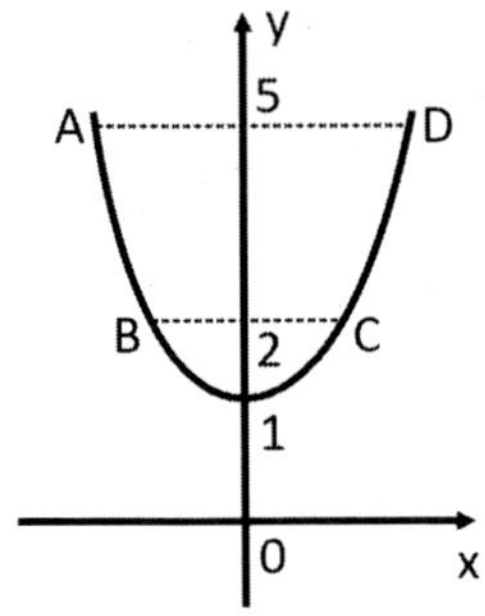

A área do trapézio ABCD é:

a) 8 xb) 9 c) 10 d) 12 e) 14

303 - (UFF) Um fazendeiro pretende destinar um terreno retangular à plantação de mudas. Para limitar o terreno, deverá estender 1000 m de tela ao longo de três de seus lados, o quarto lado coincidirá com um muro reto. Nestas condições calcule, em metros quadrados, a maior área possível de ser limitada.

304 - (UFPE) Um fazendeiro queria construir um cercado em forma de um retângulo para criar gado. Como o dinheiro que ele tinha era suficiente para fazer apenas 200 metros de cerca, resolveu aproveitar uma parte reta da cerca do vizinho para economizar e construiu, com apenas 3 lances de cerca, um cercado retangular de área máxima. Qual a área deste cercado?

a) $5300m^2$
b) $5200m^2$
c) $5100m^2$
d) $5000m^2$
e) $4900m^2$

305 - (CONC. PROF-SP) Um determinado processo diário de produção é descrito por funções de custo $C(x) = 100x + 10.500$ e de remuneração $R(x) = 600x - 5x^2$. Considerando a função lucro, $L(x) = R(x) - C(x)$, o número x de bens que fornece o lucro máximo diário é:

a)1.000.
b) 500.
c) 200.
d) 100.
e) 50.

306 - (UERJ) Sabe-se que o polônio $P(x) = -2x^3 - x^2 + 4x + 2$ pode ser decomposto na forma $P(x) = (2x + 1)(-x^2 + 2)$. Representando as funções reais $f(x) = 2x + 1$ e $g(x) = -x^2 + 2$, num mesmo sistema de coordenadas cartesianas, obtém-se o gráfico abaixo:

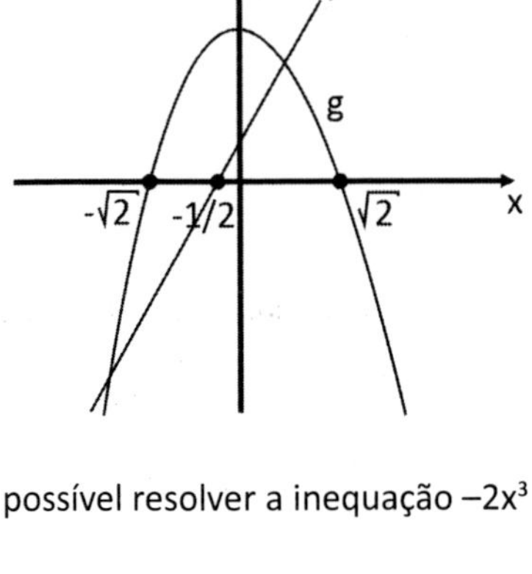

Tendo por base apenas o gráfico, é possível resolver a inequação $-2x^3 - x^2 + 4x + 2 < 0$.

Todos os valores de x que satisfazem a essa inequação estão indicados na seguinte alternativa:

a) $x < -\sqrt{2}$ ou $x > -\dfrac{1}{2}$

b) $x < -\sqrt{2}$ ou $x > \sqrt{2}$

c) $x < -\sqrt{2}$ ou $-\dfrac{1}{2} < x < \sqrt{2}$

d) $-\sqrt{2} < x < -\dfrac{1}{2}$ ou $x > \sqrt{2}$

307 - (UERJ) No interior de uma floresta, foi encontrada uma área em forma de retângulo, de 2km de largura por 5km de comprimento desmatada. Os ecologistas começaram imediatamente o replantio, com o intento de restaurar toda a área em 5 anos. Ao mesmo tempo, madeireiras clandestinas continuavam o desmatamento, de modo que, a cada ano, a área retangular desmatada era transformada em outra área também retângular. Veja as figuras:

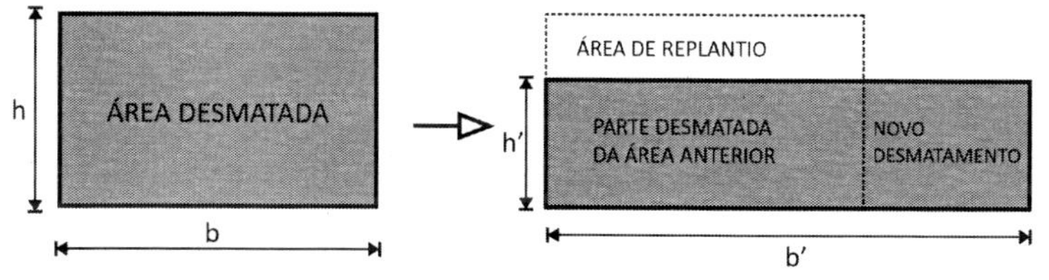

A largura (h) diminuía com o replantio e o comprimento (b) aumentava devido aos novos desmatamentos.

Admita que essas modificações foram observadas e representadas através das funções: $h(t) = -\dfrac{2}{5}t+2$ e $b(t) = 5t + 5$ (t = tempo em anos; h = largura em km e b = comprimento em km).

a) Determine a expressão da área A do retângulo desmatado, em função do tempo $t\ (0 \le t \le 5)$, e represente $A(t)$ no plano cartesiano.

b) Calcule a área máxima desmatada e o tempo gasto para este desmatamento, após o início do replantio.

308 - (FUVEST) O valor, em reais, de uma pedra semipreciosa é sempre numericamente igual ao quadrado de sua massa, em gramas. Infelizmente uma dessas pedras, de 8 gramas, caiu e se partiu em dois pedaços. O prejuízo foi o maior possível. Em relação ao valor original, o prejuízo foi de:

a) 92%
b) 80%
c) 50%
d) 20%
e) 18%

309 - A soma das soluções inteiras da desigualdade $x(x + 1) - 4 < 2$ é:

a) 2
b) 1
c) 0
d) −1
e) −2

310 - O conjunto solução da inequação $x^2 - 3x < 10$, no conjunto dos reais, é o intervalo:

a) $(-2, 5)$
b) $(-\infty, -2)$
c) $(3, 10)$

d) (0, 3)
e) (0, 1)

311 - A função quadrática $f(x) = 2x^2 - 8x + 6$ assume valores negativos quando:

a) $x \in [2, 6]$.
b) $x \in [1, 3]$.
c) $x \in]1, 3[$.
d) $x \in]-\infty, 0[$.
e) $x \in]2, 6[$.

312 - Considere a função $f : IR \to IR$ definida por $f(x) = x^2 - 4x + 2$. O maior elemento do domínio cuja imagem é –1, vale:

a) –5
b) –4
c) 2
d) 3
e) 6

313 - Sabendo que o gráfico da função $f : IR \to IR$, definida por $f(x) = x^2 + mx + n$ secciona o eixo dos x nos pontos (–1, 0) e (3, 0), podemos concluir que a razão entre m e n é:

a) 3/4
b) 1/2
c) 4
d) 3
e) 2/3

314 - ***(UERJ)*** Três corredores - I, II e III - treinam sobre uma pista retilínea. As posições ocupadas por eles, medidas a partir de um mesmo referencial fixo, são descritas pelas funções $S_I = 5t + 3$, $S_{II} = 2t + 9$ e $S_{III} = t^2 - 2t + 9$.
Nestas funções, a posição S é medida em metros e o tempo t é medido em segundos.
Durante a corrida, o número de vezes em que a distância entre os corredores I e II é igual a distância entre os corredores II e III corresponde a:

a) 1
b) 2
c) 3
d) 4

315 - O valor de $\sqrt{a^2 - 8a + 16}$ é:

a) $a - 4, \forall a \in IR$
b) $a - 4$, para $a > 4$
c) $-a + 4$, para $a < 4$
d) $-a + 4, \forall a \in IR$
e) $a - 4$, para $a < 4$

316 - A equação $|x| + x = 3 - |x|$ possui:

a) 2 raízes distintas, ambas positivas
b) 2 raízes distintas, ambas negativas
c) 2 raízes iguais e positivas

d) 2 raízes iguais e negativas
e) 2 raízes distintas com sinais distintos

317 - (EEAR) O número de elementos do conjunto solução da equação $|2x + 5| = -4x + 1$, em IR, é:

a) 0
b) 1
c) 2
d) infinito

318 - Considere $|x - 2| < 1$, $|y + 3| < 1$ e um triângulo cujos lados sejam os possíveis valores inteiros de $x - y$, em centímetros. O perímetro desse triângulo é em cm:

a) 15
b) 14
c) 13
d) 12
e) 11

319 - O gráfico abaixo é a representação cartesiana da função $f(x) = |x - 1|$

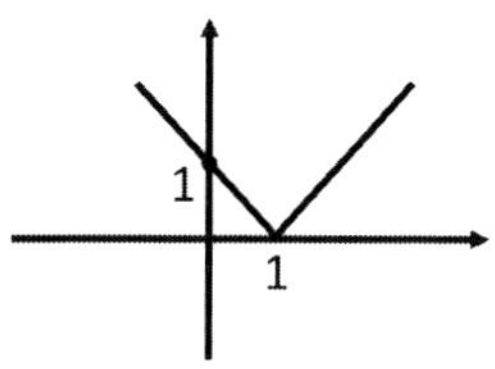

O gráfico que representa a função $-f(x) + 1$ é:

a)

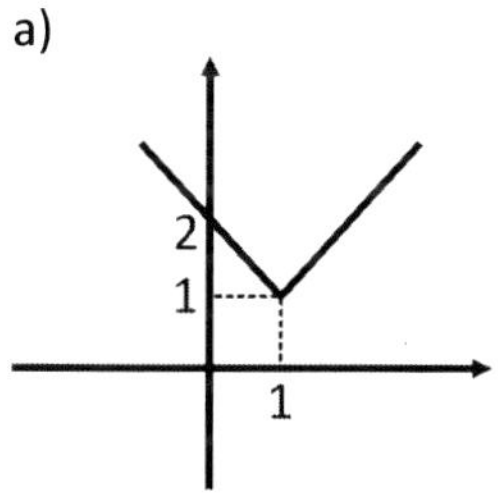

c)

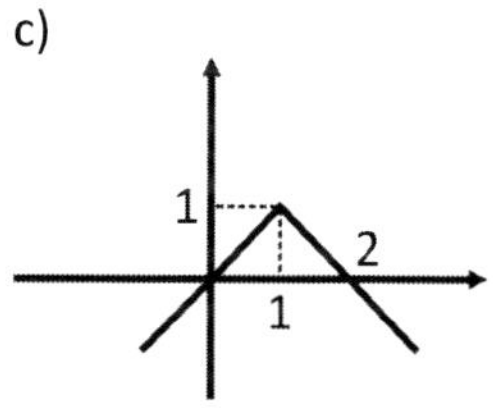

b)

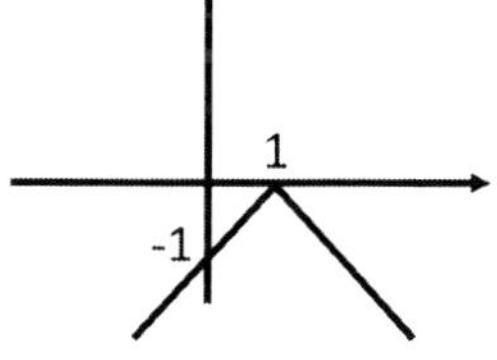

d)

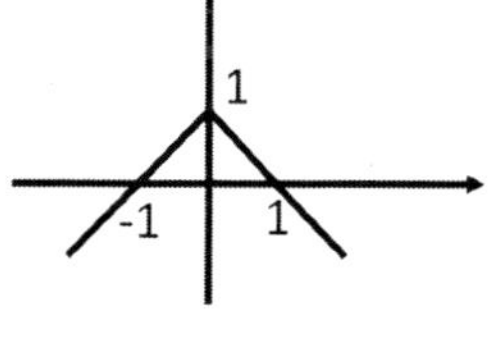

320 - O gráfico que melhor representa a função $f(x) = |x + 1| - |x - 1|$ é:

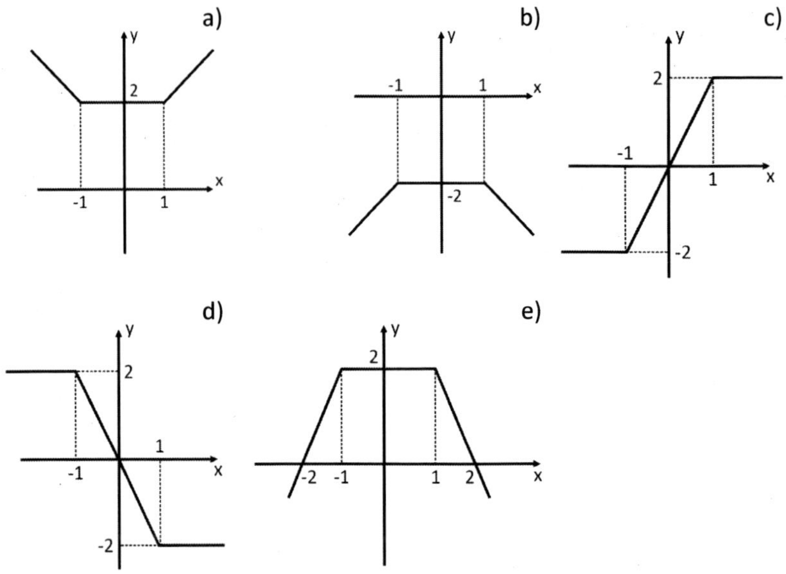

321 - (UNIFICADO) O gráfico que melhor representa a função real definida por $f(x) = \sqrt{x^2 - 2x + 1}$ é:

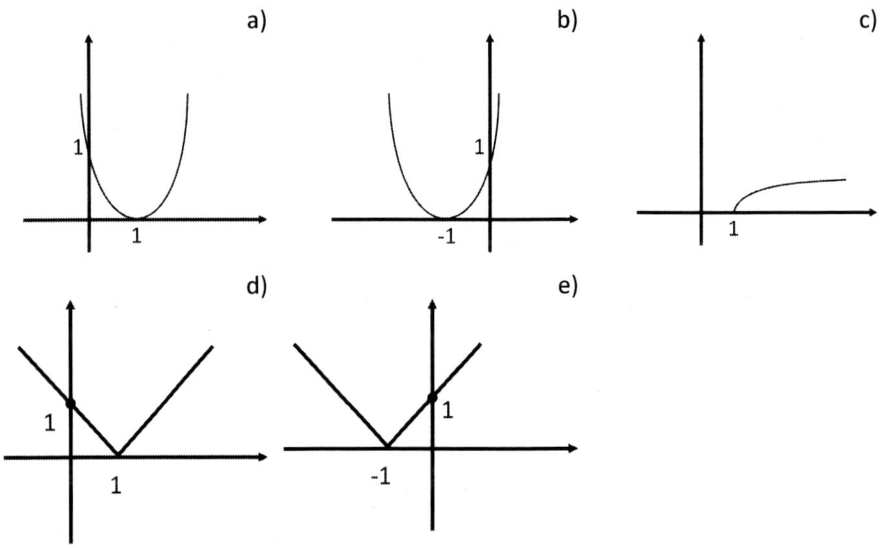

322 - (PUC-RJ) Se $A = \{x \in IR / |x - 3| < 2\}$ e $B = \{x \in IR / x^2 - 8x + 12 < 0\}$, o conjunto $A - B$ é igual a:

a) (1, 2)
b) (1, 2]
c) [1, 2)
d) [1, 2]
e) {2}

323 - (UFF) Se $|x + 4| < 3$ então:

a) $-7 < x < -1$
b) $-7 < x < 7$
c) $0 < x < 7$.
d) não existe $x \in$ IR que satisfaça à desigualdade.
e) qualquer $x \in$ IR satisfaz à desigualdade.

324 - (ITA) Os valores de $x \in R$, para os quais a função real dada por $f(x) = \sqrt{5 - ||2x - 1| - 6|}$ está definida, formam o conjunto.

a) $[0, 1]$.
b) $[-5, 6]$.
c) $[-5, 0] \cup [1, \infty)$.
d) $(-\infty, 0) \cup [1, 6]$.
e) $[-5, 0] \cup [1, 6]$.

325 - (UEM) Considerando o conjunto $A = \{x \in R; -3 \leq x \leq 3\}$, assinale a(s) alternativa(s) correta(s).

1. O conjunto das soluções da inequação $x^2 < 9$ é igual ao conjunto A.
2. O conjunto A contém o conjunto das soluções da inequação $-5x^2 - 14x + 3 \geq 0$.
3. A reunião dos conjuntos das soluções das equações $(5x - 8)^2 = -21$ e $|5x - 3| = -8$ está contida em A.
4. O conjunto-solução da equação $|2x - 5| = |8x + 3|$ está contido no conjunto A.
5. O menor elemento do conjunto A pertence à interseção dos conjuntos das soluções das inequações $x^2 \leq 9$ e $x^2 - 7x + 10 \geq 0$.
6. A interseção entre o conjunto A e o conjunto das soluções da inequação $x^2 - 7x + 10 \leq 0$ é o conjunto $B = \{x \in R; 2 \leq x < 3\}$.

326 - (IBEMEC) A soma dos números naturais que não pertencem ao conjunto-solução de: $2 - |x - 1| \leq 0$ é igual a:

a) 10
b) 6
c) 5
d) 3
e) 1

6 - Função Exponencial e Função Logarítmica

327 - LEIA A TIRINHA ABAIXO PARA RESPONDER A QUESTÃO A SEGUIR:

O GLOBO, 15/04/2010

O Sargento Tainha iniciou uma dieta, e seu "peso" está sendo acompanhado pelo médico do quartel, de acordo com a fórmula $P(t) = 119 \cdot (1,1333\text{K})^{\frac{-t}{4}}$, em que t é dado em meses. Sabendo que o Sargento irá atender ao pedido do Recruta Zero, ou seja, vai avisá-lo quando tiver perdido 14 Kg, pode-se concluir que isto ocorrerá quando t, em meses, for igual a:

a) 4 b) 6 c) 8 d) 12

328 - Sabe-se que a expressão matemática $P(t) = P_0 \cdot (1+i)^t$ permite determinar o preço P de uma determinada mercadoria, em função do tempo t, em anos, considerando-se P_0 o preço inicial da mercadoria e a taxa de inflação anual igual a i %.

Assim, se considerarmos a taxa de inflação anual igual a 10%, pode-se concluir corretamente que o tempo necessário para que o preço P_0 de uma mercadoria dobre é, em anos, igual a:

a) $t = \dfrac{\log 2}{\log 1,10}$

b) $t = \dfrac{\log 1,10}{\log 2}$

c) $t = \log 2 - \log 1,10$

d) $t = \log 1,10 - \log 2$

329 - A prefeitura de um Município programou os aumentos de uma categoria de servidores da seguinte maneira: os salários, a partir de fevereiro, seriam corrigidos mensalmente, a uma taxa de 5%, em relação ao salário pago no mês anterior.

A tabela abaixo mostra a evolução desses salários até o mês de abril:

Mês	JANEIRO	FEVEREIRO	MARÇO	ABRIL	...	...	DEZEMBRO
Salário em reais	1.200,00	1.260,00	1.323,00	1.389,15	...	...	X

Utilizando os dados da tabela abaixo, pode-se concluir corretamente que neste ano, um servidor dessa categoria receberá, de janeiro a dezembro, um montante, em reais, equivalente a:

N	$(1,05)^N$
10	1,6
11	1,7
12	1,8
13	1,9

a) 2.040 b) 2.160 c) 16.800 d) 19.200

330 - O número de habitantes de um município tem aumentado nos últimos anos a uma taxa constante de 2% ao ano. Para estudar esse crescimento populacional, Marcela utilizou um modelo matemático, cuja expressão algébrica é dada por $P = P_0.(1,02)^t$ em que P_0 é a população existente no início do estudo e t é o tempo decorrido em anos. Se a população atual do município é de 120 mil habitantes, Marcela concluiu que, mantida a mesma taxa de crescimento anual, o tempo mínimo necessário para que a população desse município triplique é, em anos, igual a:
Dados: log3 = 0,4771 e log102 = 2,0086

a) 52 b) 54 c) 56 d) 58

331 - Considere que, para acompanhar a produção diária de seus funcionários recém-admitidos, o gerente de uma empresa utiliza um modelo matemático expresso por $P(d) = 120(1 - 2^{\frac{-d}{10}})$, em que P(d) corresponde ao número mínimo de peças que a empresa espera que o funcionário produza em cada dia d, a partir da data de sua admissão. Com base nessas informações, pode-se concluir corretamente que essa empresa espera que o número de peças produzidas por um funcionário, ao completar 30 dias de sua admissão, seja igual a:

a) 105
b) 95
c) 90
d) 85

332 - Uma obra de arte foi avaliada em 2 milhões de reais. Considerando que essa obra se valoriza a uma taxa de 5% ao ano, o tempo mínimo necessário para que o valor dessa obra de arte ultrapasse 10 milhões de reais é, em anos, mais próximo de:

a) 31
b) 32
c) 33
d) 34

333 - Mariana trabalha em um laboratório e observou o decrescimento de uma cultura de bactérias, concluindo que sua população se reduzia à metade a cada intervalo de uma hora; em seguida, construiu o gráfico abaixo que demonstra esse decrescimento num período de 4 horas.

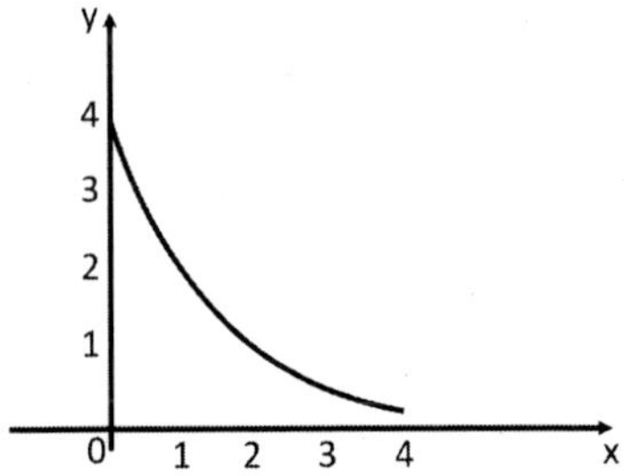

Analisando o gráfico acima, é correto afirmar que, ao completar três horas de observação, o número de bactérias existentes na cultura era igual a:

a) 500
b) 50
c) 5
d) 0,5

334 - A expressão $(10\%)^2$ é equivalente a:

a) 100%
b) 20%
c) 1%
d) 0,2%

335 - Considerando log 2 = 0,301 e log 3 = 0,477, o conjunto-solução da equação exponencial $10^{x+2} = 120$ é:

a) {0,079}
b) {1,079}
c) {2,079}
d) {3,079}

336 - O gráfico abaixo representa uma função exponencial dada por $f(x) = k \cdot 2^{bx}$, em que k e b são constantes reais.

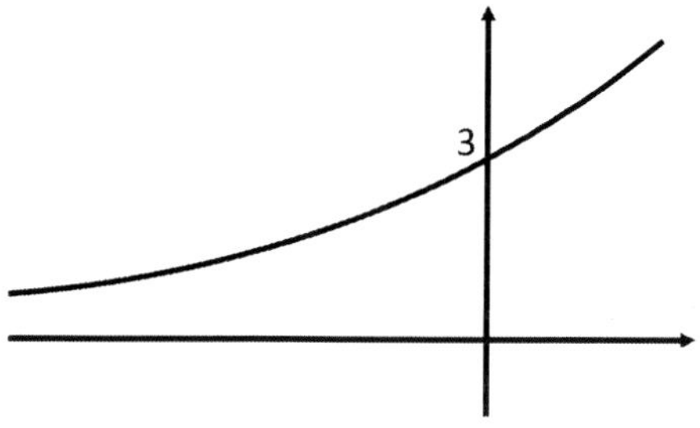

Sabendo que f(0) = 3 e que $f(-4) = \frac{3}{2}$, pode-se concluir que:

a) f(12) = 24
b) A solução da equação f(x) = 6 é x = 8
c) k + b = 3,5
d) f(x) > 12 somente se x < 8

337 - O gráfico abaixo representa uma função real de variável real, $f(x) = \log_a x$, em que x > 0 e 0 < a ≠ 1.

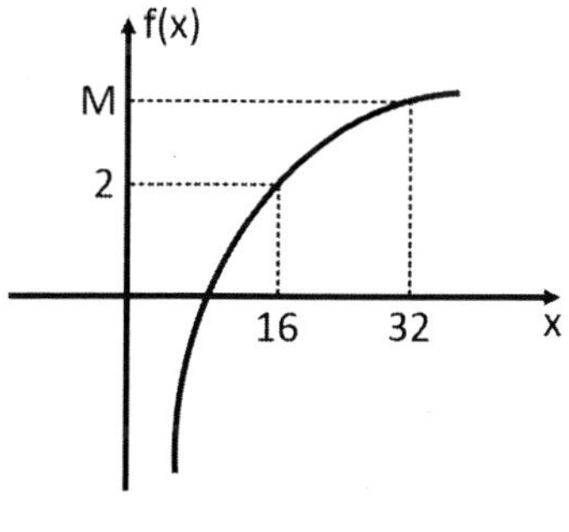

Pode-se concluir que o valor de M é igual a:

a) 4
b) 3,5
c) 3
d) 2,5

338 - Considerando as funções exponenciais $f(x) = 5 \cdot 2^{x+1} - 36$ e $g(x) = 4^x - 20$, definidas no conjunto dos números reais, pode-se concluir que a equação f(x) = g(x) possui:

a) apenas uma raiz real positiva
b) duas raízes reais negativas
c) duas raízes reais positivas
d) apenas uma raiz real negativa

339 - Considere a função exponencial $f(x) = 2^x$, definida no conjunto dos números reais. Se A e B são números reais, f(A + B) = 10 e $\log_2 20 = A$, pode-se concluir que B é igual a:

a) 2
b) 1
c) 0
d) –1

340 - Uma pesquisa realizada em certa comunidade concluiu que após x meses da constatação da existência de uma epidemia, o número de pessoas atingidas por ela variava de acordo com a função $f(x) = \frac{20000}{2+15 \cdot 4^{-2x}}$. Considerando as aproximações log2 = 0,30 e log3 = 0,48, o tempo mínimo necessário para que o número de pessoas atingidas por essa epidemia seja igual a 2.000 é, em dias, igual a:

a) 5
b) 6
c) 7
d) 8

341 - Márcia utilizou uma substância volátil numa pesquisa, e observou que o volume dessa substância diminuía em função do tempo t, medido em horas, de acordo com a expressão $V(t) = C \cdot b^t$, em que b é uma constante característica da substância. O gráfico a seguir representa a variação do volume dessa substância no período de duas horas:

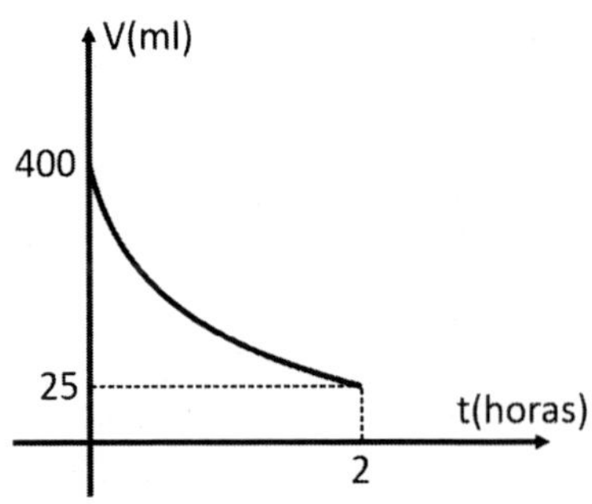

Baseado nas informações acima e no gráfico apresentado, conclui-se corretamente que o tempo mínimo, em minutos, necessário para que o volume dessa substância seja igual à metade do seu volume inicial é igual a:

a) 60 b) 45 c) 30 d) 15

342 - (UNICAMP)

a) Calcule as seguintes potências: $a = 3^3$, $b = (-2)^3$, $c = 3^{-2}$ e $d = (-2)^{-3}$.

b) Escreva os números a, b, c, d em ordem crescente.

343 - (UFF) O valor de $\dfrac{2^5 + 2^4}{4^2 + 8^3}$ é:

a) $\dfrac{3}{5}$

b) $\dfrac{1}{11}$

c) $\dfrac{1}{4}$

d) $\dfrac{2^9}{12^5}$

e) $\dfrac{9}{5}$

344 - (UFF) Simplificando a expressão $\sqrt[3]{\dfrac{2^{28} + 2^{30}}{10}}$ obtém-se:

a) $\dfrac{2^8}{5}$

b) $\dfrac{2^9}{5}$

c) 2^8

d) 2^9

e) $\left(\dfrac{2^{58}}{10}\right)^{1/3}$

345 - A solução da equação $25^{y-1} = \sqrt{\dfrac{\sqrt[3]{25}}{25\sqrt{5}}}$ é:

a) $\dfrac{5}{12}$ b) $\dfrac{7}{12}$ c) $\dfrac{13}{24}$ d) $-\dfrac{5}{12}$ e) $-\dfrac{7}{12}$

346 - Considere que $\dfrac{4^x}{2^{x+y}} = 8$ e $\dfrac{9^{x+y}}{3^{5y}} = 243$, onde x e y são números reais. O produto xy é igual a:

a) 6
b) 4
c) 0
d) –4
e) –6

347 - Se p é raiz da equação $\left(\frac{9}{16}\right)^{x-3} = \left(\frac{16}{9}\right)^{x-1}$, então 4p – 5é igual a:

a) 3
b) 4
c) 7
d) 8
e) 9

348 - A equação do 2º grau $5x^2 - 2(9^K - 1)x + 20 = 0$, possui raízes simétricas. Então o valor de k é:

a) –1
b) 0
c) 1
d) 2
e) 3

349 - O valor de x que satisfaz a equação $2^{x+1} - 2^x = \frac{1}{8}$ é:

a) 2
b) 1
c) –1
d) –2
e) –3

350 - *(PUC-RJ)* Uma das soluções da equação $10^{x^2-3} = \frac{1}{100}$ é:

a) x = 1
b) x = 0
c) x = $\sqrt{2}$
d) x = – 2
e) x = 3

351 - *(MACK)* Se $2 \cdot 2^x + 4^x = 8^x$, então x^2 é igual a:

a) 2
b) 4
c) 1
d) 0
e) 9

352 - *(MACK)* Qualquer que seja o natural n, $(2^{n+1} + 2^n) \cdot (3^{n+1} - 3^n) : 6^n$ é sempre igual a:

a) 6^n
b) 6^{n+1}
c) $\frac{1}{6}$
d) 1
e) 6

353 - O menor valor positivo de a para o qual $9^{-\cos a} = \frac{1}{3}$ é:

a) $\frac{\pi}{6}$

b) $\frac{\pi}{5}$

c) $\frac{\pi}{3}$

d) $\frac{\pi}{4}$

e) $\frac{\pi}{2}$

354 - A soma de todos os números inteiros que satisfazem a desigualdade $\frac{1}{64} < 4^{a-1} < 16$ é:

a) 1
b) 2
c) 3
d) 4
e) 5

355 - Se a equação $\frac{(250+2.25^{x})}{12} = 5^{x+1}$ admite como soluções os números reais p e q, podemos afirmar que:

a) $p - q = 0$ b) $p \times q = 2$ c) $p + q = 0$

d) $pq = 1$ e) $\frac{p}{q} = 4$

356 - Se $f(x) = \left(\frac{1}{2}\right)^{x-1}$ e $g(x) = 4^{x-3}$, o valor de x para o qual ocorre a igualdade $f(2x-5) = g(x-1)$ é:

a) –3
b) 3
c) –3,5
d) 3,5
e) –4

357 - Se $f(x) = 3^{2x+1}$ e $g(x) = 9^{x}$, a solução da inequação $f(x) > g(3-x)$ é:

a) $x > 3$

b) $x < \frac{1}{4}$

c) $x > \frac{5}{4}$

d) $x > 0$

e) $x < 1$

358 - O domínio da função real de variável real definida por $f(x) = \sqrt{1-2^{x-1}}$ é o intervalo:

a) $]-\infty, 1]$
b) $]0, 1[$
c) $[1, 2]$
d) $]-1, 1[$
e) $]-1, 0[$

359 - ***(UNIFICADO)*** Segundo dados de uma pesquisa, a população de certa região do país vem decrescendo em relação ao tempo "t", contado em anos, aproximadamente, segundo a relação $P(t) = P(0) \cdot 2^{-0,25\,t}$. Sendo P(0) a população no início da pesquisa e P(t) representa a população "t" anos após, determine quantos anos se passarão para que essa população fique reduzida à quarta parte da que era inicialmente.

a) 6
b) 8
c) 10
d) 12
e) 15

360 - ***(UNIRIO)*** Num Laboratório é realizada uma experiência com um material volátil, cuja velocidade de volatilização é medida pela sua massa, em gramas, que decresce em função do tempo t, em horas, de acordo com a fórmula $m = -3^{2t} - 3^{t+1} + 108$. Assim sendo, o tempo máximo de que os cientistas dispõem para utilizar este material antes que ele se volatilize totalmente é:

a) inferior a 15 minutos.
b) superior a 15 minutos e inferior a 30 minutos.
c) superior a 30 minutos e inferior a 60 minutos.
d) superior a 60 minutos e inferior a 90 minutos.
e) superior a 90 minutos e inferior a 120 minutos.

361 - Resolva a equação $2^x + 2^{x+1} + 2^{x+2} = 14$.

362 - ***(UFSCAR)*** O par ordenado (x, y), solução do sistema $\begin{cases} 4^{x+y} = 32 \\ 3^{y-x} = \sqrt{3} \end{cases}$ é:

a) $\left(5, \frac{3}{2}\right)$

b) $\left(5, -\frac{3}{2}\right)$

c) $\left(3, \frac{2}{3}\right)$

d) $\left(1, \frac{3}{2}\right)$

e) $\left(1, \frac{1}{2}\right)$

363 - (UNIRIO) É dada a função $f(x) = a3^{bx}$, onde a e b são constantes. Sabendo-se que $f(0) = 5$ e $f(1) = 45$, obtemos para $f(1/2)$ o valor:

a) 0
b) 9
c) $15\sqrt{3}$
d) 15
e) 40

364 - (UFPE) Se a população do planeta era de 5,94 bilhões de habitantes em 2000 e, a cada ano, a população cresceu 1% em relação ao ano anterior, qual era a população do planeta em 1900? (Dado: use aproximação $1{,}01^{100} \cong 2{,}70$)

a) 1,9 bilhão
b) 2 bilhões
c) 2,1 bilhões
d) 2,2 bilhões
e) 2,3 bilhões

365 - (UFSC) Se a área do triângulo retângulo ABC, indicado na figura é igual a 3n, conclui-se que f(n) é igual a:

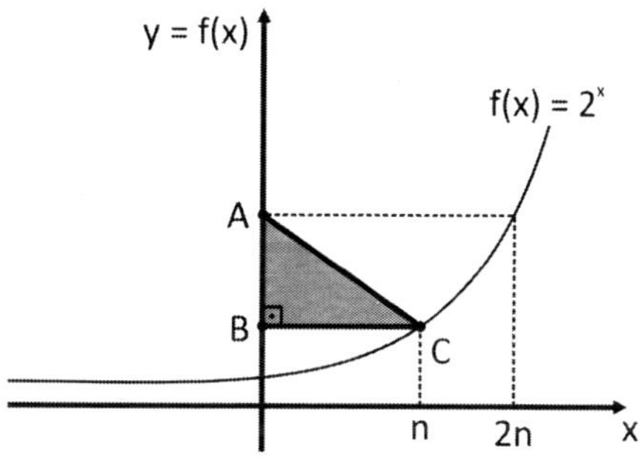

a) 2. b) $2\sqrt{2}$. c) 3. d) $3\sqrt{2}$. e) 4.

366 - (UERJ) Uma empresa acompanha a produção diária de um funcionário recém-admitido, utilizando uma função f(d), cujo valor corresponde ao número mínimo de peças que a empresa espera que ele produza em cada dia (d), a partir da data de sua admissão. Considere o gráfico auxiliar abaixo, que representa a função $y = e^x$.

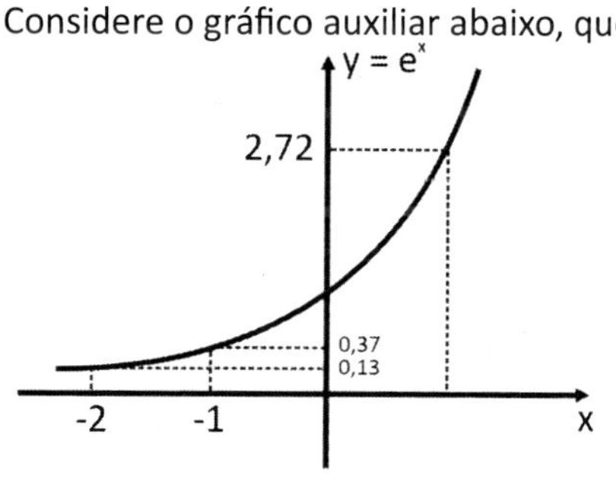

Utilizando $f(d) = 100 - 100 \cdot e^{-0,2d}$ e o gráfico acima, a empresa pode prever que o funcionário alcançará a produção e 87 peças num mesmo dia, quando **d** for igual a:

a) 5 b) 10 c) 15 d) 20

367 - (UENF) A inflação anual de um país decresceu no período de sete anos. Esse fenômeno pode ser representado por uma função exponencial do tipo $f(x) = a \cdot b^x$, conforme o gráfico abaixo.

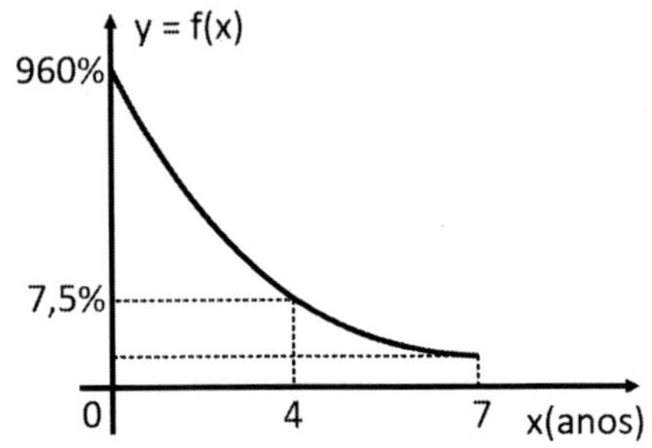

Determine a taxa de inflação desse país no quarto ano de declínio.

368 - (UEM) Sobre exponenciais, assinale o que for correto.

01) A única solução da equação $e^{4x} + 1 = 2e^{2x}$ é $x = 0$.
02) A inequação $3^{x+1} + 3^x - 3^{x-1} > 33$ tem conjunto-solução $S = \{x \in R;\ x > 2\}$.
03) O sistema exponencial $\begin{cases} e^x - e^{-y} = 0 \\ e^{2x} - e^{-3y} = 0 \end{cases}$ tem solução $S = \{(0, 0)\}$.
04) Os gráficos das funções f e g definidas por $f(x) = e^x$ e $g(x) = x^2$ se interceptam apenas em dois pontos e, assim, a equação $f(x) = g(x)$ não possui solução.
05) $\dfrac{e^x + e^y}{e^x - e^{-y}} = e^{y-x}$ apenas quando $x = -1$.
06) Se as funções exponenciais $A(t) = e^{-3t}$ e $B(t) = e^{-4t+1}$ descrevem o comportamento de uma colônia de bactérias submetidas às drogas A e B, respectivamente, onde o tempo t é dado em dias, então pode-se afirmar que a droga A é menos eficiente que a droga B, para eliminar a colônia.

369 - Considere as funções reais f e g definidas por $f(x) = \log_3 x$ e $g(x) = x^2 + 9$. O valor de $f\left[g\left(3\sqrt{2}\right)\right]$ é :

a) 12
b) 9
c) 4
d) 3
e) 6

370 - Se $x = \log_8 25$ e $y = \log_2 5$, então:

a) $x = y$
b) $y = 2x$
c) $2y = 3x$
d) $x = 2y$
e) $2x = 3y$

371 - Se $\log_{10} 2 = x$ e $\log_{10} 3 = y$, então $\log_5 12$ é:

a) $\dfrac{x+y}{1+x}$

b) $\dfrac{2x+y}{1+x}$

c) $\dfrac{x+2y}{1+x}$

d) $\frac{2x+y}{1-x}$

e) $\frac{x+2y}{1-x}$

372 - Se $\log_a x = m$ e $\log_a y = 2m$, então $\log_a \frac{a^2x^3}{y^2}$ é igual a:

a) 3 – m
b) 5 + 2m
c) 2 – 3m
d) 6m
e) 2 – m

373 - Sejam a e b números positivos tais que a + b = 13 e $\log_5 2b - \log_5 3a = \log_{25} b - \log_{25} a$, o valor de b é:

a) 13
b) 12
c) 11
d) 10
e) 9

374 - Se $\log_2\left(\log_{\frac{1}{5}} \frac{1}{25}\right) = a$ e $\log_6\left(\log_3 27^2\right) = b$, podemos concluir que:

a) a = –b
b) b = 2a
c) 2b = a
d) a – b = 0
e) $ab = \frac{1}{2}$

375 - Se $\log_{a^3} x = k$, então $\log_a \sqrt{x}$ é igual a:

a) $\frac{k}{6}$

b) 6k

c) $\frac{2k}{3}$

d) $\frac{3k}{2}$

e) $\sqrt[6]{x}$

376 - Seja k a solução da equação $2^{\log_2 \log_4 x} = 32$. O valor de $\sqrt[64]{k}$ é:

a) 1
b) 2
c) 3
d) 4
e) 5

377 - O valor da expressão $-\log_2 \log_2 \sqrt{\sqrt{\sqrt{\sqrt{\sqrt{2}}}}}$ é:

a) 32
b) –32
c) 5
d) –5
e) 1/32

378 - Considere dois números reais positivos a e b tais que a > b. Se log $(a^2 - b^2) = k$ e log (a + b) = p, pode--se afirmar que log (a – b) é igual a:

a) $\frac{k}{p}$
b) k – p
c) k + p
d) k^p
e) k – p

379 - O domínio da função real definida por $y = \sqrt{1 - \log_2 x}$ é:

a) IR – {1}
b) IR – {–2}
c)]0, 2]
d)]0, +∞[
e)]–∞ 2[

380 - O domínio da função $f(x) = \log\left(\frac{x^2 - 4x}{x^2 - 1}\right)$

a)]–∞, 0[U]4, ∞[
b)]–∞, –2[U]2, ∞[
c)]–∞, –1[U]0, 1[U]4, ∞[
d)]–∞, –1[U]2, ∞[
e)]–∞, –1[U]4, ∞[

381 - Se $\log_{10}\left(3x - \frac{1}{3}\right) = 0$, então x^2 vale:

a) $\frac{16}{81}$ b) $\frac{25}{16}$ c) $\frac{1}{9}$ d) $\frac{16}{9}$ e) 1

382 - Se $3 \times \log_4 x + 1 = 0$, então $\log_{\frac{1}{4}} x$, vale:

a) $\frac{1}{2}$

b) $\frac{1}{3}$

c) $-\frac{1}{3}$

d) $-\frac{1}{2}$

e) $\frac{1}{4}$

383 - A menor solução da equação $\log^2 x - \log x^{11} + 10 = 0$ vale:

a) 1
b) 10
c) 10^3
d) 10^{10}
e) 10^{11}

384 - (UNESP) Considere a função f, definida por $f(x) = \log_a x$. Se f(a) = b e f(a + 2) = b + 1, os valores respectivos de a e b são:

a) 2 e 1
b) 2 e 2
c) 3 e 1
d) 3 e 2
e) 4 e 1

385 - (UFF) Determine o valor de x na equação: $\log x + \log x^2 + \log x^3 + ... + \log x^{18} = 342$

386 - Se p é a raiz da equação $\log_2 x^2 + \log_2 \sqrt{x} = 5$, então $p^{3/2}$ é igual a:

a) 2
b) 4
c) 6
d) 8
e) 10

387 - Se $\log_{10} 2 = a$ e $\log_{10} 3 = b$, então $\log_{12} 5$ é:

a) $\frac{1-a}{2a+b}$

b) $\frac{a+b}{2ab}$

c) $\frac{1+a}{2a-b}$

d) $\frac{1-a}{2a-b}$

e) $\frac{1-a}{a-2b}$

388 - (MACK) Se $7^x = 81$ e $9^y = 7$, então o valor de $\log_8 (xy)$ é:

a) $\frac{3}{2}$
b) $\frac{1}{3}$
c) 2
d) 3
e) $\frac{3}{4}$

389 - (MACK) O preço de um imóvel é dado, em função do tempo t, em anos, por $P(t) = A. (1,28)^t$, sendo A o preço atual. Adotando-se log 2 = 0,3, esse imóvel terá o seu preço duplicado em:

a) 1 ano
b) 2 anos
c) 3 anos
d) 3,5 anos
e) 2,5 anos

390 - (MACK) Se $\log_3(3x) - \log_9 x - \log_3 x = 2$, então $\log_{\frac{1}{3}}(3x)$ vale:

a) –1
b) $-\frac{1}{3}$
c) $\frac{1}{9}$
d) $\frac{1}{3}$
e) 1

391 - (UFRJ) Sejam x e y duas quantidades. O gráfico abaixo expressa a variação de log y em função de log x, onde log é o logaritmo na base decimal.

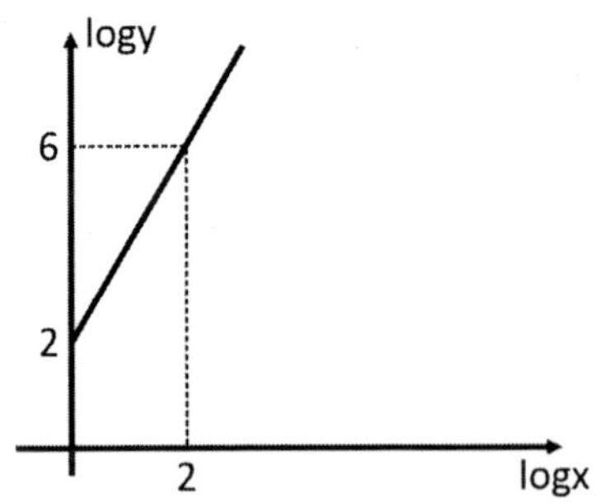

Determine uma relação entre x e y que não envolva a função logaritmo.

392 - (MACK) Se $x = \log_3 2$, então $9^{2x} + 81^{\frac{x}{2}}$ é:

a) 12
b) 20
c) 18
d) 36
e) 48

393 - (FUVEST) Seja $f(x) = \log_3(3x+4) - \log_3(2x-1)$. Os valores de x, para os quais f está definida e satisfaz $f(x) > 1$, são:

a) $x < \frac{7}{3}$

b) $\frac{1}{2} < x$

xc) $\frac{1}{2} < x < \frac{7}{3}$

d) $-\frac{4}{3} < x$

e) $-\frac{4}{3} < x < \frac{1}{2}$

394 - (UEM) Assinale o que for verdadeiro.

01) Se a > 0, b > 0 e c > 0, então $\log\left(\frac{a^2c^3}{b}\right) = 2\log a + 3\log c - \log b$.

02) Se log 2 = a e log 3 = b, então $\log_2 72 = \frac{3a+2b}{a}$.

03) Se $\log_{21}(x+2) + \log_{21}(x+6) = 1$, então x = 1.

04) Se $\log(1000)^x - \log(0{,}001)^x = -1$, então $x = -\frac{1}{6}$

05) $\log_5 7 < \log_8 3$.

06) Se $f(x) = \sqrt{\log_{\frac{1}{2}}(\log(x+1))}$, então f(9) = 0.

395 - (FUVEST)

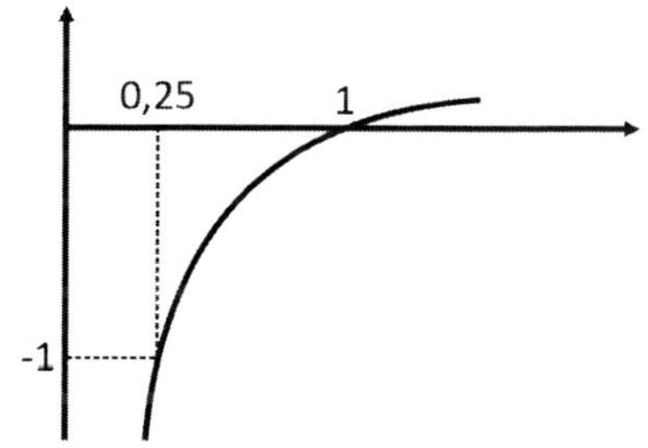

A figura acima mostra o gráfico da função logaritmo na base b. O valor de b é:

a) $\frac{1}{4}$
b) 2
c) 3
d) 4
e) 10

396 - (RURAL) Para acompanhar a inflação, o preço de determinado produto deverá ser ajustado em 2% ao mês. Em quantos meses, aproximadamente, o preço desse produto dobrará?
Obs.: Considere log 2 = 0,3010, log 10 = 1 e log 102 = 2,0086

397 - Com um índice médio de inflação mensal de 1%, o número mínimo de meses necessários para que a inflação acumulada seja de 40% é o menor número natural igual ou superior a:

a) $\frac{\log 1,4}{\log 1,01} - 1$
b) $\frac{\log 1,4}{\log 1,01} + 1$
c) $\frac{\log 1,4}{\log 0,01} + 1$
d) log 1,4
e) $\frac{\log 1,4}{\log 1,01}$

398 - Abaixo é dada uma tabela com o valor do logaritmo decimal de alguns números naturais:

Número	Log
4	0,60
5	0,69
6	0,78
7	0,85
8	0,90

Baseando-se nos valores apresentados, o valor de log 0,14 é igual a:

a) –0,74
b) –0,76
c) –0,80
d) –0,82
e) –0,85

399 - De acordo com um levantamento feito na rede pública de ensino em dez capitais do Brasil, o percentual de crianças que experimentam o cigarro na faixa etária dos 10 aos 12 anos dobrou em 10 anos. Considere que durante esses 10 anos a taxa de aumento percentual, a cada ano, tenha sido constante.
Utilizando a tabela a seguir, calcule o valor da taxa de aumento anual.

NÚMERO	LOGARITMO DECIMAL
2	0,3010
3	0,4771
53,59	1,7291
107,18	2,0301

a) 2,00% b) 3,00% c) 5,36% d) 7,18 e) 10,72

400 - (UENF) Leia atentamente a reportagem a seguir:

UMA BOA NOTÍCIA

Lançado na semana passada, o livro Povos Indígenas no Brasil - 1996/2000 mostra que as tribos possuem hoje cerca de 350 000 habitantes e crescem ao ritmo de 3,5% ao ano, quase o dobro da média do restante da população. Mantendo o atual ritmo de crescimento, é possível imaginar que a população indígena demoraria 60 anos para atingir o tamanho registrado em 1500, na época de Descobrimento.

(Adaptado de *Veja*, 11/04/2001)

Admita que a população indígena hoje seja de exatamente 350.000 habitantes, e que sua taxa de crescimento anual seja mantida em 3,5%.

De acordo com esses dados, estime a população das tribos indígenas do Brasil nos seguintes momentos:

a) daqui a um ano;
b) em 1500, utilizando a tabela de logaritmos abaixo.

x	log x
10,35	1,0149
35,00	1,5441
27,42	1,4381

401 - (UEM) Considere uma calculadora eletrônica que possui, além das teclas das quatro operações usuais, as seguintes teclas:

[$\sqrt{\ }$] [exp] [log] [ln]

Sabe-se que as teclas

[6] [9] [$\sqrt{\ }$] [:]

dessa calculadora não funcionam. Utilizando apenas as propriedades de logaritmos e de exponenciais e essa calculadora, assinale a(s) alternativa(s) correta(s).

01) Não é possível calcular log 9.
02) É possível obter o valor de log 6, pois log 6 = log 2 + log 3.
03) É possível calcular o valor de $\log \sqrt[3]{64}$, pois $\log \sqrt[3]{64} = 2 \log 2$.
04) É possível calcular o valor de $\log_2 20$ fazendo uma mudança de base conveniente.
05) Para resolver a equação exp x = ln 5, não será necessário utilizar a tecla exp.
06) Se $\ln e = \dfrac{\exp a}{\exp b}$, então a = b.

7 - Trigonometria

402 - O triângulo ABC da figura é retângulo em A. O valor de x é:

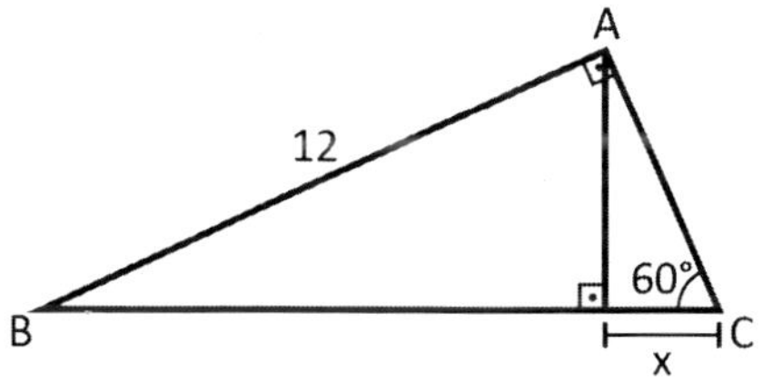

a) $3\sqrt{3}$ b) $6\sqrt{3}$ c) $4\sqrt{3}$ d) $\sqrt{3}$ e) $2\sqrt{3}$

403 - Considere o triângulo retângulo ABC da figura, com ângulos A, B e C, hipotenusa a e catetos b e c. É falso afirmar que:

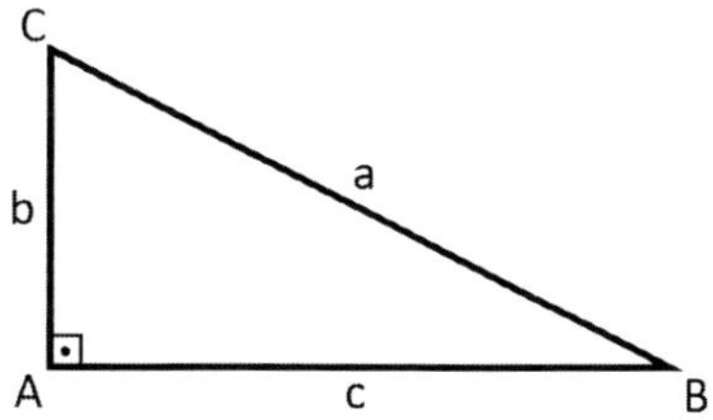

a) $a^2 = b^2 + c^2$
b) $sen^2 A = sen^2 B + sen^2 C$
c) sen C = cos A + cos B
d) $cos^2 A = cos^2 B + cos^2 C$
e) A = B + C

404 - No triângulo retângulo ABC, BN é a mediana traçada do vértice B.

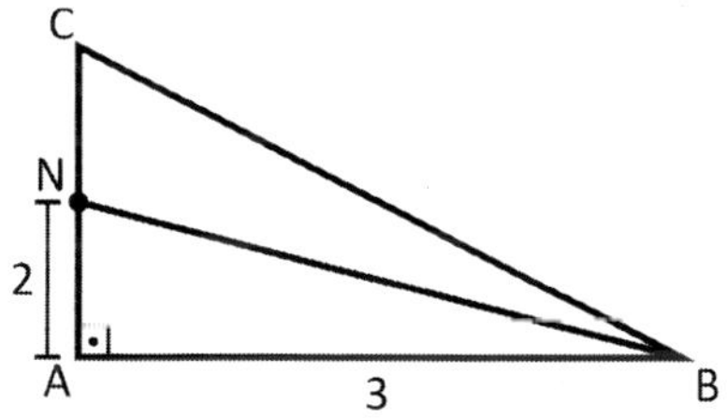

A tangente do ângulo CBN é igual a:

a) $\frac{6}{17}$ b) $\frac{5}{13}$ c) $\frac{13}{5}$ d) $\frac{17}{6}$ e) 1

405 - O valor de x^2 na figura abaixo é, aproximadamente igual a:

a) 44
b) 56
c) 48,5
d) 69
e) 92,8

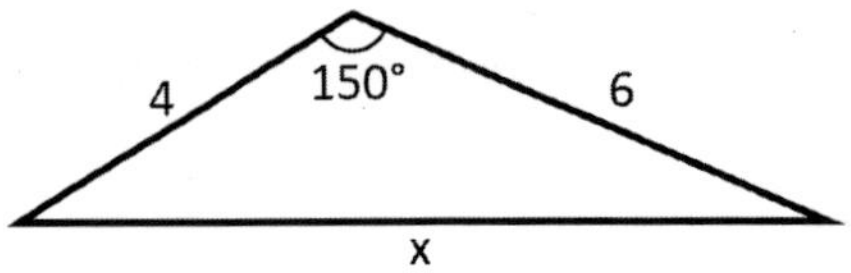

406 - Dois lados de um paralelogramo medem 3cm e 4cm e formam um ângulo de 60°. A área desse paralelogramo mede, em cm².

a) 12
b) 6
c) $6\sqrt{3}$
d) $3\sqrt{2}$
e) 5

407 - No triângulo ABC da figura, o ângulo C vale 30° e os lados AB e AC medem, respectivamente, 6 cm e 8 cm. Sobre o ângulo B, podemos afirmar:

a) $\hat{B} = 30$
b) $\text{sen}\hat{B} = \dfrac{2}{3}$
c) $\hat{B} = 60^o$
d) $\text{sen}\hat{B} = \dfrac{4}{5}$
e) $\hat{B} = 90^o$

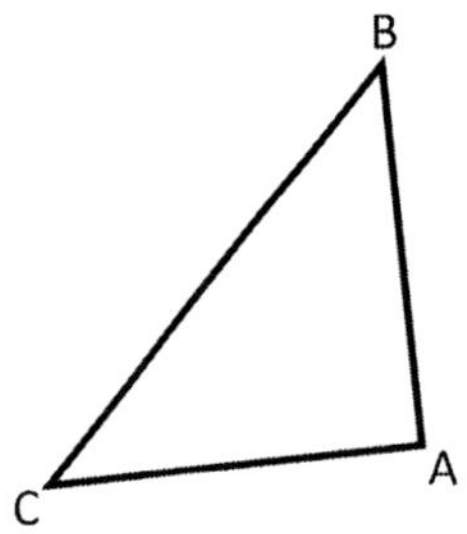

408 - Num trapézio isósceles, as bases têm 6cm e 14cm e um dos ângulos mede 60°. Calcule o perímetro do trapézio, em cm.

a) 24
b) 28
c) 36
d) 42
e) 48

409 - (UNIFICADO) Na figura abaixo, ABCD é um trapézio retângulo com AB – AD, BC – AB = 1 cm e CD = 7 cm. Então:

a) sen α = 1/3
b) sen α = 3/5
c) cos α = 4/5
d) tg α = 3/4
e) tg α = 4/3

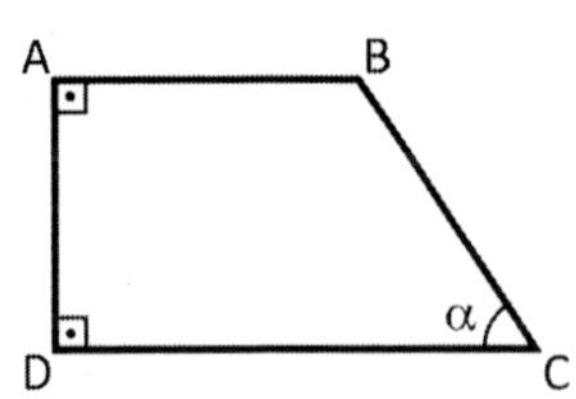

410 - (UFRRJ) Obtenha o valor da expressão abaixo:

$$\frac{1+(\cos^2 1^o+\cos^2 2^o+\cos^2 3^o+\cdots+\cos^2 89^o)-(\text{sen}^2 1^o+\text{sen}^2 2^o+\cdots+\text{sen}^2 89^o)}{(\cos^2 1^o+\cos^2 2^o+\cos^2 3^o+\cdots+\cos^2 89^o)+(\text{sen}^2 1^o+\text{sen}^2 2^o+\cdots+\text{sen}^2 89^o)}$$

411 - Se $f(x) = x^2 \operatorname{sen}(\pi x)$ é uma função definida em IR, então o valor de $f(2) - f\left(-\frac{1}{2}\right)$ é:

a) $-\frac{1}{4}$
b) 1
c) 0
d) $\frac{1}{4}$
e) $\frac{\sqrt{2}}{2}$

412 - O seno de um ângulo que pertence ao 1º quadrante vale $\frac{5}{13}$. Se duplicarmos este ângulo, obteremos:

a) um ângulo do 1º quadrante, cujo seno é 10/13.
b) um ângulo do 2º quadrante, cujo seno é 10/13
c) um ângulo do 2º quadrante, cujo seno é 12/13.
d) um ângulo do 2º quadrante, cujo seno é 120/169.
e) um ângulo do 1º quadrante, cujo seno é 120/169.

413 - Se $\cos \frac{x}{2} = \frac{3}{4}$, então cos x vale:

a) $\frac{-3}{8}$
b) $\frac{3}{8}$
c) $\sqrt{\frac{14}{4}}$
d) $\frac{1}{8}$
e) $\sqrt{\frac{34}{4}}$

414 - *(UFF)* Uma plataforma é paralela a um pátio plano. O piso da plataforma e do pátio distam 6m um do outro e estão ligados por uma rampa reta. Sabendo que a rampa forma com o pátio um ângulo cujo cosseno vale 4/5, determine o comprimento dessa rampa.

415 - *(UERJ)* Um holofote está situado no ponto A, a 30 metros de altura, no alto de uma torre perpendicular ao plano do chão. Ele ilumina, em movimento de vai e vem, uma parte desse chão, do ponto C ao ponto D, alinhados à base B, conforme demonstra a figura abaixo:

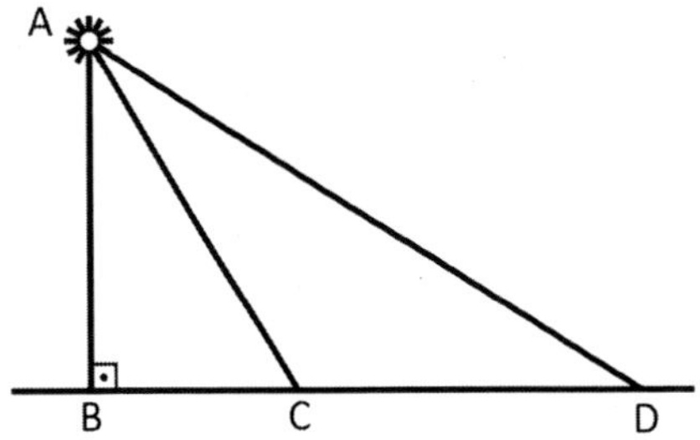

Se o ponto B dista 20 metros de C e 150 metros de D, a medida do ângulo CÂD corresponde a:

a) 60°
b) 45°
c) 30°
d) 15°

416 - (UENF) Observe os dados no desenho abaixo para responder os itens a seguir:

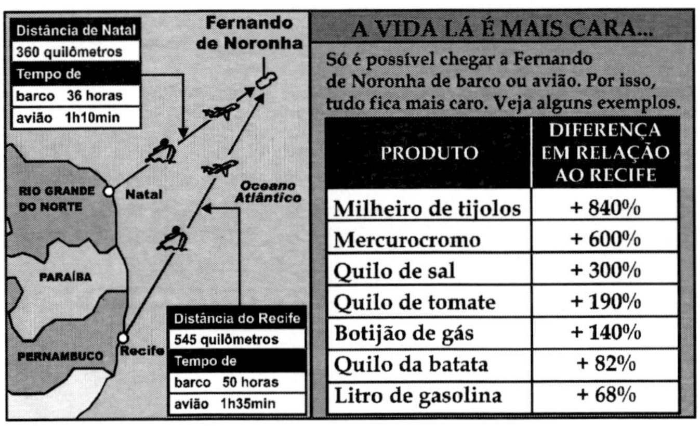

A) Calcule a velocidade média de um barco que faz a travessia entre Recife e Fernando de Noronha.
B) Considere os pontos N, R e F para designar, respectivamente, Natal, Recife e Fernando de Noronha. Sabendo-se que o ângulo NFR é igual a 30°, calcule a medida aproximada do segmento NR, distância entre as cidades de Natal e Recife.
C) A tabela a seguir representa uma lista de produtos a serem comprados e seus preços na cidade de Recife.

Itens	Preço por quilo em Recife (R$)	Quantidade
sal	0,30	2 kg
tomate	1,20	5 kg
batata	1,50	2 kg

Considere que duas pessoas, uma em Fernando de Noronha e outra em Recife, tenham feito essa compra. Determine a diferença, em reais, entre a maior e a menor despesa.

417 - (EEAR) Num triângulo ABC têm-se AB = 2 cm, $B\hat{A}C = 30°$ e $A\hat{C}B = 45°$. A área do triângulo ABC, em cm², vale:

a) $\frac{1+\sqrt{3}}{2}$

b) $\frac{2+\sqrt{3}}{4}$

c) $\frac{\sqrt{2}+\sqrt{3}}{2}$

d) $\frac{\sqrt{2}(1+\sqrt{3})}{4}$

418 - (UEM) Para obter a altura CD de uma torre, um matemático, utilizando um aparelho, estabeleceu a horizontal AB e determinou as medidas dos ângulos $\alpha = 30°$ e $\beta = 60°$ e a medida do segmento BC = 5 m, conforme especificado na figura. Nessas condições, a altura da torre, em metros, é ...

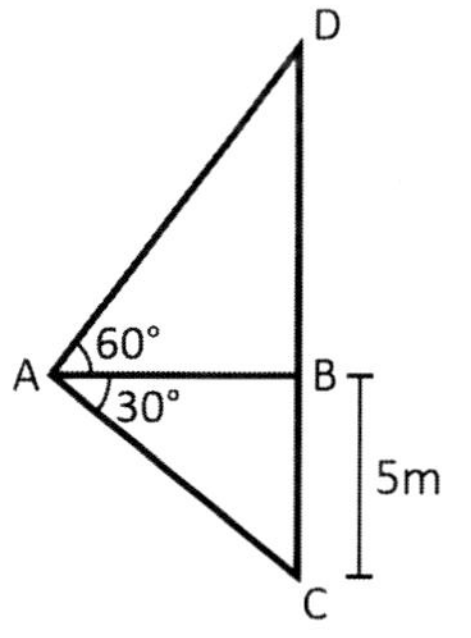

419 - (VUNESP) A figura mostra duas circunferências de raios 8 cm e 3 cm, tangentes entre si e tangentes à reta r. C e D são os centros das circunferências.
Se α é a medida do ângulo $C\hat{O}P$, o valor de sen α é:

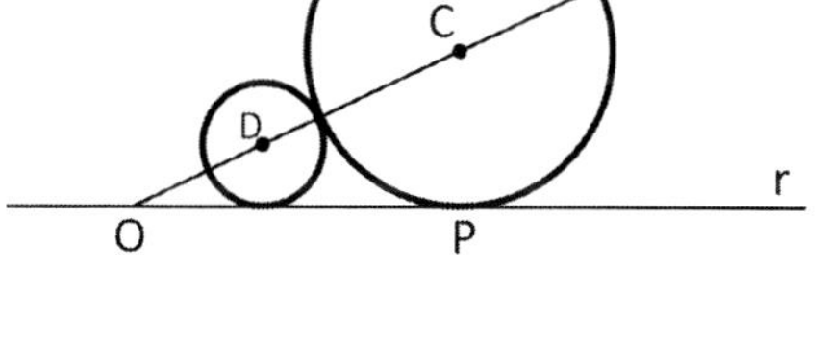

a) $\frac{1}{6}$

b) $\frac{5}{11}$

c) $\frac{1}{2}$

d) $\frac{8}{23}$

e) $\frac{3}{8}$

420 - (UFF) Se $\hat{M}, \hat{N}$ e $\hat{P}$ são ângulos internos de um triângulo não retângulo, pode-se afirmar que $tg(\hat{M}) + tg(\hat{N}) + tg(\hat{P})$ é

a) –1
b) 0
c) $\dfrac{1}{tg(\hat{M}) + tg(\hat{N}) + tg(\hat{P})}$
d) $tg(\hat{M}) \cdot tg(\hat{N}) \cdot tg(\hat{P})$
e) $tg(\hat{M}) \cdot \left(tg(\hat{N}) + tg(\hat{P})\right)$

421 - Se tgx = $\dfrac{3}{4}$, com $x \in \left(\dfrac{\pi}{2}, \pi\right)$, então cos x é igual a:

a) $-\dfrac{4}{5}$
b) $-\dfrac{3}{5}$
c) $\dfrac{4}{5}$
d) $\dfrac{3}{5}$
e) $\dfrac{1}{3}$

422 - (IBMEC) O triângulo ABC é isósceles (figura), com AB = AC = 1. Se BH é a altura relativa ao lado AC, então, a medida de HC é:

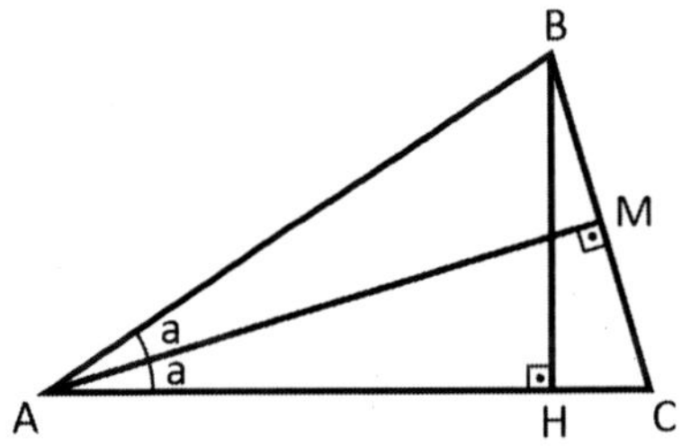

a) sen a . cos a
b) 2 cos a – sen a
c) 1 – cos^2a
d) 1 – sen^2a
e) 2 · sen^2a

423 - Seja f(x) = 2 sen $\left(2x - \dfrac{\pi}{3}\right)$, o valor de $f\left(\dfrac{\pi}{2}\right)$ é:

a) $\dfrac{\sqrt{3}}{2}$
b) $\sqrt{3}$
c) $\frac{1}{2}$

d) $-\frac{\sqrt{3}}{2}$

e) 1

424 - Se senx = $\frac{3}{5}$, com $\frac{\pi}{2} < x < \pi$, então tgx é igual a:

a) $\frac{4}{5}$

b) $-\frac{3}{4}$

c) $-\frac{4}{5}$

d) $\frac{2}{3}$

e) $-\frac{1}{3}$

425 - O menor valor de $\frac{1}{3 - \text{sen}\, x}$, com x real, é:

a) $\frac{1}{4}$

b) $\frac{1}{2}$

c) $\frac{1}{3}$

d) $\frac{2}{5}$

e) 3

426 - (UFF) Para $\theta = 89°$, conclui-se que:

a) tg θ < sen θ < cos θ
b) cos θ < sen θ < tg θ
c) sen θ < cos θ < tg θ
d) cos θ < tg θ < sen θ
e) sen θ < tg θ < cos θ

427 - Se sen x + cos x = a, então sen 2x é igual a:

a) $2a^2$
b) $1 + a^2$
c) $a^2 - 1$
d) $3a^2$
e) $2a^2 - 1$

428 - A expressão $\frac{1+\cos^2\theta - \text{sen}^2\theta}{\text{sen}\,2\theta}$, simplificada reduz-se a:

a) –1
b) cotg θ
c) tg θ
d) sec θ
e) cosec θ

429 - O valor da expressão $(\text{sen a} + \cos b)^2 + (\text{sen b} + \cos a)^2$, quando $a + b = \frac{\pi}{6}$, é:

a) 2
b) 1
c) $\frac{1}{2}$
d) 3
e) $\frac{\sqrt{3}}{2}$

430 - Sendo sen x + cos x = k. Podemos afirmar que sen x × cos x é igual a:

a) k^2
b) $k^2 - 1$
c) $\frac{1-k^2}{2}$
d) $\frac{k^2-1}{2}$
e) $-k^2$

431 - O valor da expressão (tgx + cotgx) × sen 2x é

a) $\frac{1}{2}$
b) $\frac{5}{2}$
c) 4
d) 1
e) 2

432 - Sendo $\frac{\pi}{2} < x < \pi$ e sabendo que $2\,\text{sen}^2x + \text{sen}x = 1$, podemos concluir que tg2x vale:

a) $\sqrt{3}$
b) $\frac{\sqrt{3}}{3}$
c) $2\sqrt{3}$
d) $-\frac{\sqrt{3}}{3}$
e) $-\sqrt{3}$

433 - (UEM) Sobre trigonometria, assinale a(s) alternativa(s) correta(s)

01) $2\cos^2(x) = 1 + \cos(2x)$, para todo x real.
02) $\text{sen}^2(x) \cdot \cos^2(x) = \dfrac{1-\cos^2(2x)}{4}$, para todo x real.
03) $\dfrac{-1}{\cos^2(x)+\text{sen}^2(x)} = -1$, para todo x real.
04) $\text{tg}^2(x) = \dfrac{2}{1+\cos(2x)} - 1$, para todo x real.
05) $2 \cdot \ln\left(e^{(\cos^2(x)-1)}\right) = 1 + \cos(2x)$, para todo x real.
06) $\text{sen}(x + y) < \text{sen}(x) + \text{sen}(y)$, para todo x e y reais.

434 - (UNI-RIO) Seja $f : R \to R$, onde R denota o conjunto dos números reais, uma função definida por $f(x) = \dfrac{3}{4+\cos x} + 1$. O menor e o maior valor de f(x), respectivamente, são:

a)1,6 e 2
b) 1,4 e 3
c) 1,6 e 3
d) 1,4 e 1,6
e) 2 e 3

435 - (UNI-RIO) Ao ser indagado sobre o valor de sen 45°, um estudante pensou assim:

$$45° = \frac{30° + 60°}{2}$$

$$\text{sen } 45° = \frac{\text{sen } 30° + \text{sen } 60°}{2}$$

Continuando nesse raciocínio, o estudante encontrou como resposta:

a) um valor menor que o correto, diferente da metade do correto.
b) o valor correto.
c) a metade do valor correto.
d) o dobro do valor correto.
e) um valor maior que o correto, diferente do dobro do correto.

436 - Sejam f e g funções reais definidas por $f(x) = \sqrt{1-x^2}$ e $g(\theta) = \text{sen } 2\theta$. Os valores de θ para os quais fog se anula são:

a) $\theta = k\pi,\ k \in Z$
b) $\theta = k\pi + \dfrac{\pi}{2}, k \in Z$
c) $\theta = 2k\pi, k \in Z$
d) $\theta = \dfrac{k\pi}{2} + \dfrac{\pi}{4}, \in Z$
e) $\theta = (2k+1)\pi, k \in Z$

437 - Dado que senx = 2 cosx e $0 < x < \dfrac{\pi}{2}$, pode-se concluir que cosx é igual a:

a) $\dfrac{\sqrt{3}}{2}$
b) $\dfrac{\sqrt{2}}{3}$
c) $\dfrac{2}{5}$

d) $\frac{\sqrt{5}}{5}$

e) $\frac{1}{3}$

438 **-** Uma das soluções da equação $\text{sen}\left(x-\frac{\pi}{4}\right)=0$ é:

a) $\frac{3\pi}{4}$

b) $\frac{\pi}{2}$

c) $\frac{\pi}{3}$

d) $\frac{\pi}{4}$

e) $\frac{3\pi}{2}$

439 **-** Uma equação envolvendo funções trigonométricas apresenta, via de regra, infinitas soluções. Dentre as possíveis soluções da equação sen 2x – cos x = 0, encontramos:

a) x = 30°, x = 60° e x = 90°
b) x = 60°, x = 90° e x = 150°
c) x = 90°, x = 120° e x = 270°
d) x = 150°, x = 270° e x = 390°
e) x = 270°, x = 300° e x = 450°

440 **-** Se arctg(x + 2) + arctgx = $\frac{3\pi}{4}$, calcule $x^{\frac{2}{3}}$

a) $\sqrt{3}$

b) $2\sqrt[3]{3}$

c) $-\sqrt{3}$

d) $-2\sqrt{3}$

e) $\pm\sqrt[3]{3}$

441 **- *(ITA)*** Num triângulo acutângulo ABC, o lado oposto ao ângulo Â mede 5 cm. Sabendo que:

$$\hat{A} = \text{arccos}\,\frac{3}{5} \text{ e } \hat{C} = \text{arcsen}\frac{2}{\sqrt{5}},$$

Então a área do triângulo ABC é igual a:

a) $\frac{5}{2}$cm².

b) 12 cm².

c) 15 cm².

d) $2\sqrt{5}$ cm².

e) $\frac{25}{2}$cm².

8 – Sucessões, Progressões Aritméticas e Progressões Geométricas

442 - Os termos da sucessão $a_{1,}a_2,a_3,...a_n,...$ estão relacionados pela fórmula $a_{n+2} = 2a_n + a_{n+1}$, onde n = 1, 2, 3,... Se $a_1 = a_2 = 1$, então a_5 é:

a) 0
b) 1
c) 6
d) 21
e) 11

443 - Considere a sequência [cos a, cos (a + π), cos (a + 2π), cos (a + 3π), ...]. A soma dos dez primeiros termos desta sequência vale:

a) 1
b) 2
c) 12
d) 0
e) 10

444 - Os ângulos internos de um quadrilátero convexo estão em progressão aritmética de razão 12°. O menor ângulo desse quadrilátero mede:

a) 18°
b) 28°
c) 38°
d) 48°
e) 72°

445 - *(ITA)* Considere um polígono convexo de nove lados, em que as medidas de seus ângulos internos constituem uma progressão aritmética de razão igual a 5°. Então, seu maior ângulo mede, em graus.

a) 120
b) 130
c) 140
d) 150
e) 160

446 - *(ITA)* O valor de n que torna a sequência

$$2 + 3n, -5n, 1 - 4n$$

uma progressão aritmética pertence ao intervalo:

a) [−2, −1].
b) [−1, 0].
c) [0, 1].
d) [1, 2].
e) [2, 3].

447 **-** O terceiro termo z da P.A. (x; y; z) é:

a) 2y – x
b) x + 2y
c) 2x + y
d) 2(y – x)
e) x + y

448 **-** O produto de três números em progressão aritmética é 162. Se o menor número é igual à razão, pode-se afirmar que:

a) a razão é 27.
b) a soma dos três números vale 18.
c) o maior número é 27.
d) a média aritmética dos três números vale 12.
e) o termo médio vale 81.

449 **-** A diferença entre 12º e o 8º termos de uma progressão aritmética é 52. Sabendo que o termo desta P.A é igual a 7, pode-se afirmar que o 4º termo vale:

a) 20
b) 39
c) 59
d) 52
e) 46

450 **-** O número de múltiplos de 5, compreendidos entre 123 e 513, vale:

a) 78
b) 80
c) 82
d) 84
e) 86

451 **-** Numa progressão aritmética de razão 3, a soma do 2º termo com o 7º termo vale 18. A soma do 5º com 11º termo é igual a:

a) 18
b) 21
c) 32
d) 39
e) 60

452 **-** Em uma progressão aritmética de termos positivos, os três primeiros termos são 1 – a, –a, $\sqrt{11-a}$. O quarto termo desta P.A. é:

a) 2
b) 3
c) 4
d) 5
e) 6

453 - (UERJ) Observe a sucessão de matrizes a seguir, constituída com os números ímpares positivos:

$$\begin{bmatrix} 1 & 3 \\ 5 & 7 \end{bmatrix}, \begin{bmatrix} 9 & 11 \\ 13 & 15 \end{bmatrix}, \begin{bmatrix} 17 & 19 \\ 21 & 23 \end{bmatrix}, \ldots$$

a) Determine o maior número escrito ao se completar a 37ª matriz.
b) O número 661 aparece na N-ésima matriz. Determine N.

454 - (RURAL) Um triângulo equilátero de perímetro P_1 está contido em outro triângulo maior de perímetro $(P_1 + P_2)$. Se o lado do triângulo maior é igual a 6 unidades e os números P_1, P_2, $(P_1 + P_2)$ formam, nessa ordem, uma progressão aritmética, determine a média aritmética das medidas dos lados dos dois triângulos.

455 - (UERJ) Geraldo contraiu uma dívida que deveria ser paga em prestações mensais e iguais de R$ 500,00 cada uma, sem incidência de juros ou qualquer outro tipo de correção monetária. Um mês após contrair essa dívida, Geraldo pagou a 1ª prestação e decidiu que o valor de cada uma das demais prestações seria sempre igual ao da anterior, acrescido de uma parcela constante de K reais, sendo K um número natural. Assim, a dívida poderia ser liquidada na metade do tempo inicialmente previsto.

a) Considerando t o tempo, em meses, inicialmente previsto, $t > 2$ e $t - 2$ como um divisor par de 2000, demonstre que $K = \dfrac{2000}{t-2}$.

b) Se a dívida de Geraldo for igual a R$ 9000,00, calcule o valor da constante K.

456 - Se $f(n+1) = \dfrac{4f(n)+1}{4}$, para n = 1, 2, 3, ... e f(1) = 3, o valor de f(41) é:

a) $\dfrac{51}{4}$
b) 10,5
c) 13
d) 11,75
e) 11

457 - Seja S = 2 + 4 + 6 + ... + 2N, onde N é o menor inteiro positivo tal que S > 1.000.000. A soma dos algarismos de N é:

a) 27
b) 12
c) 6
d) 2
e) 1

458 - A soma dos n primeiros termos de uma sucessão é dada por $S_n = 2n(n + 1)$. Então o 15º termo da sucessão é:

a) 30
b) 40
c) 50
d) 60
e) 70

459 - A soma dos K primeiros termos de uma progressão aritmética é $K^2 + 2k$. O quinto termo dessa P.A. vale:

a) 9
b) 10
c) 11
d) 12
e) 13

460 - O termo geral de uma sucessão é $a_n = 5n + 1$. A soma dos vinte primeiros termos dessa sucessão é:

a) 880
b) 7.230
c) 4.030
d) 1.250
e) 1.070

461 - A expressão $S_n = (2n-1)n, \forall n \in N^*$ representa a soma dos n primeiros termos de uma P.A. cuja razão é:

a) 5
b) 4
c) 3
d) 2
e) 1

462 - Se $x_{k+1} = x_k + \frac{1}{2}$ para k = 1, 2, ..., n – 1 e $x_1 = 1$, então o valor de $x_1 + x_2 + ... + x_n$ é:

a) $\frac{n+1}{2}$

b) $\frac{n+3}{2}$

c) $\frac{n^2-1}{2}$

d) $\frac{n^2+n}{4}$

e) $\frac{n^2+3n}{4}$

463 - Com base na figura abaixo indique o modo como se pode calcular a n-ésima soma (Sn) de uma quantidade qualquer de números ímpares consecutivos começando por 1 (um).

a) $S_n = (2n - 1)$
b) $S_n = (2n - 1)(2n + 1)$
c) $S_n = (2n + 1)$
d) $S_n = n^2$
e) $S_n = \frac{a_1(q^n - 1)}{q-1}$, onde $a_1 = 1$ e q = 2

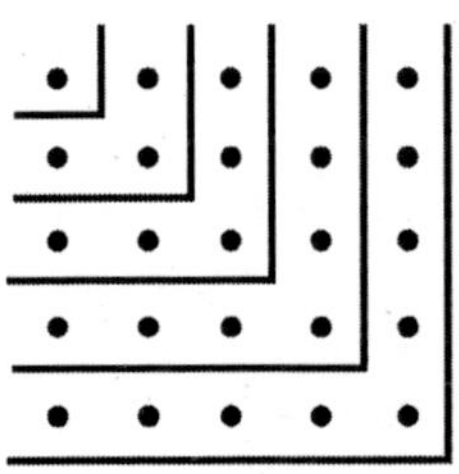

464 - (UENF)

FLORESTA DA TIJUCA PERDE 1 km² POR ANO

Um dos mais belos cartões-postais do Rio, a floresta do Maciço da Tijuca vem sendo destruída, basicamente, por ocupações desordenadas e incêndios, à média de 0,87 km² por ano-área equivalente a aproximadamente 104 campos de futebol.

Estudo do Departamento de Geografia da Universidade Federal do Rio de Janeiro mostra que uma das maiores florestas urbanas do mundo ocuparia hoje aproximadamente 42 km² (35,6%) da área dos 118,7 km² do Maciço da Tijuca. Em meados dos anos 60, chegava a 58% do Maciço.

Assim, na hipótese de nada ser feito para conter a devastação, a floresta do Maciço da Tijuca - onde ficam o Corcovado e outros pontos que atraem turistas do mundo inteiro - corre o risco de sumir do mapa em 50 anos.

(Adaptado de Folha de São Paulo, 05/07/98).

A) Calcule a área, em km², ocupada pela floresta do Maciço da Tijuca em meados dos anos 60.

B) Considere a área atual do Maciço da Tijuca igual a 42 km² e a média de devastação igual a 0,87 km² por ano. Demonstre que, em aproximadamente 50 anos, a floresta do Maciço da Tijuca "corre o risco de sumir do mapa".

465 - (UERJ)

(O Globo.)

Eddie Sortudo não deseja contar com a sorte e espera ganhar um pouco de tempo, acreditando que a munição do inimigo acabe. Suponha então que, a partir do primeiro número falado por Eddie, ele dirá cada um dos demais, exatamente 3 segundos após ter falado o anterior, até que chegue ao número determinado pelo seu comandante. Assim, com sua estratégia, Eddie conseguirá ganhar um tempo, em segundos, igual a:

a) 177
b) 188
c) 237
d) 240

466 - (UERJ) Leia com atenção a história em quadrinhos.

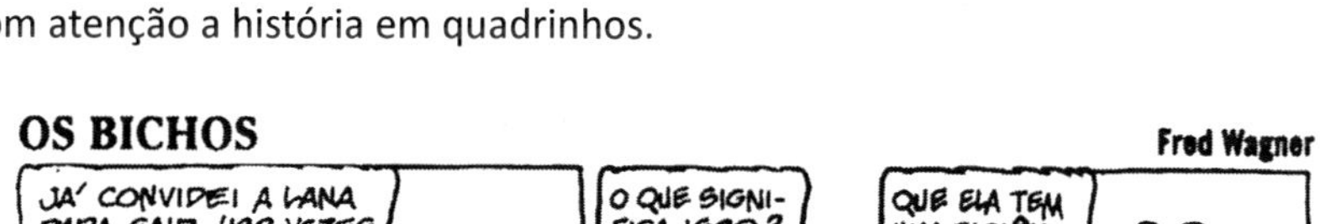

(O Globo, 16/03/2001)

Considere que o leão da história acima tenha repetido o convite por várias semanas. Na primeira, convidou a Lana para sair 19 vezes; na segunda semana, convidou 23 vezes; na terceira, 27 vezes e assim sucessivamente,

sempre aumentando em 4 unidades o número de convites feitos na semana anterior.
Imediatamente após ter sido feito o último dos 492 convites, o número de semanas já decorridas desde o primeiro convite era igual a:

a) 10
b) 12
c) 14
d) 16

467 - (MACK) Se da soma de todos os números ímpares positivos de 2 algarismos subtrairmos a soma de todos os números pares positivos de 2 algarismos, o resultado será:

a) 55
b) 51
c) 50
d) 45
e) 46

468 - (MACK) Considere a progressão aritmética (x + 1, x + 4, x + 7, ..., x + 61). Se a soma de todos os termos dessa sequência é 651, o vigésimo termo da mesma é:

a) 46
b) 52
c) 58
d) 64
e) 70

469 - (MACK) Um atleta, treinando para uma maratona, corre 15 km no primeiro dia e aumenta o seu percurso de 500 m a cada dia. Depois de 61 dias consecutivos de treinamento, o atleta terá percorrido:

a) 2.400 km
b) 1.420 km
c) 1.760 km
d) 1.830 km
e) 2.560 km

470 - (ITA) O valor de $y^2 - xz$ para o qual os números $\text{sen}\frac{\pi}{12}$, x, y, z e sen 75°, nesta ordem, formam uma progressão aritmética, é:

a) 3^{-4}
b) 2^{-6}
c) 6^{-2}
d) 2^{-5}
e) $\frac{2-\sqrt{3}}{4}$

471 - Se a sequência (a, a – 1, a + 2, ...) é uma progressão geométrica, então sua razão vale:

a) –3
b) –2
c) 2
d) 3
e) 5

472 - As expressões x, x + 6 e x + 8 formam, nesta ordem, uma progressão geométrica. Então o valor de 2x + 20 é

a) –5
b) –3
c) 2
d) 3
e) 4

473 - *(UFRJ)* O número de bactérias em uma certa cultura dobrada a cada hora. A partir da amostra inicial, são necessárias 24 horas para que o número de bactérias atinja uma certa quantidade Q.
Calcule quantas horas são necessárias para que a quantidade de bactérias nessa cultura atinja a metade de Q.
Calcule quantas horas são necessárias para que a quantidade de bactérias atinja a metade de Q.

474 - A aresta, a diagonal e o volume de um cubo estão, nesta ordem, em progressão geométrica. A área total deste cubo é:

a) $18\sqrt{3}$
b) $6\left(\sqrt{3}-1\right)$
c) 36
d) 18
e) $5-18\sqrt{3}$

475 - *(FUVEST)* Sejam a e b números reais tais que:

(i) a, b e a + b formam, nessa ordem, uma PA;
(ii) 2^a, 16 e 2^b formam, nessa ordem, uma PG.

Então o valor de a é:

a) $\frac{2}{3}$
b) $\frac{4}{3}$
c) $\frac{5}{3}$
d) $\frac{7}{3}$
e) $\frac{8}{3}$

476 - *(MACK)* Se construirmos uma sequência infinita de quadrados sendo o primeiro de lado 1 e cada um dos outros com lado igual à metade do lado do quadrado anterior, então a soma das áreas desses quadrados é:

a) 2
b) $\frac{3}{4}$
c) $\frac{4}{5}$
d) $\frac{5}{4}$
e) $\frac{4}{3}$

477 - (UEM) A soma dos 2º, 4º e 7º termos de uma P.G. é 111. A soma dos 3º, 5º e 8º termos é 222. Então, pode-se afirmar que:

01) a razão é $q = \frac{1}{2}$.
02) $a_3 = 6$ e $a_6 = 2^3 . 6$.
03) $a_2 - a_1 = 2$.
04) o décimo primeiro termo é 1536.
05) a soma dos 7 primeiros termos é igual a $333 + a_1 + a_6$.
06) $\frac{a_2 . a_4}{a_1 . a_3} = \frac{a_4 . a_6}{a_3 . a_5}$.

478 - O sexto termo de uma progressão geométrica cujo primeiro termo é 6, vale 1458. Pode-se afirmar que, nesta PG:

a) o termo médio vale 732
b) a razão vale 6
c) o quinto termo vale 729
d) a razão vale 3
e) o termo médio vale 243

479 - (UFF) Sendo p um número real qualquer, a soma infinita $S = \frac{1}{2^p} + \frac{1}{2^{p+1}} + \frac{1}{2^{p+2}} + \ldots$ vale:

a) 2^{1-p}
b) 2^{p-1}
c) 2^p
d) 2^{-p}
e) 0

480 - (RURAL) Observe a sequência abaixo.

$$S = 1 - \frac{1}{3} + \frac{1}{2} + \frac{1}{9} + \frac{1}{4} - \frac{1}{27} + \frac{1}{8} + \frac{1}{81} + \frac{1}{16} - \frac{1}{243} \ldots$$

O valor da soma **S** é:

a) $\frac{7}{4}$

b) $\frac{14}{9}$

c) $\frac{7}{3}$

d) $\frac{7}{2}$

e) $\frac{14}{3}$

481 - (MACK) Se a sequência $\left(2, \frac{1}{2}, 4, \frac{1}{4}, 6, \frac{1}{8} \dots\right)$ é formada por termos de uma progressão aritmética alternados com os termos de uma progressão geométrica, então o produto do vigésimo pelo trigésimo primeiro termo dessa sequência é:

a) 2^{10} b) $\frac{1}{2^8}$ c) 2^{15} d) $\frac{1}{2^{20}}$ e) $\frac{1}{2^5}$

482 - (MACK) A soma de todos os termos da sequência infinita $(a_1, a_2, \dots)$, definida por $a_1 = 3$ e $a_{n+1} = \frac{a_n}{3}; n \geq 1$, é:

a) 9
b) 7
c) $\frac{11}{2}$
d) $\frac{8}{3}$
e) $\frac{9}{2}$

483 - (UNESP) Devido ao aquecimento das águas; a ocorrência de furacões das categorias 4 e 5 - os mais intensos da escala Saffir-Simpson - dobrou nos últimos 35 anos (Veja, 21.06.2006). Seja x o número de furacões dessas categorias, ocorridos no período 1971-2005. Vamos supor que a quantidade de furacões a cada 35 anos continue dobrando em relação aos 35 anos anteriores, isto é, de 2006 a 2040 ocorrerão 2x furacões, de 2041 a 2075 ocorrerão 4x furacões, e assim por diante. Baseado nesta suposição, determine, em função de x, o número total de furacões que terão ocorrido no período de 1971 a 2320.

484 - (CEFET-PR) Sejam uma PA e uma PG com três termos reais. A soma da PG adicionada à soma da PA é igual a 2. Sabe-se que suas razões são iguais ao primeiro termo da PG e que o primeiro termo da PA é igual a 2. A razão será igual a:

a) –1
b) 2
c) –2
d) 1
e) 4

485 - O lado de um triângulo equilátero mede a unidades de comprimento. Unindo-se os pontos médios de seus lados, obtém-se um novo triângulo equilátero. Unindo-se os pontos médios do novo triângulo, obtém-se outro triângulo equilátero, e assim sucessivamente. A soma dos perímetros de todos os triângulos citados é:

a) 3a
b) 6a
c) 9a
d) 12a
e) 15

486 - O valor de **x** na equação $x+\frac{x}{3}+\frac{x}{9}+\frac{x}{27}+\ldots=30$ é:

a) 5/2
b) 5
c) 45/2
d) 20
e) 81/4

487 - Se $1+\frac{1}{T}+\frac{1}{T^2}+\ldots=\frac{3}{2}$, com $T\in Z$, então o valor de T, é:

a) −1
b) 1
c) 2
d) 0
e) 3

488 - A solução da equação $x+\frac{x}{3}+\frac{x}{9}+\frac{x}{27}+\frac{x}{81}+\ldots=81$ é:

a) 1
b) 18
c) $\frac{1231}{15}$
d) $\frac{37}{2}$
e) 54

489 - Seja K um número real tal que 0 < K < 1. Se $1 + K + K^2 +\ldots+K^n +\ldots= 10$, então k^2 é igual a:

a) 0,3
b) 0,9
c) 0,27
d) 0,81
e) 0,243

490 - Sendo $x\in \Re_+$, o valor da expressão $\sqrt{x\sqrt{x\sqrt{x\sqrt{x\sqrt{x\ldots}}}}}$ é:

a) x
b) 2x
c) x^2
d) 3x
e) $\sqrt{x}$

491 - (UNIFICADO) O valor de $\cos\left(\frac{\pi}{3}+\frac{\pi}{6}+\frac{\pi}{12}+K\right)$ é:

a) $\frac{-\sqrt{3}}{2}$
b) −1/2
c) −1
d) zero
e) 1/2

9 – Matrizes Determinantes e Sistemas Lineares

492 - Para responder essa questão considere as seguintes informações:

1. 0_3 representa a matriz nula de ordem 3
2. X^t representa a matriz transposta da matriz X
3. X^{-1} representa a matriz inversa da matriz X
4. det X representa o determinante da matriz X

Considerando A, B e C matrizes quadradas de ordem 3, tais que $(\det A)\cdot(\det B)\cdot(\det C) \neq 0$, assinale a igualdade que é sempre verdadeira:

a) Se $A \cdot B = A \cdot C$, então $B = C$
b) Se $A \cdot B = 0_3$ então necessariamente $A = 0_3$ ou $B = 0_3$
c) $(A \cdot B)^{-1} = B^{-1} \cdot A^{-1}$
d) $\det(2 \cdot A^{-1}) = \dfrac{2}{\det A}$

493 - Um sistema rodoviário possui cinco estradas interligando cinco cidades. Em algumas dessas estradas é cobrado um pedágio. Na matriz abaixo, cada elemento a_{ij} tem o seguinte significado:

I) Se igual $a_{ij} = 1$ significa que é cobrado pedágio a quem trafega na estrada que liga a cidade i à cidade j,
II) Se $a_{ij} = 0$ não é cobrado esse pedágio.

Observe que todos os elementos da diagonal principal são nulos, pois não há pedágio de uma cidade para ela mesma.

$$\begin{bmatrix} 0 & 1 & 1 & 0 & 0 \\ 1 & 0 & 0 & 1 & 1 \\ 1 & 1 & 0 & 1 & 0 \\ 0 & 0 & 0 & 0 & 1 \\ 1 & 1 & 1 & 1 & 0 \end{bmatrix}$$

Com base na matriz acima, João fez 3 afirmações:

i) Não é cobrado pedágio na estrada que liga a cidade 3 à cidade 2.
ii) Se uma pessoa faz o trajeto 5 – 2 – 3 – 4 – 5, isto é, vai da cidade 5 para a cidade 2, da cidade 2 para a cidade 3, da cidade 3 para a 4 e, finalmente, da cidade 4 volta para a cidade 5, ela passará por 3 pedágios.
iii) Quem viaja para a cidade 3 não trafegando pela estrada 4 não pagará pedágio.

O número de afirmações corretas é igual a:
a) 0
b) 1
c) 2
d) 3

494 - Gabriela e Giovana compararam os preços de três mercadorias que são vendidas em pacotes de 1Kg nos supermercados A e B, e construíram a seguinte tabela:

	ARROZ	FEIJÃO	MACARRÃO
SUPERMERCADO A	2,80	3,20	1,90
SUPERMERCADO B	2,50	3,50	2,20

Em seguida, decidiram que fariam suas compras nas quantidades mostradas no quadro a seguir:

	GABRIELA	GIOVANA
ARROZ	3Kg	2Kg
FEIJÃO	2Kg	3Kg
MACARRÃO	5Kg	4Kg

Se Gabriela optar por fazer suas compras no supermercado A e Giovana optar pelo supermercado B, a diferença entre as suas despesas será, em reais, igual a:

a) 0
b) 1,70
c) 2,40
d) 2,70

495 - Dadas as matrizes $A = \begin{bmatrix} 2 & -7 \\ 1 & -4 \end{bmatrix}$ e $B = \begin{bmatrix} 1 & 5 \\ 1 & 3 \end{bmatrix}$ e a equação matricial A · X = B, pode-se concluir que a soma dos elementos da matriz X é igual a:

a) –3
b) –4
c) –6
d) –8

496 - Dada a matriz $A = \begin{bmatrix} 2 & 1 \\ \log_2(5x-16) & \log_2 x \end{bmatrix}$, existem dois números reais m e n que são as raízes da equação $\det A = 2$. Considerando m > n, pode-se concluir que a diferença m – n é igual a:

a) 16
b) 12
c) 8
d) 4

497 - Considere que P, Q e R são matrizes quadradas de ordem **n**, cujos determinantes são diferentes de zero. A respeito dessas matrizes foram feitas as seguintes afirmações

I) Se P × Q = P × R então Q = R
II) Se P^2 é a matriz nula, então P é a matriz nula.
III) $(P \times Q)^{-1} = Q^{-1} \times P^{-1}$
IV) det (n·P) = n^n · det P

Pode-se concluir que são sempre verdadeiras as afirmações:

a) II e III
b) I e II
c) III e IV
d) I, II e IV

498 - LEIA OS QUADRINHOS ABAIXO PARA RESPONDER A QUESTÃO A SEGUIR:

Disponível em: http://universomutum.blogspot.com.br/2011/06/tirinha-0164.html

Sabe-se que, se o menino comprar quatro rosquinhas e três bolos, pagará 22 reais; se comprar duas rosquinhas e apenas um bolo, pagará 9 reais. Pode-se concluir que, se ele comprar apenas uma rosquinha e um bolo, pagará, em reais, um total equivalente a:

a) 6,50
b) 7,50
c) 8,00
d) 9,00

499 - A soma das idades de dois servidores de uma escola é igual a 84 anos. Se a diferença entre essas idades é de 12 anos, pode-se concluir corretamente que a idade do mais novo é, em anos, igual a:

a) 36
b) 42
c) 48
d) 54

500 - Leia a história em quadrinhos abaixo, publicada no jornal O GLOBO em 14/07/2004, para responder a questão a seguir:

Admita que ao contar todos os palitos de fósforo e clipes URBANO tenha encontrado 210 e que o número de fósforos exceda o número de clipes em 38 unidades. Pode-se concluir corretamente que o número de fósforos é:

a) 86
b) 108
c) 116
d) 124

501 - Leia a tirinha abaixo:

Disponível em universomutum.blogspot.com

Considere que a soma das idades do pai e do filho dessa tirinha seja igual a 41 e que o pai seja 21 anos mais velho que o filho. Assim, a idade do pai é, em anos, igual a:

a) 21
b) 26
c) 31
d) 36

502 - Ao comprar dois lápis e três canetas, Pedro gastou R$ 4,60. A diferença entre o preço da caneta e do lápis é igual a R$ 0,70. Se Pedro comprasse apenas uma caneta e um lápis, gastaria, em reais, o equivalente a:

a) 1,70
b) 1,50
c) 1,30
d) 1,10

503 - Maria foi ao supermercado e gastou R$ 560,00. Para pagar esse valor, Maria utilizou cédulas de 5 reais, de 20 reais e de 50 reais, num total de 19 cédulas. Sabendo que o número de cédulas de 50 reais era o dobro do de cédulas de 5 reais, pode-se concluir corretamente que o número de cédulas de 20 reais utilizadas por Maria para pagar essa conta é igual a:

a) 10
b) 9
c) 8
d) 7

504 - (UENF) A temperatura corporal de um paciente foi medida, em graus Celsius, três vezes ao dia, durante cinco dias. Cada elemento $\mathbf{a}_{ij}$ da matriz abaixo corresponde à temperatura observada no instante i do dia j.

$$\begin{bmatrix} 35{,}6 & 36{,}4 & 38{,}6 & 38{,}0 & 36{,}0 \\ 36{,}1 & 37{,}0 & 37{,}2 & 40{,}5 & 40{,}4 \\ 35{,}5 & 35{,}7 & 36{,}1 & 37{,}0 & 39{,}2 \end{bmatrix}$$

Determine:

A) o instante e o dia em que o paciente apresentou a maior temperatura;
B) a temperatura média do paciente no terceiro dia de observação.

505 - Uma firma fabrica quatro tipos de aparelhos cirúrgicos utilizando materiais diferentes. Considere a matriz A = (a_{ij}) dada, onde a_{ij} representa quantas peças do material j serão empregadas para fabricar um aparelho do tipo i.

$$\mathbf{A} = \begin{bmatrix} 3 & 1 & 0 & 4 \\ 0 & 2 & 5 & 6 \\ 2 & 3 & 8 & 0 \\ 4 & 7 & 5 & 1 \end{bmatrix}$$

Pergunta-se: o total do material 2 que será empregado para fabricar oito aparelhos do tipo 1, dois aparelhos do tipo 2, um aparelho do tipo 3 e cinco aparelhos do tipo 4 é igual a:

a) 10
b) 20
c) 30
d) 40
e) 50

506 - Dada a equação matricial $\begin{bmatrix} a & 2 \\ 1 & 3 \end{bmatrix} \begin{bmatrix} 0 & 1 \\ 2 & 3 \end{bmatrix} = \begin{bmatrix} 4 & 8 \\ b & c \end{bmatrix}$ o valor do produto abc é:

a) 30
b) 50
c) 60
d) 80
e) 120

507 - O valor de <u>a</u> para o qual se tem $\begin{pmatrix} a & 2 \\ 1 & 3 \end{pmatrix} \begin{pmatrix} 3 & -2 \\ -1 & a \end{pmatrix} = \begin{pmatrix} 1 & 0 \\ 0 & 1 \end{pmatrix}$ é:

a) –2
b) –1
c) 0
d) 1
e) 2

508 - Se A = $\begin{bmatrix} 0 & 1 \\ 1 & 0 \end{bmatrix}$ B = $\begin{bmatrix} -1 & 2 \\ 1 & -1 \end{bmatrix}$ C = $\begin{bmatrix} 1 & 0 \\ -1 & 2 \end{bmatrix}$, então a matriz A + B – C^2 é igual a:

a) $\begin{bmatrix} -2 & 3 \\ 5 & -5 \end{bmatrix}$

b) $\begin{bmatrix} -1 & 1 \\ 0 & -3 \end{bmatrix}$

c) $\begin{bmatrix} 1 & -1 \\ 0 & -2 \end{bmatrix}$

d) $\begin{bmatrix} -2 & 1 \\ 3 & -4 \end{bmatrix}$

e) $\begin{bmatrix} -1 & 3 \\ 1 & 4 \end{bmatrix}$

509 - Dada a matriz A = $\begin{bmatrix} 1 & 2 \\ a & b \end{bmatrix}$, calcule a + b, sabendo que: A^2 = $\begin{bmatrix} 9 & -4 \\ -8 & 1 \end{bmatrix}$

a) 0
b) 1
c) 3
d) 4
e) 6

510 - Sendo A = $\begin{bmatrix} 1 & 0 \\ 0 & 1 \end{bmatrix}$ e B = $\begin{bmatrix} 1 & 2 \\ 1 & -1 \end{bmatrix}$, podemos afirmar que $A^2 + 2AB + B^2$ é igual a:

a) $\begin{bmatrix} 1 & 2 \\ 1 & -3 \end{bmatrix}$

b) $\begin{bmatrix} 1 & 4 \\ 2 & 6 \end{bmatrix}$

c) $\begin{bmatrix} 6 & 2 \\ 4 & 1 \end{bmatrix}$

d) $\begin{bmatrix} 2 & 2 \\ 4 & 6 \end{bmatrix}$

e) $\begin{bmatrix} 6 & 4 \\ 2 & 2 \end{bmatrix}$

511 - O produto das matrizes $\begin{pmatrix} 1 & -2 & 3 \\ 0 & 4 & -1 \\ 1 & 3 & -2 \end{pmatrix}\begin{pmatrix} 1 & 0 & 0 \\ 0 & 1 & 0 \\ 0 & 0 & 1 \end{pmatrix}$ é:

a) $\begin{pmatrix} 1 & 3 & -2 \\ 0 & 4 & -1 \\ 1 & 3 & -2 \end{pmatrix}$

b) $\begin{pmatrix} -2 & 3 & -2 \\ 0 & 4 & -1 \\ 3 & 1 & 1 \end{pmatrix}$

c) $\begin{pmatrix} 3 & 1 & -2 \\ 0 & 4 & 2 \\ -3 & 3 & 1 \end{pmatrix}$

d) $\begin{pmatrix} 1 & -2 & 3 \\ 0 & 4 & -1 \\ 1 & 3 & -2 \end{pmatrix}$

e) $\begin{pmatrix} 3 & 3 & -2 \\ 0 & 0 & -1 \\ 0 & 2 & -2 \end{pmatrix}$

512 - Se a matriz $\begin{pmatrix} 1 & -1 & y \\ x & -3 & 4 \\ 5 & z & 8 \end{pmatrix}$ for simétrica, então x + y + z é:

a) 8
b) 9
c) 10
d) 11
e) 12

513 - Se a matriz $\begin{bmatrix} 1 & 2 & a \\ b & 1 & 0 \\ b+1 & 0 & 1 \end{bmatrix}$ é simétrica, então $a^b - b^a$ é igual a:

a) –2
b) –1
c) 1
d) 0
e) 2

514 - Os valores de a, b e c para que a matriz $\begin{pmatrix} 1 & -2 & a \\ b & 3 & 3 \\ 1 & c & 5 \end{pmatrix}$ seja simétrica, são:

a) $\begin{matrix} a & 4 \\ b = 0 & \\ c & 2 \end{matrix}$

b) $\begin{matrix} a & -1 \\ b = -1 & \\ c & -1 \end{matrix}$

a 0
c) b = 3
c 1

a 1
d) b = − 2
c 3

a 2
e) b = − 1
c 4

515 - O produto da inversa da matriz A = $\begin{bmatrix} 1 & 1 \\ 1 & 2 \end{bmatrix}$ pela matiz $I = \begin{bmatrix} 1 & 0 \\ 0 & 1 \end{bmatrix}$ é igual a:

a) $\begin{bmatrix} 2 & -1 \\ -1 & 1 \end{bmatrix}$

b) $\begin{bmatrix} 2 & 1 \\ 0 & 1 \end{bmatrix}$

c) $\begin{bmatrix} -2 & -1 \\ 0 & 3 \end{bmatrix}$

d) $\begin{bmatrix} 2 & 1 \\ -1 & 1 \end{bmatrix}$

e) $\begin{bmatrix} -1 & 2 \\ 1 & -2 \end{bmatrix}$

516 - (MACK) Se o produto de matrizes $\begin{pmatrix} 1 & 0 \\ -1 & 1 \end{pmatrix} . \begin{pmatrix} 0 & 1 & -1 \\ 1 & 0 & 2 \end{pmatrix} . \begin{pmatrix} x \\ y \\ 1 \end{pmatrix}$ é a matriz nula, x + y é igual a:

a) 0
b 1
c) –1
d) 2
e) –2

517 - (MACK) Considerando o produto de matrizes, $\begin{pmatrix} 0 & -1 \\ a & 1 \end{pmatrix} . \begin{pmatrix} a & 1 \\ -1 & 0 \end{pmatrix} = \begin{pmatrix} 1 & 0 \\ 0 & 1 \end{pmatrix}$, o valor de **a** é:

a) 0
b) –1
c) 2
d) –2
e) 1

518 - (CONC. PROF – SP) Considere a matriz $A = \begin{bmatrix} 0 & 0 \\ 1 & 0 \end{bmatrix}$. Então, a matriz A^2 é:

a) $\begin{bmatrix} 0 & 0 \\ 1 & 0 \end{bmatrix}$ b) $\begin{bmatrix} 0 & 1 \\ 0 & 0 \end{bmatrix}$ c) $\begin{bmatrix} 1 & 0 \\ 0 & 1 \end{bmatrix}$ d) $\begin{bmatrix} 0 & 0 \\ 0 & 0 \end{bmatrix}$ e) $\begin{bmatrix} 1 & 0 \\ 1 & 0 \end{bmatrix}$

519 **-** O elemento a_2 da matriz inversa de $\begin{pmatrix} 1 & 2 & 0 \\ 1 & 1 & 0 \\ 0 & 3 & 2 \end{pmatrix}$ é:

a) 1
b) –1
c) 2
d) –2
e) 3

520 **-** Se A, B e C são matrizes quadradas de ordem 2, assinale a proposição que nem sempre é verdadeira:

a) $A \times B = A \times C \leftrightarrow B = C$
b) $A \times (B + C) = A \times B + A \times C$
c) $Det(3A) = 9\, Det(A)$
d) $(A + B)^t = A^t + B^t$
e) $A \times (B \times C) = (A \times B) \times C$

521 - (ITA) Sejam A e B matrizes quadradas de ordem *n* tais que AB = A e BA = B. Então, $[(A + B)^t]^2$ é igual a:

a) $(A + B)^2$.
b) $2(A^t . B^t)$.
c) $2(A^t + B^t)$.
d) $A^t + B^t$.
e) $A^t B^t$

522 - (UNESP) Sejam A e B duas matrizes quadradas de mesma ordem. Em que condição pode-se afirmar que

$$(A + B)^2 = A^2 + 2AB + B$$

a) Sempre, pois é uma expansão binomial.
b) Se, e sempre se, uma delas for a matriz identidade.
c) Sempre, pois o produto de matrizes é associativo.
d) Quando o produto AB for comutativo com BA.
e) Se, e somente se, A = B.

523 - (UFF) Toda matriz de ordem 2 x 2, que é igual a sua transposta, possui:

a) pelo menos dois elementos iguais.
b) os elementos da diagonal principal iguais a zero.
c) determinante nulo.
d) linhas proporcionais.
e) todos os elementos iguais a zero.

524 - (UFF) Considere a matriz $A = (a_{ij})_{3x3}$ tal que $a_{ij} = 2i - j$. Calcule o determinante de A.

525 **-** O determinante da matriz $A = (a_{ij})$ de ordem 3, onde $a_{ij} = \begin{cases} 1, se & i \neq j \\ 2i - j, se & i = j \end{cases}$ é igual a:

a) 6

b) 2
c) 3
d) 9
e) 5

526 - É dada a matriz A = $\begin{bmatrix} 2^x & 1 & -1 \\ 0 & 1 & 3 \\ 0 & 1 & 2^x \end{bmatrix}$. Sabendo-se que det A = –2, podemos afirmar que:

a) x = 0 ou x = 2
b) x = 0 ou x = 1
c) x = 2
d) x = –1
e) x = 1 ou x = 2

527 - (UNESP) Seja a matriz $M = \begin{pmatrix} a & b \\ c & d \end{pmatrix}$, onde a, b, c e d ∈ IR. Se os números a, b, c e d, nesta ordem, constituem uma P.G. de razão q, o determinante desta matriz é igual a

a) 0.
b) 1.
c) q^2a^3.
d) q^3a^2.
e) $2q^3a^2$.

528 - (UEM) Sobre matrizes e determinantes, assinale a(s) alternativa(s) correta(s).

(01) Se o determinante de uma matriz quadrada A é 10 e se a segunda linha for multiplicada por 4 e a quinta linha por $\frac{1}{2}$, então o determinante da matriz resultante é 20.

(02) Uma matriz quadrada A de ordem 3 é tal que seus elementos satisfazem $a_{ij} + a_{ji} = 0$, para todo $1 \leq i, j \leq 3$. Então, det(A) ≠ 0.

(03) Se uma matriz quadrada A de ordem n tem determinante satisfazendo a equação $\det(A^2) + \det(A) + 1 = 4$, então o det(A) é igual a 1 ou –3.

(04) Se A é matriz dada por $\begin{bmatrix} k & 1 & -1 \\ 1 & 1 & 2 \\ k & 0 & k \end{bmatrix}$, então o único valor de k que torna o determinante de A^2 nulo é zero.

(05) A equação matricial $X^t . A . X = 3$, onde A é a matriz dada por $\begin{bmatrix} 3 & 4 \\ -4 & 3 \end{bmatrix}$, tem como solução o conjunto das matrizes $X_{2x1} = \begin{bmatrix} x \\ y \end{bmatrix}$, tais que $x^2 + y^2 = 1$.

(32) Se A = B · C, onde $B = \begin{bmatrix} 1 & 0 & 0 \\ \frac{1}{3} & 1 & 0 \\ \frac{4}{3} & 1 & 1 \end{bmatrix}$ e $C = \begin{bmatrix} 3 & 2 & 4 \\ 0 & \frac{1}{4} & \frac{2}{3} \\ 0 & 0 & -4 \end{bmatrix}$, então o determinantes de A é igual a – 4.

529 - O determinante da matriz A = $\begin{pmatrix} ax & 2a & a^2 \\ x & 4 & 1 \\ 3x & 6 & 2 \end{pmatrix}$ é:

a) 3x –1
b) 2ax (2 – 3a)
c) 2x (1 – a)
d) 3x (a – 1)
e) 2ax (a – 2)

530 - A solução da equação $\begin{vmatrix} 1 & 2 & -3 \\ x & -1 & 4 \\ 2 & 3 & 2 \end{vmatrix} = 0$ é:

a) $-\frac{1}{13}$

b) $\frac{3}{13}$

c) $-\frac{4}{13}$

d) $\frac{5}{13}$

e) $-\frac{6}{13}$

531 - O determinante da matriz $\begin{bmatrix} -1 & 0 & 0 \\ 1 & \text{sen}\,x & \text{sen}\,2x \\ -1 & \cos x & \cos 2x \end{bmatrix}$ é igual a:

a) sen x
b) $\text{sen}^2\,x + \cos^3 x$
c) zero
d) cos x
e) $\text{sen}^3\,x + \cos^2 x$

532 - Para que o valor de **a** o determinante $\begin{vmatrix} 3 & x & 2 \\ 2 & 3 & -4 \\ 1 & 1 & a \end{vmatrix}$ é independente de x?

a) –2

b) $-\frac{1}{2}$

c) 0
d) 1
e) 2

533 - Sendo **x** um número real, o maior valor que o determinante y = $\begin{vmatrix} -2 & -5 & 3 \\ -1 & x+1 & 2 \\ 0 & 2 & x \end{vmatrix}$ pode assumir é:

a) 1,750
b) 3,500
c) 8,005
d) 8,125
e) 8,575

534 - A e B são matrizes quadradas de ordem 2. O determinante de A é 16. Se $B^{-1} = 2A$, o determinante de B é:

a) 16

b) $\frac{1}{16}$

c) 18

d) $\frac{1}{8}$

e) $\frac{1}{64}$

535 **-** Duas matrizes A e B são quadradas de ordem 2. Sabendo que detA = 3 e detB = –4, podemos afirmar que $\det[(2A)\times(B^{-1})]$ é igual a:

a) –3
b) –2
c) 1
d) 0
e) $\frac{1}{3}$

536 **-** Uma matriz A de terceira ordem tem determinante 3. O determinante de 2A é:

a) 4
b) 6
c) 12
d) 24
e) 28

537 **-** ***(CEFET-PR)*** O valor do determinante de 4ª ordem, em que $a_{23} = a_{32} = 2$, $a_{22} = a_{33} = 3$, $a_{41} = a_{43} = 4$ e todos os demais elementos são iguais à unidade, é:

a) –5
b) –9
c) –7
d) –15
e) 15

538 **-** Se $f(x) = x^2 - 5x + 6$,então o determinante $\begin{vmatrix} f(2) & f(1) & f(-1) \\ f(0) & f(3) & f(2) \\ f(-1) & f(3) & f(2) \end{vmatrix}$ é:

a) –1
b) 0
c) 1
d) 2
e) –2

539 **-** ***(UFF)*** Numa progressão aritmética, de termo geral a_n e razão r, tem-se $a_1 = r = \frac{1}{2}$.
Calcule o determinante da matriz $\begin{bmatrix} a_5 & a_4 \\ a_4 & a_{12} \end{bmatrix}$.

540 **-** Considere a matriz A = $\begin{bmatrix} 1 & 2 \\ 3 & x \end{bmatrix}$ cujo determinante de sua inversa A^{-1} é igual a $\frac{1}{6}$. O valor de **x** é

a) 10
b) 12
c) 14
d) 16
e) 18

541 **-** Se $\frac{x}{y} = \frac{10}{1}$, $\frac{x}{z} = \frac{1}{100}$ e $\frac{y}{z} = \frac{1}{1000}$ onde x, y e z $\in IR_+^*$, então $\frac{1}{3}\begin{vmatrix} 1 & 1 & 1 \\ \log x & \log y & \log z \\ \log^2 x & \log^2 y & \log^2 z \end{vmatrix}$

é igual a:

a) 2
b) –2
c) –1
d) 1
e) 3

542 - O determinante da matriz $M = \begin{bmatrix} 1 & 0 & 0 & 0 & 0 \\ 2 & -2 & 0 & 0 & 0 \\ 3 & 2 & 1 & 0 & 0 \\ 4 & 2 & 3 & 2 & 0 \\ 5 & 1 & 2 & 3 & 3 \end{bmatrix}$ é

a) 3
b) –3
c) 0
d) –12
e) 12

543 - Se (a, b) é solução de $\begin{cases} a + 2b = 7 \\ 5a - b = 2 \end{cases}$, então o valor de a + b é:

a) 1
b) 2
c) 3
d) 4
e) 5

544 - O valor de z no sistema $\begin{cases} x + y + z = 6 \\ x - y - z = -4 \\ x - y + z = 2 \end{cases}$ é:

a) –3
b) 1
c) 2
d) 3
e) 4

545 - Se (a, b, c) é a solução do sistema $\begin{cases} x + 2y + z = 2 \\ 2x - 4y + 3z = 5 \\ -x + 6y + 2z = 1 \end{cases}$ então a + b + c é:

a) –4
b) 3
c) 1
d) –2
e) 2

546 - O valor de x no sistema $\begin{cases} x+y+z=6 \\ x-y-z=4 \\ x+y-2z=-3 \end{cases}$ é:

a) 5
b) 3
c) 1
d) 0
e) –1

547 - (UENF) Para a realização de um baile, foi veiculada a seguinte propaganda:

Após a realização do baile, constatou-se que 480 pessoas pagaram ingressos, totalizando uma arrecadação de R$ 3.380,00.
Calcule o número de damas e de cavalheiros que pagaram ingresso nesse baile.

548 - Leia a história abaixo, extraída da revista Galileu, de junho de 1999.

Com base nas informações, pode-se concluir que Arquimedes e Pitágoras possuíam, juntos, a quantia de:

a) 17 reais
b) 20 reais
c) 25 reais
d) 28 reais
e) 32 reais

549 - Leia a composição em quadrinhos abaixo, extraída do jornal O GLOBO:

Considere um determinado instante em que houvesse alguns pássaros pousados na cabeça do leão e outros voando. Se voarem 3 pássaros, o número de pássaros que ficam pousados será igual ao número de pássaros que estarão voando. Se pousarem 2, o número de pássaros voando ficará igual à terça parte dos que estarão pousados. Pode-se então concluir que, no instante considerado, o número de pássaros que estavam voando era igual a:

a) 7
b) 9
c) 11
d) 13
e) 15

550 - Para que o sistema $\begin{cases} mx + 5y = 13 \\ 2x - 8y = 20 \end{cases}$ admita solução única, deve-se ter:

a) $m \neq -\dfrac{5}{4}$
b) $m \neq -\dfrac{3}{2}$
c) $m \neq -2$
d) $m \neq -1$
e) $m \neq \dfrac{5}{2}$

551 - Para que o sistema linear $\begin{cases} ax - by = 7 \\ 2x + 5y = 1 \end{cases}$ admita uma única solução, é necessário que:

a) $a \neq \dfrac{-2b}{5}$
b) $a = \dfrac{-2b}{5}$
c) $a \neq \dfrac{-5b}{2}$
d) $a \neq \dfrac{2b}{5}$
e) $a \neq \dfrac{-5b}{2}$

552 - Seja o sistema $\begin{cases} ax + 2y = 5 \\ 3x - 2y = b \end{cases}$ e as afirmações:

P: se a = −3 o sistema é incompatível
Q: se a ≠ −3 o sistema é determinado
R: se b = −5 o sistema é compatível

Então:

a) P e Q são verdadeiras
b) P e R são verdadeiras
c) Q e R são verdadeiras
d) P, Q e R são falsas
e) P,Q e R são verdadeiras

553 - (MACK) O sistema $\begin{cases} x - ay = 1 \\ ax - 4y = a \end{cases}$

a) tem solução única, para um único valor de a.
b) tem solução única, para exatamente dois valores de a.
c) sempre admite solução, qualquer que seja o valor de a.
d) não tem solução, para um único valor de a.
e) não tem solução, para exatamente dois valores de a.

554 - Para que o sistema $\begin{cases} x + y = 2 \\ ax - z = 5 \\ y + z = 3 \end{cases}$ admita solução única, deve-se ter:

a) a ≠ −2
b) a ≠ 1
c) a = 2
d) a ≠ 3
e) a = 4

555 - O valor de "K" para que o sistema $\begin{cases} 2x + Ky - z = 6 \\ 3x + 5y - 2z = 7 \\ x - Ky + 2z = 8 \end{cases}$ seja impossível é:

a) 6
b) $-\frac{25}{9}$
c) $\frac{25}{9}$
d) $-\frac{3}{7}$
e) $\frac{3}{7}$

556 - O valor de a para que o sistema $\begin{cases} x + y - az = 0 \\ x + ay - z = 0 \\ x + (a+1)y + z = 0 \end{cases}$ admita soluções (x, y, z) distintas de (0, 0, 0) é:

a) 1
b) 2
c) 0
d) 3
e) −1

557 - (MACK) Com relação ao sistema $\begin{cases} ax + 3ay = 0 \\ 2x + ay = 4 \end{cases}$ são feitas as seguintes afirmações.

I. Apresenta solução única para, exatamente, dois valores distintos de a.
II. Apresenta mais de uma solução para um único valor de a.
III. É impossível para um único valor de a.

Então, somente:

a) I e II são verdadeiras.
b) II e III são verdadeiras.
c) I e III são verdadeiras.
d) I é verdadeira.
e) III é verdadeira.

558 - (MACK) Uma pessoa quer distribuir, entre seus amigos, um determinado número de convites. Se der 2 convites a cada amigo, sobrarão 25 convites; entretanto, se pretender dar 3 convites a cada amigo, faltarão 15 convites. Caso essa pessoa pretenda dar 4 convites a cada amigo, ela precisará ter mais:

a) 45 convites.
b) 55 convites.
c) 40 convites.
d) 80 convites.
e) 70 convites.

559 - (ITA) Considere as matrizes

$$M = \begin{pmatrix} 1 & -1 & 3 \\ 0 & 1 & 0 \\ 2 & 3 & 1 \end{pmatrix}, \ N = \begin{pmatrix} 1 & 0 & 2 \\ 3 & 2 & 0 \\ 1 & 1 & 1 \end{pmatrix}, \ P = \begin{pmatrix} 0 \\ 1 \\ 0 \end{pmatrix} \text{ e } X = \begin{pmatrix} x \\ y \\ z \end{pmatrix}.$$

Se X é solução de $M^{-1} NX = P$, então $x^2 + y^2 + z^2$ é igual a

a) 35.
b) 17.
c) 38.
d) 14.
e) 29.

560 - Uma loja de roupas anunciou os preços de 3 modelos de camisas, conforme pode ser observado a seguir:

Na compra de 9 dessas camisas, José gastou R$ 103,91.

O número de camisas compradas, ao preço de R$ 10,99 é igual a:

a) 2
b) 1
c) 3
d) 5
e) 4

561 **-** Observe os preços anunciados por uma loja de roupas masculinas:

Márcia decidiu presentear seu namorado. Aproveitando os preços apresentados no cartaz, comprou sete dessas peças. Considerando, para o conjunto de peças compradas por Márcia,

x - o número de camisas de R$ 11,99,
y - o número de camisas de R$ 15,99 e
z - o número de calças,

a despesa de Márcia pode ser calculada através da equação M = 11,99x + 15,99y + 47,99z.

Determine:

A) o valor de M, se Márcia comprar apenas camisas de R$ 11,99;
B) o valor de x, y e z, se M = 163,93 reais

562 - (UERJ) Observe a tabela de compras realizadas por Mariana:

<table>
<tr><th>LOJA</th><th>PRODUTOS</th><th>PREÇO UNITÁRIO (R$)</th><th>DESPESA (R$)</th></tr>
<tr><td rowspan="2">A</td><td>Caneta</td><td>3,00</td><td rowspan="2">50,00</td></tr>
<tr><td>Lapiseira</td><td>5,00</td></tr>
<tr><td rowspan="2">B</td><td>Caderno</td><td>4,00</td><td rowspan="2">11,00</td></tr>
<tr><td>Corretor</td><td>2,00</td></tr>
</table>

Sabendo que ela adquiriu a mesma quantidade de canetas e cadernos, além do maior número possível de lapiseiras, o número de corretores comprados foi igual a:

a) 11
b) 12
c) 13
d) 14

563 - (UERJ) Em um restaurante há 12 mesas, todas ocupadas. Algumas, por 4 pessoas; outras, por apenas 2 pessoas, num total de 38 fregueses. O número de mesas ocupadas por apenas 2 pessoas é:

a) 4
b) 5
c) 6
d) 7

10 - Análise Combinatória, Binômio de Newton e Probabilidades

564 - LEIA OS QUADRINHOS ABAIXO PARA RESPONDER A QUESTÃO A SEGUIR:

Disponível em: http://universomutum.blogspot.com.br/2011/06/tirinha-0164.html

Suponha que, nessa padaria, as rosquinhas são vendidas em dois tamanhos diferentes (pequena ou grande), que há três tipos diferentes de pães (pão francês, pão de batata ou pão de forma) e quatro sabores diferentes de bolos (chocolate, laranja, coco ou cenoura). O menino vai escolher, nesta ordem, uma rosquinha, um tipo de pão e um sabor de bolo. Nessas condições, o total de opções diferentes que ele terá para fazer sua escolha é igual a:

a) 24
b) 12
c) 8
d) 6

565 - Ao fazer o controle do estoque de sua loja, Pedro verificou que a quantidade de um modelo de camisas apresentava a situação descrita na tabela abaixo:

TAMANHO	AMARELA	AZUL	VERDE	PRETA
PEQUENA	10	6	5	8
MÉDIA	7	5	10	10
GRANDE	5	8	6	5

Retirando aleatoriamente uma dessas camisas, Pedro verificou que ela era do tamanho grande. A probabilidade de que essa camisa seja da cor verde é igual a:

a) 12,5%
b) 20%
c) 25%
d) 27,5%

566 - O bufê de saladas de um restaurante apresenta oito opções de ingredientes: alface, rúcula, tomate, agrião, cebola, pepino, beterraba e cenoura. Para preparar uma salada, o cliente deve escolher, no mínimo, um desses oito ingredientes.
O total de saladas diferentes que podem ser preparadas por um cliente desse restaurante é igual a:

a) 127
b) 128
c) 255
d) 256

567 - Numa turma há um grupo formado por 8 alunos, entre eles Manuel e Pedro, que são irmãos. Um professor vai escolher aleatoriamente 5 alunos desse grupo para formar uma comissão que participará de uma reunião com o diretor do colégio.
A probabilidade de que, na comissão formada, Manuel e Pedro estejam presentes é de:

a) $\frac{5}{28}$
b) $\frac{1}{7}$
c) $\frac{2}{7}$
d) $\frac{5}{14}$

568 - A probabilidade de um atirador acertar determinado alvo é de 98%. Se esse atirador der 3 tiros em sequência, a probabilidade de ele errar os 3 tiros é de:

a) 8%
b) 0,08%
c) 0,008%
d) 0,0008%

569 - Mariana possui 3 livros diferentes de Matemática e 3 livros iguais de Física. O total de modos diferentes que ela poderá arrumar esses 6 livros, lado a lado, em uma estante é igual a:

a) 720
b) 360
c) 120
d) 60

570 - Considere que a probabilidade de um arqueiro acertar um alvo, situado a uma determinada distância, seja de 90%. Se ele atirar seis flechas em sequência, a probabilidade de ele errar as cinco primeiras e acertar apenas a última nesse alvo é de:

a) 0,000009%
b) 0,00009%
c) 0,0009%
d) 0,009%

571 - A tabela seguinte, fornece, por sabor e tamanho, o número de pizzas vendidas por uma rede de pizzarias num final de semana:

	PEQUENO	GRANDE
CALABRESA	400	200
PRESUNTO	80	320

Escolhendo, ao acaso, uma dessas pizzas, e representando por X a probabilidade de ela ser pequena ou ser de calabresa, e por Y, a probabilidade de a pizza escolhida ser grande, sabendo que ela é de presunto, pode-se concluir que:

a) X = 40% e Y = 80%
b) X = 40% e Y = 52%
c) X = 68% e Y = 80%
d) X = 68% e Y = 52%

572 - Considere que, na figura abaixo, está representado um octógono regular inscrito em uma circunferência.

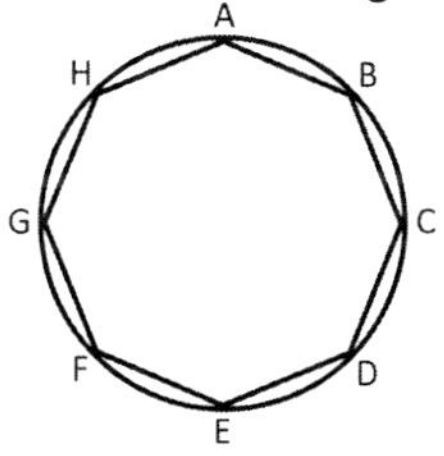

Escolhendo-se aleatoriamente uma diagonal desse octógono, a probabilidade de que ela não passe pelo centro da circunferência é de:

a) 40% b) 50% c) 70% d) 80%

573 - Na tabela abaixo são apresentadas as quantidades dos três tipos de camisetas (A, B e C) e os três tamanhos disponíveis (P, G e GG) em uma malharia.

	P	G	GG
A	20	60	20
B	10	70	20
C	40	30	30

Uma pessoa retira aleatoriamente desse estoque uma camiseta e verifica que ela é do tipo C. A probabilidade dessa camiseta não ser do tamanho GG é igual a:

a) 0,3
b) 0,5
c) 0,6
d) 0,7

574 - A quantidade de números pares de 4 algarismos, sem repetição, que podemos formar com os dígitos 2, 3, 4, 5, 6, 7, e 8 é igual a:

a) 480
b) 240
c) 960
d) 120
e) 2800

575 **-** Usando-se os algarismos 2, 3, 4, 5 e 6, existem x números de 4 algarismos, de modo que pelo menos 2 algarismos sejam iguais. O valor de x é:

a) 125
b) 380
c) 620
d) 400
e) 505

576 **-** A quantidade de números de três algarismos que têm pelo menos dois algarismos repetidos é x. O valor de x é:

a) 762
b) 252
c) 648
d) 810
e) 452

577 **-** Com base na composição em quadrinhos, extraída do Jornal "O Globo", responda abaixo:

Suponha que, com a chegada do aposentado, a fila fique composta de exatamente 5 pessoas.
Admitindo que sejam feitas todas as ordenações possíveis com essas pessoas, em quantas dessas ordenações o aposentado ocupará a posição central?

a) 120
b) 60
c) 48
d) 24
e) 12

578 **-** Um time de futebol de salão deve ser escalado a partir de um conjunto de 10 jogadores, dos quais 3 atuam somente como goleiro. Quantos times de 5 jogadores podem ser formados?

a) 60
b) 70
c) 88
d) 105
e) 112

579 **-** Numa reunião de jovens há 10 rapazes e 5 moças. O número de grupos de 5 jovens que podem ser formados, tendo cada grupo no máximo 1 rapaz, é:

a) 42
b) 50
c) 51
d) 84
e) 102

580 **-** Numa classe há 10 rapazes e 6 moças. Quantas comissões de 4 rapazes e 2 moças podem ser formadas?

a) 40
b) 480
c) 3150
d) 380
e) 600

581 **-** Uma empresa tem 5 diretores e 10 gerentes. Quantas comissões distintas podem ser formadas, constituídas de 1 diretor e 4 gerentes?

a) 210
b) 126 000
c) 23 200
d) 1 050
e) 150 000

582 **-** Uma urna contém 12 bolas, das quais 7 são pretas e 5 brancas, distintas apenas na cor. O número de modos que podemos tirar 6 bolas da urna, das quais 2 são brancas é:

a) 300
b) 310
c) 320
d) 340
e) 350

583 **-** O valor da expressão $\frac{15!}{15 \cdot 16!}$ é:

a) $\frac{1}{15}$

b) $\frac{1}{16}$

c) $\frac{15}{16}$

d) $\frac{1}{16!}$

e) $\frac{1}{15 \cdot 16}$

584 **-** Observe a composição em quadrinhos abaixo, extraída do jornal O GLOBO:

Suponha que Dona Marlene tenha utilizado 5 tipos diferentes de legumes em sua máscara de beleza. Para fazer a sopa ela irá usar apenas 3 tipos de legumes. O número de sopas diferentes que Dona Marlene poderá fazer é:

a) 120
b) 60
c) 243
d) 10
e) 125

585 - A solução da equação $C_m^{m-2} + A_m^2 = m^2$ é:

a) m = 0
b) m = 0 e m = 3
c) m = 8
d) m = 3
e) m = 0 e m = 8

586 - Estudando análise combinatória, um aluno depara-se com a equação $C_n^2 + A_n^2 = 6n$ que ele resolve, pois precisa obter P_n. O valor da permutação encontrado por ele foi:

a) 5
b) 6
c) 24
d) 30
e) 120

587 - De quantos modos quatro casais podem sentar-se em torno de uma mesa circular, não sentando juntos dois homens e nem um homem com sua acompanhante?

a) 24
b) 12
c) 8
d) 36
e) 144

588 - Está havendo uma modificação no código das placas dos carros. O quadro abaixo faz uma comparação entre os dois sistemas:

Calcule:

a) quantas placas distintas serão possíveis com a mudança.

b) quantas vezes a nova quantidade de placas será maior que a quantidade anterior.

589 - (UFF) Com dez jogadores de futebol de salão, dos quais dois só podem jogar no gol e os demais só podem jogar na linha, determine de quantas maneiras podemos formar um time com um goleiro e quatro jogadores na linha.

590 - (RURAL) Em uma Universidade, no Departamento de Veterinária, existem 7 professores com especialização em Parasitologia e 4 em Microbiologia. Em um congresso, para a exposição dos seus trabalhos, serão formadas equipes da seguinte forma: 4 com especialização em Parasitologia e 2 com especialização em Microbiologia.

Quantas equipes diferentes poderão ser formadas?

591 - (UFF) Com as letras da palavra PROVA podem ser escritos x anagramas que começam por vogal e y anagramas que começam e terminam por consoantes.

Os valores de x e y são, respectivamente:

a) 48 e 36
b) 48 e 72
c) 72 e 36
d) 24 e 36
e) 72 e 24

592 - Leia os quadrinhos a seguir:

Fazendo os cálculos com o dinheiro que recebeu de sua mãe, Maluquinho percebeu que podia comprar alimentos para apenas dois de seus seis dependentes. De quantas maneiras diferentes ele pode fazer essa escolha?

a) 30
b) 25
c) 20
d) 15
e) 10

593 - (MACK) No desenho abaixo, três dos quadrados menores deverão ser pintados de verde, três de amarelo e três de azul.

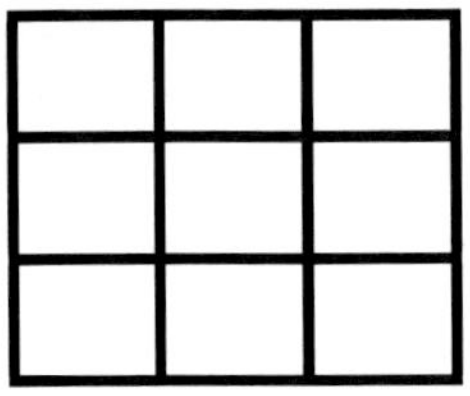

Se os quadrados da linha do meio tiverem a mesma cor, o número de formas diferentes de se colorir o desenho, nas condições dadas, é:

a) 120
b) 80
c) 90
d) 32
e) 60

594 - (MACK) O algarismo das dezenas do número 21! – 221 é:

a) 5.
b) 0.
c) 1.
d) 7.
e) 2.

595 - (VUNESP) Um certo tipo de código usa apenas dois símbolos, o número zero(0) e o número um(1) e, considerando esses símbolos como letras, podem-se formar palavras. Por exemplo: 0, 01, 00, 001 e 110 são algumas palavras de uma, duas e três letras desse código. O número máximo de palavras, com cinco letras ou menos, que podem ser formadas com esse código é:

a) 120.
b) 62.
c) 60.
d) 20.
e) 10.

596 - Para formar uma comissão de três membros, apresentaram-se três jornalistas, quatro advogados e cinco professores. Indicando-se por N o número de possibilidades para formar tal comissão, é correto afirmar:

( ) N = 136, se for exigido que pelo menos um membro da comissão seja jornalista.
( ) N = 60, se a comissão for formada por um jornalista, um advogado e um professor.
( ) N = 70, se for exigido que somente dois membros da comissão sejam professores.
( ) N = 1320, se não houver outra condição além da quantidade de pessoas na comissão.

597 - (MACK) Num quadro, as chaves de 6 salas e de 2 banheiros, todas distintas, estão dispostas em duas filas com quatro chaves cada uma. Se as chaves dos banheiros devem ocupar as extremidades da primeira fila, o número de formas diferentes de se colocar as chaves no quadro é:

a) 6!.
b) 6.6!.
c) 4.6!.
d) 8!.

e) 2.6!.

598 - Formam-se todos os números de 2 algarismos distintos, usando os números primos de 0 a 10. Se escolhermos, aleatoriamente, um dos números formados, a probabilidade dele ser par é:

a) 1/10
b) 1/4
c) 1/2
d) 1/5
e) nula

599 - Dois dados perfeitos, um verde e um vermelho são lançados ao acaso. A probabilidade de que a soma dos resultados obtidos seja 4 ou 5, é:

a) $\frac{7}{18}$ b) $\frac{1}{18}$ c) $\frac{7}{36}$ d) $\frac{7}{12}$ e) $\frac{4}{9}$

600 - Dois dados perfeitos e distinguíveis são lançados ao acaso. A probabilidade de que a soma dos resultados obtidos seja 3 ou 5 é:

a) $\frac{7}{18}$
b) $\frac{1}{6}$
c) $\frac{7}{36}$
d) $\frac{7}{12}$
e) $\frac{4}{9}$

601 - *(UNIRIO)* Em uma fábrica de parafusos, a probabilidade de um parafuso ser perfeito é de 96%. Se retirarmos da produção, aleatoriamente, três parafusos, a probabilidade de todos eles serem defeituosos é igual a:

a) 5^{-2}.
b) 5^{-3}.
c) 5^{-4}.
d) 5^{-5}.
e) 5^{-6}.

602 - *(MACK)* Retirados, ao acaso, três números do conjunto {1; 2; 3; ...; 20}, o valor mais próximo da probabilidade de pelo menos um deles ser divisível por 5 é:

a) 50%.
b) 40%.
c) 25%.
d) 35%.
e) 30%.

603 - (MACK) Um instituto de meteorologia informa que é 70% provável que chova em determinado dia. Uma pessoa afirma que suas chances de realizar uma viagem nesse dia são de 20% e 80%, caso venha a chover ou não, respectivamente. A probabilidade de essa pessoa viajar nesse dia é:

a) 38%.
b) 56%.
c) 24%.
d) 42%.
e) 18%.

604 - (UFPR) Segundo dados do Concurso Vestibular da UFPR de 1999, houve 45.412 candidatos inscritos e 3.474 vagas; destas, 38% destinavam-se aos cursos da área Tecnológica, 22% aos da área Biológica e 40% aos da área Humanística. Em cada uma das áreas, a distribuição dos candidatos aprovados, em relação ao sexo, é dada pela tabela:

ÁREA	SEXO	
	MASCULINO	FEMININO
Tecnológica	70%	30%
Biológica	45%	55%
Humanística	44%	56%

Considerando que só era aceita a inscrição para um curso e que todas as vagas foram preenchidas, é correto afirmar:

( ) A relação entre o número de candidatos e o número de vagas, $\frac{45412}{3474}$, era a probabilidade de um candidato ser aprovado.
( ) Escolhendo-se ao acaso um candidato aprovado na área Biológica, a probabilidade de que ele seja do sexo feminino é de 55%.
( ) Escolhendo-se ao acaso um candidato aprovado, a probabilidade de que ele não seja da área tecnológica é de 62%.
( ) Escolhendo-se ao acaso um candidato aprovado, a probabilidade de que ele seja do sexo masculino é de 55,24%.

605 - Escolhido ao acaso um elemento do conjunto dos divisores positivos de 48, a probabilidade de que ele seja múltiplo de 6 é:

a) $\frac{1}{10}$
b) $\frac{1}{5}$
c) $\frac{3}{10}$
d) $\frac{2}{5}$
e) 1

606 - Escolhido ao acaso um elemento do conjunto dos divisores positivos de 20, a probabilidade de que ele seja primo é de:

a) $\frac{1}{6}$ b) $\frac{1}{5}$ c) $\frac{2}{3}$ d) $\frac{3}{4}$ e) $\frac{1}{3}$

607 - (MACK) Num conjunto de 8 pessoas, 5 usam óculos. Escolhidas ao acaso duas pessoas do conjunto, a probabilidade de somente uma delas usar óculos é:

a) $\frac{15}{28}$.
b) $\frac{15}{56}$.
c) $\frac{8}{28}$.
d) $\frac{5}{56}$.
e) $\frac{3}{28}$.

608 - (PUC-RJ) As cartas de um baralho são amontoadas aleatoriamente. Qual é a probabilidade de a carta de cima ser de copas e a de baixo também? O baralho é formado por 52 cartas de 4 naipes diferentes (13 de cada naipe).

a) $\frac{1}{17}$.
b) $\frac{1}{25}$.
c) $\frac{1}{27}$.
d) $\frac{1}{38}$.
e) $\frac{1}{45}$.

609 - Uma professora de ensino fundamental manda seus alunos (que só conhecem números inteiros e positivos) escreverem em pedaços de papel os divisores de 12 e colocarem dentro de um saco. A seguir, manda fazer o mesmo com os divisores de 18. Então, manda um aluno retirar um papelzinho do saco. A probabilidade do número sorteado ser um divisor comum a 12 e 18 é:

a) 1/4
b) 1/3
c) 1/2
d) 2/3
e) 3/4

610 - (UNIFICADO) O dispositivo que aciona a abertura do cofre de uma joalheria apresenta um teclado com nove teclas, sendo cinco algarismos (0, 1, 2, 3, 4) e quatro letras (x, y, z, w). O segredo do cofre é uma sequência de três algarismos seguidos de duas letras.
Qual a probabilidade de uma pessoa, numa única tentativa, ao acaso, abrir o cofre?

a) 1/7200
b) 1/2000
c) 1/1500
d) 1/720
e) 1/200

611 - (UERJ)

Castanholas para todos!

Protéticos e dentistas dizem que a procura por dentes postiços não aumentou. Até inclinou um pouquinho. No Brasil, segundo a Associação Brasileira de Odontologia (ABO), há 1,4 milhões de pessoas sem nenhum dente na boca, e 80% delas já usam dentadura. Assunto encerrado.

(Adaptação de Veja, outubro/97).

Considere que a população brasileira seja de 160 milhões de habitantes.

Escolhendo ao acaso um desses habitantes a probabilidade de que ele não possua nenhum dente na boca e use dentadura, de acordo com a ABO, é de:

a) 0,28%
b) 0,56%
c) 0,70%
d) 0,80%

612 **-** Leia a história a seguir:

Considerando que um baralho possui 52 cartas, a probabilidade de que a Mônica encontrasse uma carta de copas, diferente da que ela encontrou é de:

a) $\frac{3}{13}$

b) $\frac{4}{13}$

c) $\frac{5}{13}$

d) $\frac{1}{3}$

e) $\frac{1}{4}$

613 - O quarto termo no desenvolvimento de $\left(y^2+\frac{1}{y}\right)^6$ é:

a) $20y^3$

b) $12y^2$

c) $\frac{15}{y^6}$

d) $\frac{6}{y^2}$

e) $10y^{-2}$

614 - O coeficiente do termo em x^3 no desenvolvimento do binômio $\left(x^2+\frac{1}{x}\right)^9$ é:

a) 252
b) 138
c) 264
d) 126
e) 132

615 - No desenvolvimento de $(1 + 3x)^5$, o coeficiente de x^3 é igual a:

a) 180
b) 270
c) 360
d) 450
e) 540

616 - No desenvolvimento de $(1 + 2x)^6$, o coeficiente de x^4 é igual a:

a) 80
b) 160
c) 240
d) 40
e) 20

617 - O coeficiente de a^2 no desenvolvimento de $\left(2a-\frac{1}{a}\right)^6$ é:

a) 60
b) 40
c) 180
d) 240
e) 300

618 - O coeficiente de x^8 no desenvolvimento de $\left(x^2+\frac{1}{x^2}\right)^8$ é:

a) 22
b) 24
c) 26
d) 28
e) 30

619 - O coeficiente de x^{15} no desenvolvimento de $\left(x^2+\frac{1}{x^3}\right)^{15}$ é:

a) 455
b) 500
c) 555
d) 643
e) 600

620 - O termo independente de x no desenvolvimento do binômio $\left(x+\frac{1}{x}\right)^8$ é:

a) 70
b) 50
c) 45
d) 28
e) 72

621 - ***(PUC-CAMP)*** Considere o desenvolvimento do binômio $(2x + 1)^6$ segundo as potências decrescentes de x. O primeiro, o terceiro e o último termos desse desenvolvimento, nessa ordem, são termos consecutivos de uma progressão geométrica. A razão dessa progressão é:

a) 1225.
b) 2175.
c) 3375.
d) 4125.
e) 4275.

622 - ***(CEFET-PR)*** Assinale a alternativa correta.

a) $\sum_{n=1}^{6}\binom{6}{n}=64$.
b) Se n! = 120, então n = 6.
c)A soma dos coeficientes dos termos desenvolvimento do binômio $\left(x^2-\frac{1}{3x^3}\right)^5$ é $\frac{32}{81}$.
d) A soma das soluções da equação $\binom{16}{2x-1}=\binom{16}{13}$ é igual a 9
e) Existem 120 anagramas distintos que podem ser formados com as letras da palavra CEFET.

623 - ***(ITA)*** Seja $f(x)=\sum_{n=0}^{20}\frac{20!}{n!(20-n)!}x^n$ uma função real de variável real em que n! indica o fatorial de n. Considere as afirmações:

I) f(1) = 2.
II) f(– 1) = 0.
III) f(– 2) = 1.

Podemos concluir que

a) Somente as afirmações I e II são verdadeiras.
b) Somente as afirmações II e III são verdadeiras.
c) Apenas a afirmação I é verdadeira.
d) Apenas a afirmação II é verdadeira.
e) Apenas a afirmação III é verdadeira.

624 - (ITA) O termo independente de x no desenvolvimento do binômio $\left(\sqrt{\frac{3\sqrt[3]{x}}{5x}}-\sqrt[3]{\frac{5x}{3\sqrt{x}}}\right)^{12}$ é:

a) $729\sqrt[3]{45}$.
b) $972\sqrt[3]{15}$.
c) $891\sqrt[3]{\frac{3}{5}}$
d) $376\sqrt[3]{\frac{5}{3}}$.
e) $165\sqrt[3]{75}$.

11 – Geometria Espacial

625 - Um tanque tem a forma de um cilindro reto de 6 metros de altura, e sua base tem raio igual 2 metros. Sabe-se que a água contida nesse tanque ocupa 2/3 da sua capacidade total. Considerando a aproximação $\pi = 3$, pode-se concluir que o volume de água contida nesse tanque é, em litros, igual a:

a) 48000
b) 4800
c) 480
d) 48

626 - Um estudante recortou uma cartolina para construir uma pirâmide quadrangular regular em que todas as arestas medem 12 cm, conforme sugere o desenho abaixo:

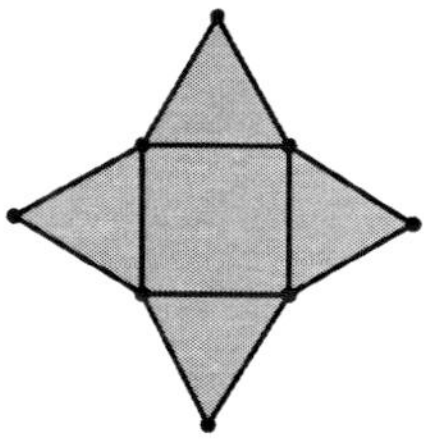

Com base nessas informações, pode-se concluir que o volume da pirâmide construída por esse estudante é, em cm³, igual a:

a) $288\sqrt{2}$
b) $288\sqrt{3}$
c) $864\sqrt{2}$
d) $864\sqrt{3}$

627 - Veja a baixo a foto de um galpão, que tem a forma de um paralelepípedo retângulo. Suponha que a altura desse galpão seja de 3 metros, e que as dimensões do piso sejam 12 metros de largura por 20 metros de comprimento.

Foto disponível em: http://cidadesaopaulo.olx.com.br/pictures/galpao-em-otiomo-estado-iid-114134995

Pode-se afirmar corretamente que a capacidade desse galpão é, em metros cúbicos, igual a:

a)720 b) 600 c) 480 d) 240

628 - A figura abaixo sugere a planificação de um cilindro reto.

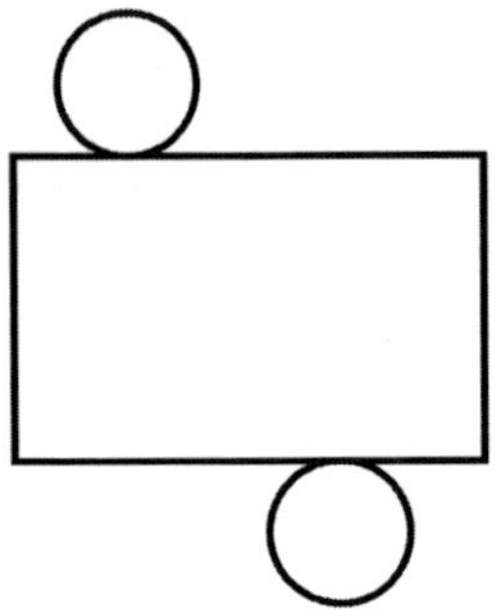

Considerando que a altura desse cilindro seja igual a 12 cm e que a área de sua superfície lateral seja igual a 216π cm^2, pode-se concluir corretamente que o volume do cilindro é, em cm^3, igual a:

a) 216π
b) 432π
c) 486π
d) 972π

629 - Considere uma caixa d'água com a forma de um cubo cuja aresta mede 4m e uma bola de ferro com a forma de uma esfera de raio igual a 1m. Estando a caixa com água até 2/3 de sua capacidade, o número máximo dessas bolas de ferro que podem ser inseridas completamente na caixa, sem que a água transborde, é igual a:

a) 2
b) 3
c) 4
d) 5

630 - Observe a figura abaixo que mostra um cubo e a sua planificação.

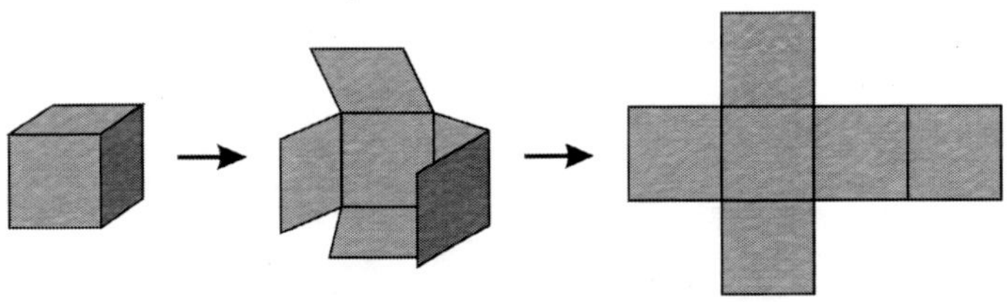

Considerando que o segmento AB, destacado na figura que representa a planificação do cubo, mede $3\sqrt{13}$ cm, pode-se concluir corretamente que o volume desse cubo é, em centímetros cúbicos, igual a:

a) 8
b) 18
c) 27
d) 64

631 - A medida da aresta de uma caixa com a forma de um cubo é igual 2 metros. A capacidade, em litros, dessa caixa equivale a: (Obs.: 1 litro = 1 dm^3)

a) 8000
b) 800
c) 80
d) 8

632 - Um tanque tem a forma de um cilindro reto cujo raio da base e a altura medem, respectivamente, 5 metros e 12 metros. Num determinado instante Marcelo observou que o nível da água contida nesse tanque alcançava 2/3 da altura. Assim, o volume de água necessário para completar a capacidade desse tanque é, em metros cúbicos igual a:
Utilize a aproximação: $\pi = 3{,}14$

a) 628
b) 514
c) 428
d) 314

633 - Um recipiente tem a forma de um cilindro reto cujo raio da base e a altura medem, respectivamente, 20 cm e 24 cm. Num determinado instante Marcelo observou que o nível da água contida nesse tanque alcançava 2/3 da altura. Marcelo vai colocar no interior do recipiente cubinhos de ferro, de aresta igual a 4 cm. O número máximo de cubinhos que Marcelo poderá colocar no recipiente sem que a água transborde é igual a:
Utilize a aproximação: $\pi = 3{,}14$

a) 157
b) 160
c) 163
d) 166

634 - Um tanque tem a forma de um paralelepípedo retângulo, cujas dimensões internas correspondem a 30 cm de largura, 60 cm de comprimento e 50 cm de altura. Esse tanque possui uma torneira que pode enchê-lo, estando ele completamente vazio, em 10 minutos, e um ralo que pode esvaziá-lo, estando ele completamente cheio, em 18 minutos. Considere que o tanque esteja totalmente vazio. Abrindo-se a torneira e deixando o ralo aberto, o tempo mínimo decorrido até que o tanque fique totalmente cheio é, em minutos, igual a:

a) 30
b) 27,5
c) 22,5
d) 20

635 - Um cone equilátero cuja área total é igual a 81π cm^2 foi seccionado por um plano paralelo à sua base, a uma distância de 3 cm do vértice, determinando um cone menor e um tronco de cone.
O volume do tronco de cone determinado por essa secção é, em cm^3, igual a:
a) 81π
b) 78π
c) 75π
d) 72π

636 - Abaixo estão representados três sólidos geométricos: uma esfera de raio R, um cubo de aresta 2R e um cone cujo raio da base e a altura são, respectivamente iguais a R e 2R.

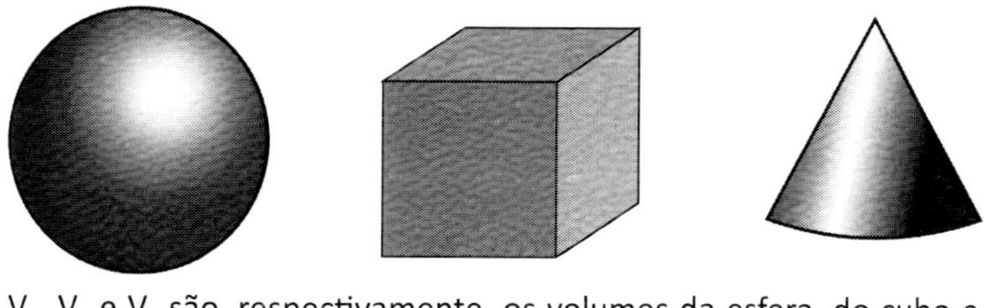

Considerando que V_1, V_2 e V_3 são, respectivamente, os volumes da esfera, do cubo e do cone pode-se concluir corretamente que:

a) $\frac{V_2}{V_1} = \frac{6}{\pi}$

b) $\frac{V_1}{V_3} = 4\sqrt{3}$

c) $\frac{V_3}{V_2} = \frac{\pi\sqrt{3}}{2}$

d) $V_2 = V_1 + V_3$

637 **-** Um prisma quadrangular regular cuja aresta da base e a altura medem, respectivamente, 12 cm e 16 cm, foi seccionado por um plano conforme sugere a figura abaixo:

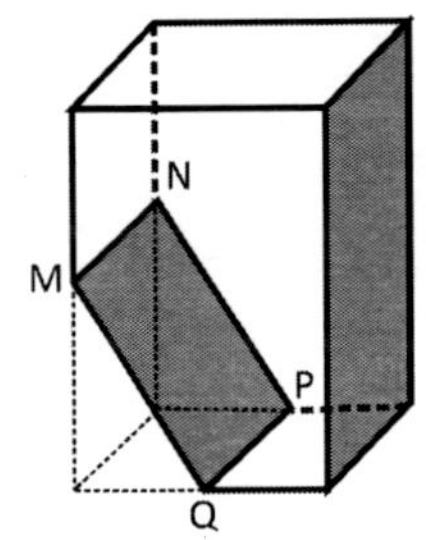

Considerando que M, N, P e Q são pontos médios das arestas, a área do retângulo MNPQ é, em cm², igual a:

a) 30 b) 60 c) 90 d) 120

638 **-** A superfície lateral de um cone foi planificada, obtendo-se um semicírculo de raio igual a 10 cm. A área total desse cone é, em cm², igual a:

a) 75π
b) 55π
c) 45π
d) 25π

639 **-** Considere três figuras geométricas assim definidas:

I. Uma semiesfera de raio r, e volume igual a V
II. Um cilindro reto de raio da base e altura iguais a r, e volume igual a W
III. Um cone reto, de raio da base e altura iguais a r, e volume igual a Z.

A relação correta entre os volumes dessas figuras é:

a) W = 3Z
b) W = $\frac{2}{3}$V
c) Z = 2V
d) W = V – Z

640 **-** Uma pirâmide quadrangular regular cuja aresta da base mede 18 cm, tem o mesmo volume de um prisma quadrangular regular cuja aresta de base mede 12 cm. Sendo H e X as alturas, respectivamente, da pirâmide e do prisma, pode-se concluir que a razão $\frac{X}{H}$ é igual a:

a) 0,75
b) 0,5
c) 1,33

d) 1,333...

641 - Planificando-se a superfície lateral de um cone reto de revolução, cujo raio da base mede 6 cm, obtém-se um setor circular de 216°.
Com base nessas informações, conclui-se que o volume desse cone, em cm^3, é igual a:

a) 96π
b) 72π
c) 68π
d) 58π

642 - Uma caixa com a forma de um prisma quadrangular regular, de altura 20cm e aresta da base 4cm é o recipiente onde se colocam cinco peças esféricas de raio 2cm.
Para proteger essas peças, o espaço vazio entre elas e a caixa é preenchido com um lubrificante líquido.
O volume de lubrificante necessário ao total preenchimento desse espaço vazio é, em cm^3, igual a:
Observação: Utilize a aproximação p = 3

a) 12
b) 160
c) 192
d) 260

643 - O balão que ajuda a perder peso sem cirurgia e sem fome

[...] O tal balão é uma bola de silicone que é colocada vazia no interior do estômago por meio de endoscopia, através da boca. Depois, com a ajuda de uma cânula, é preenchido com o inofensivo soro fisiológico – tudo sem necessidade de anestesia geral ou cortes. Todo o processo dura apenas vinte minutos. Cheio, o balão ocupa cerca de 50% do volume do estômago e dá às pessoas a sensação de saciedade com metade da quantidade de comida que ingeriam antes. Daí a razão de seu sucesso. No primeiro semestre deste ano, a procura pelo balão nos consultórios especializados aumentou na casa de 30% em relação ao mesmo período do ano passado.[...]
(Revista Veja de 21 de agosto de 2002)
Uma pessoa obesa vai submeter-se ao procedimento descrito acima, pois seu estômago tem atualmente uma capacidade equivalente a 2,744 litros. A medida, em decímetro, do raio de um balão esférico de silicone, que após estar totalmente cheio, ocupará exatamente 50% do volume do estômago dessa pessoa, é igual a: (Utilize a aproximação: $\pi = 3$)

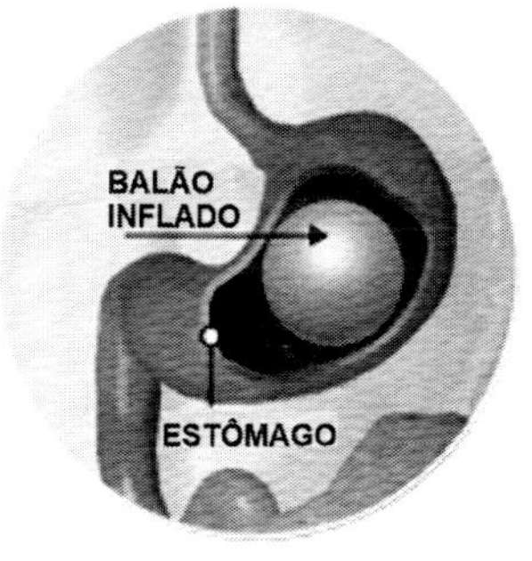

a) 0,9 b) 0,8 c) 0,7 d) 0,6

644 - Para construir um dodecaedro regular, João recortou em papelão 12 pentágonos regulares, todos congruentes, conforme é mostrado abaixo:

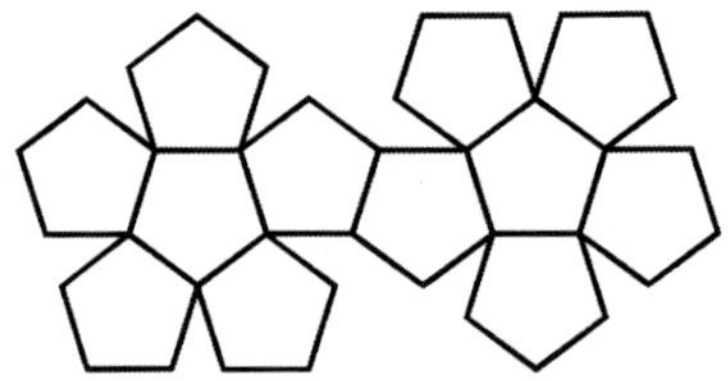

Ao terminar seu trabalho obteve o poliedro abaixo, que possui A arestas e V vértices.

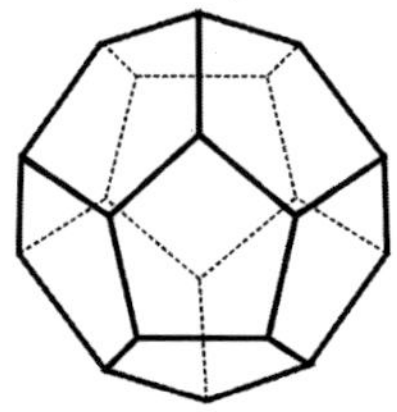

Pode-se concluir que A + V é igual a:

a) 120
b) 90
c) 80
d) 60
e) 50

645 - (CONC. PROF-SP) São dadas as proposições:

I) Se uma reta r, não contida em um plano α, é paralela a uma reta s de α, então r é paralela a α.
II) Se uma reta é perpendicular a duas retas concorrentes de um plano, então ela é perpendicular ao plano.
III) Se duas retas forem reversas, existe uma única reta perpendicular a ambas.

Pode-se afirmar que:

a) apenas I e II são verdadeiras.
b) apenas II e III são verdadeiras.
c) apenas I e III são verdadeiras.
d) I, II e III são verdadeiras.

646 - (CONC. PROF-SP) Considere as três afirmações seguintes:

I) Se uma pirâmide tem 30 arestas, então ela tem 16 vértices.
II) Não existe prisma com 93 arestas.
III) Um poliedro convexo com 12 arestas e 7 vértices tem 7 faces.

Então, pode-se afirmar que:

a) I, II e III são verdadeiras.
b) apenas I e III são verdadeiras.
c) apenas I e II são verdadeiras.
d) apenas II e III são verdadeiras.
e) nenhuma delas é verdadeira.

647 - Existem cinco poliedros que são chamados de Poliedros de Platão: o tetraedro, o hexaedro, o octaedro, o dodecaedro e o icosaedro. Podemos afirmar que:

a) O icosaedro possui 20 faces pentagonais.
b) O tetraedro possui 4 arestas.
c) O octaedro possui 8 faces quadrangulares.
d) O dodecaedro possui 12 faces triangulares.
e) O hexaedro possui 8 vértices.

648 - Um poliedro convexo é formado apenas de 10 faces quadrangulares e 2 faces pentagonais. O número de vértices desse polígono é:

a) 12
b) 15
c) 18
d) 20
e) 24

649 - Um poliedro convexo de 14 faces possui 6 faces quadrangulares e 8 hexagonais. Quantos vértices ele possui?

a) 24
b) 32
c) 45
d) 52
e) 60

650 - O volume de um cubo de diagonal igual a $6\sqrt{3}$ cm é igual a:

a) 216 cm^3
b) 36cm^3
c) $36\sqrt{3}$ cm^3
d) 216 $\sqrt{3}$ cm^3
e) 27cm^3

651 - 125 cubinhos com 2cm de arestas formam um único cubo com arestas de 10cm. Após montar o cubo grande, pintamos suas faces. O número de cubinhos que foram pintados em apenas uma face é:

a) 100
b) 75
c) 54
d) 38
e) 24

652 - A diagonal de uma das faces de um cubo mede 4cm. A área total desse cubo, em cm^2, mede:

a) 18
b) 30
c) 48
d) 52
e) 64

653 - Você vai a uma lanchonete e compra um refrigerante, cujo copo tem capacidade de 500ml. Para gelar o conteúdo, são colocados no copo 6 cubos de gelo, cada um dos quais com arestas de 3cm. A seguir, o copo é cheio com refrigerante e tampado, de modo que você só precisa colocar o canudinho no local apropriado e beber. A quantidade de refrigerante efetivamente colocada no copo, foi:

a) 416 ml
b) 362 ml
c) 338 ml
d) 284 ml
e) 254 ml

654 **-** Seja V o volume do cubo de aresta a e W o volume do tetraedro regular de aresta a. Então $V = k \times W$, onde:

a) $5 < k < 6$
b) $6 < k < 7$
c) $7 < k < 8$
d) $8 < k < 9$
e) $9 < k < 10$

655 - (MACK) Num cubo, a soma da medida da diagonal de uma face com a medida da diagonal do cubo é $\sqrt{2}+\sqrt{3}$. A área total desse cubo é:

a) 6.
b) $6\sqrt{2}$.
c) $6\sqrt{3}$.
d) 12.
e) 18

656 - (UNESP) Se quadruplicarmos o raio da base de um cilindro, mantendo a sua altura, o volume do cilindro fica multiplicado por.

a) 16.
b) 12.
c) 8.
d) 4.
e) 4π.

657 **-** As dimensões de um paralelepípedo retângulo são proporcionais aos números 1, 2 e 3. Se a área desse paralelepípedo mede $88m^2$, então seu volume vale, em m^3:

a) 18
b) 36
c) 48
d) 52
e) 64

658 **-** A área lateral de um prisma hexagonal regular mede 1/3 de sua área total. A altura do prisma vale 12cm. Cada aresta da base mede:

a) $18\sqrt{3}$ cm
b) $16\sqrt{3}$ cm
c) $12\sqrt{3}$ cm
d) $9\sqrt{3}$ cm
e) $8\sqrt{3}$ cm

659 - *(UFPE)* Um pedaço de queijo tem a forma de um prisma triangular reto tendo por base um triângulo com um dos lados medindo 8cm, como ilustrado a seguir.

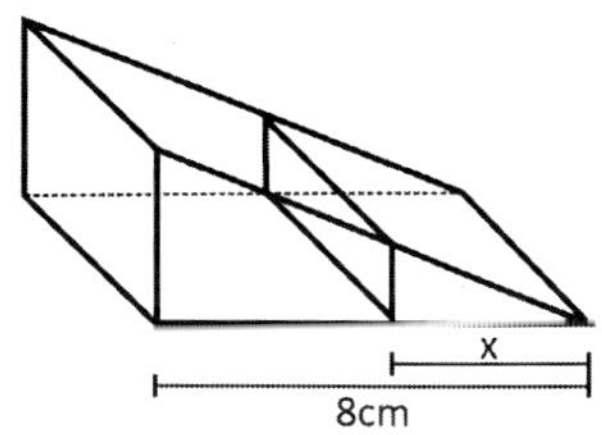

O queijo deve ser dividido em dois pedaços de mesmo volume por um plano paralelo a uma das faces, como ilustrado acima. Qual o valor de x?

a) $2^{\frac{5}{2}}$ cm
b) $2^{\frac{3}{8}}$ cm
c) 4cm
d) $2^{\frac{4}{3}}$ cm
e) 5cm

660 - *(UFF)* As torneiras T_1 e T_2 enchem de água os reservatórios cúbicos R_1 e R_2 cujas arestas medem, em metros, a e 2a conforme mostra a figura abaixo.

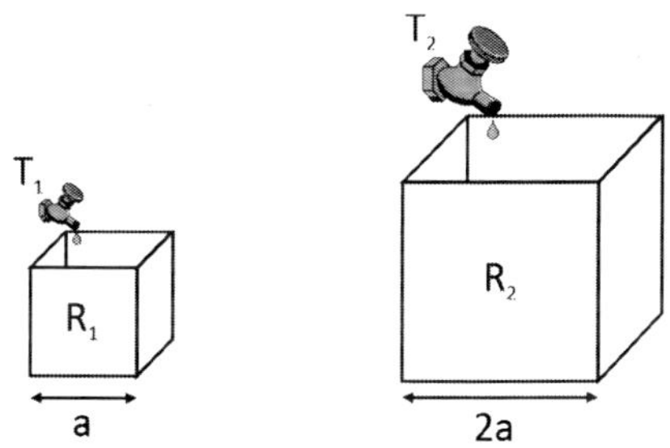

A torneira T_1 tem vazão de 1 litro por hora.

Qual deve ser a vazão da torneira T_2 para encher R_2 na metade do tempo que T_1 gasta para encher R_1?

661 - *(UFF)* Uma peça de madeira, que tem a forma de um prisma reto com 50 cm de altura e cuja seção reta é um quadrado com 6 cm de lado, custa R$ 1,00. Esta peça será torneada para se obter um pé de cadeira cilíndrico, com 6 cm dediâmetro e 50 cm de altura. O material desperdiçado na produção do pé de cadeira deverá ser vendido para reciclagem por um preço P igual a seu custo.

Determine o preço P, considerando $\pi = 3,14$.

662 - *(UFF)* Um paralelepípedo retângulo é obtido, dobrando-se nas linhas pontilhadas, a folha de metal representada abaixo.

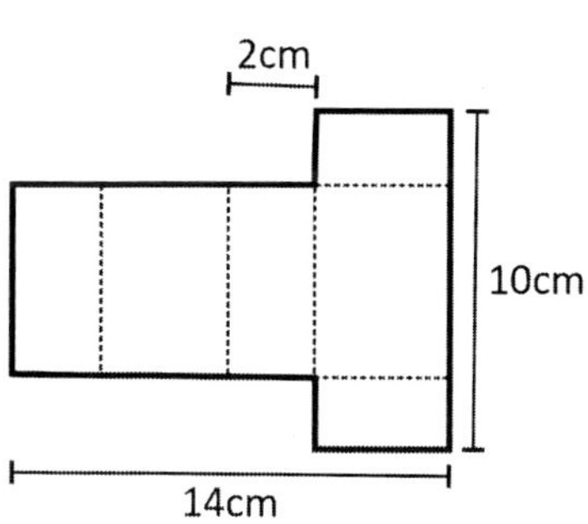

Calcule a diagonal deste paralelepípedo.

663 - (UNICAMP) Ao serem retirados 128 litros de água de uma caixa d'água de forma cúbica, o nível da água baixa 20 centímetros.

a) Calcule o comprimento das arestas da referida caixa.
b) Calcule a sua capacidade em litros (1 litro equivale a 1 decímetro cúbico).

664 - (PUC-SP) O retângulo ABCD seguinte, representado num sistema de coordenadas cartesianas ortogonais, é tal que A = (2; 8), B = (4; 8), C = (4; 0) e D = (2; 0).

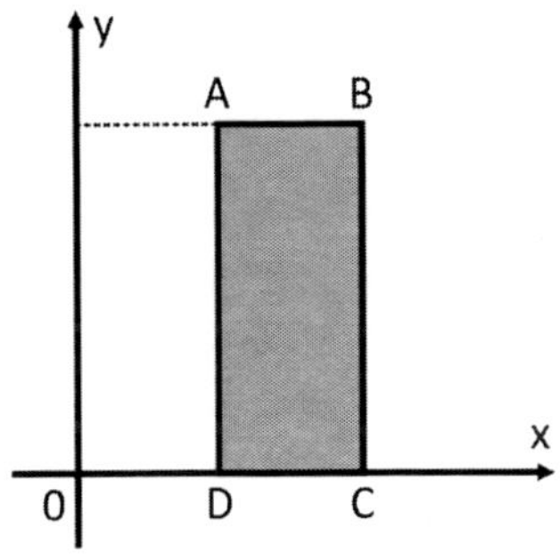

Girando-se esse retângulo em torno do eixo das ordenadas, obtém-se um sólido de revolução cujo volume é:

a) 24π.
b) 32π.
c) 36π.
d) 48π.
e) 96π.

665 - O raio da base de um cilindro de revolução mede 6cm. Sabendo que o cilindro tem o mesmo volume de uma esfera cujo raio também é 6cm, podemos afirmar que a altura do cilindro mede:

a) 4cm
b) 4,5 cm
c) 6 cm
d) 8 cm
e) 9 cm

666 - O projeto Rio-Cidade está usando, para modernizar o sistema de esgoto e drenagem, canos cilíndricos de 2m de comprimento. Os diâmetros interno e externo desses canos medem 40cm e 60 cm. Qual é a quantidade de material gasto na fabricação de cada cano?

a) 40 πcm^3
b) 1 000πcm^3
c) 4 000 πcm^3
d) 100 000 πcm^3
e) 400 000 πcm^3

667 **-** O haltere da figura é usado para ginástica e é constituído por 3 cilindros de ferro, sendo dois com 10 cm de diâmetro e 4cm de altura e um com 4cm de diâmetro e 20cm de altura. A quantidade de ferro utilizado, em cm^3, foi:

a) $180\,\pi$
b) $280\,\pi$
c) 400π
d) $720\,\pi$
e) $1\,120\,\pi$

668 - (UNIFICADO) Um recipiente com a forma de um cilindro reto, cujo diâmetro da base mede 40 cm e altura $\dfrac{100}{\pi}$ cm, armazena um certo líquido, que ocupa 40% de sua capacidade. O volume do líquido contido nesse recipiente é, em litros, aproximadamente, igual a:

a) 16
b) 18
c) 20
d) 30
e) 40

669 - (UNIRIO) Num cilindro reto de base circular, cujo diâmetro mede 2 m, e de altura igual a 10 m, faz-se um furo central, vazando-se esse cilindro, de base a base. Sabendo-se que o diâmetro do furo é a metade do diâmetro da base do cilindro, qual é o volume do sólido assim obtido?

670 - (UNIFICADO) Uma caixa d'água com forma de um paralelepípedo retângulo terá seu volume reduzido à metade do que tinha sido projetado inicialmente. Para isso, o construtor deverá diminuir as dimensões da base dessa caixa de 20% e 50%, respectivamente. Já, em relação à medida da altura dessa caixa d'água, o construtor irá:

a) aumentá-la de 15%
b) aumentá-la de 25%
c) aumentá-la de 30%
d) diminuí-la de 25%
e) diminuí-la de 30%

671 **-** A área lateral de uma pirâmide quadrangular de altura 4 cm e de área da base igual a $64cm^2$ vale:

a) $64\sqrt{2}\ cm^2$
b) $64\ cm^2$
c) $128\ cm^2$
d) $28\sqrt{2}\ cm^2$
e) $32\ cm^2$

672 - (UFF) A figura representa uma pirâmide regular cuja base é um triângulo equilátero ABC, de lado $3\sqrt{2}$ cm.

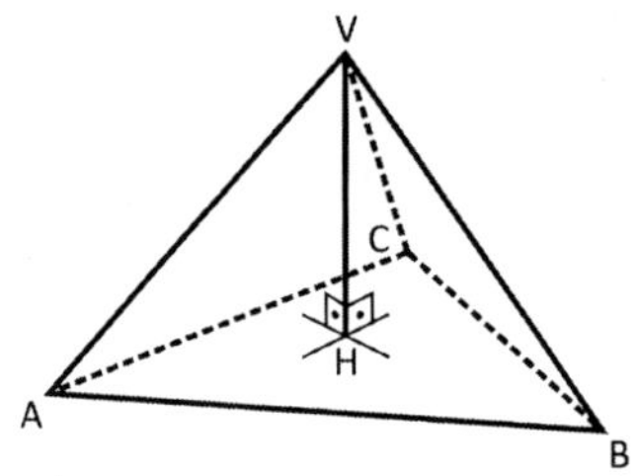

Sabendo que $\overline{VA}$, $\overline{VB}$ e $\overline{VC}$ determinam um triedro trierretângulo, determine o valor da altura $\overline{VH}$ da pirâmide.

673 - (UERJ) Leia os quadrinhos:

Suponha que o volume de terra acumulada, no carrinho de mão do personagem seja igual ao do sólido esquematizado na figura abaixo, formado por uma pirâmide reta sobreposta a um paralelepípedo retângulo.

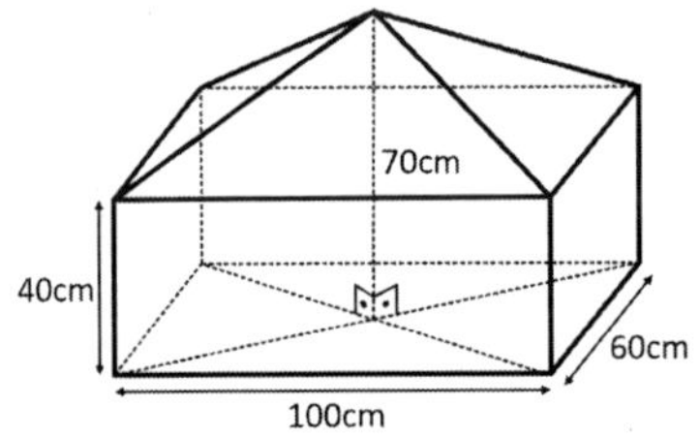

Assim, o volume médio de terra que Hagar acumulou em cada ano de trabalho é, em dm^3, igual a:

a) 12
b) 13
c)14
d) 15

674 - (UFPE) O tetraedro ABCD tem aresta AB medindo 12; a face ABD tem área 48, e a face ABC tem área 60. Se o ângulo entre as faces ABC e ABD mede 30°, qual o volume do tetraedro?

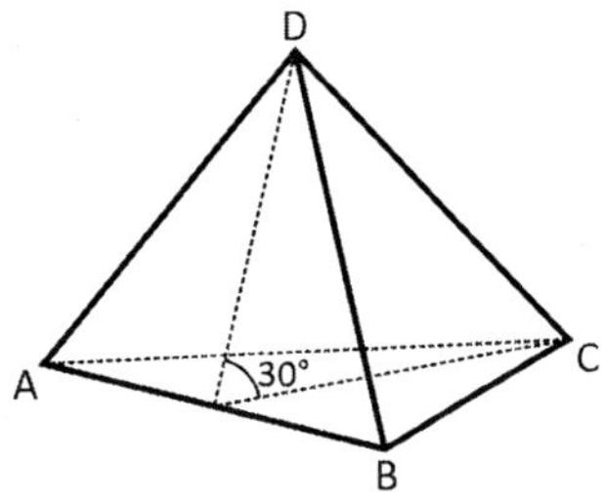

675 - (UFMG) Nesta figura, estão representados o cubo **ABCDEFGH** e o sólido **OPQRST**:

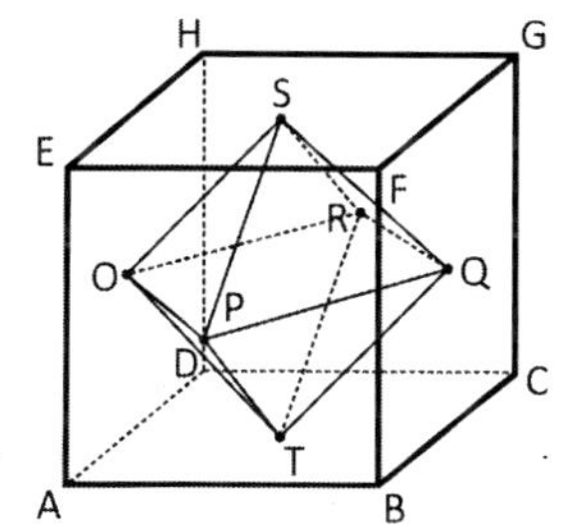

Cada aresta do cubo mede 4 cm e os vértices do sólido OPQRST são os pontos centrais das faces do cubo. Então, é CORRETO afirmar que a área lateral total do sólido OPQRST mede

a) $8\sqrt{2}$ cm².

b) $8\sqrt{3}$ cm².

c) $16\sqrt{2}$ cm².

d) $16\sqrt{3}$ cm².

676 - (FUVEST) A figura abaixo mostra uma pirâmide reta de base quadrangular ABCD de lado 1 e altura EF = 1. Sendo G o ponto médio da altura $\overline{EF}$ e α a medida do ângulo $A\hat{G}B$, então cos α vale:

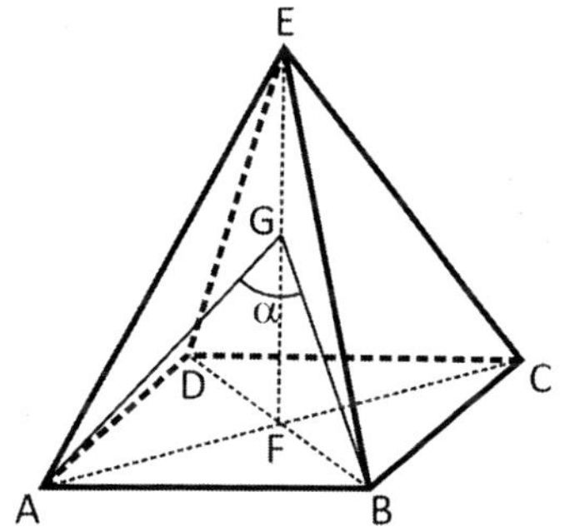

a) $\frac{1}{2}$. b) $\frac{1}{3}$. c) $\frac{1}{4}$. d) $\frac{1}{5}$. e) $\frac{1}{6}$.

677 - (UEM) A figura abaixo é a planificação da superfície de uma pirâmide de base quadrada. Sabendo-se que A, B, C, D, E, F, G e H são pontos dessa pirâmide, tais que G ≡ F ≡ B; E ≡ C, e tomando u como unidade de medida de comprimento, assinale o que for correto.

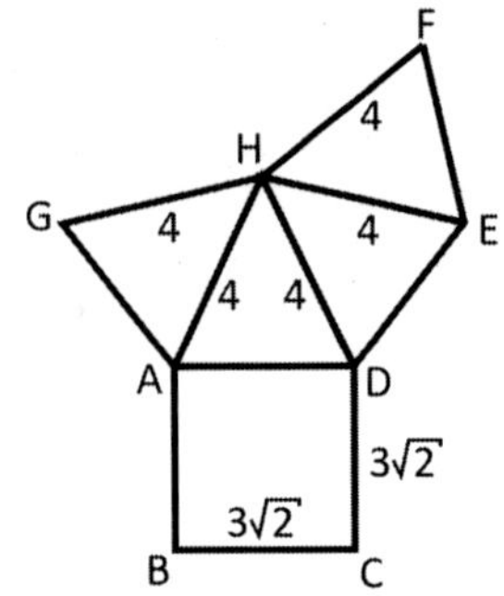

01) A área da base da pirâmide é igual a 18 u².

02) A medida da altura da pirâmide é igual a $\sqrt{7}$ u.

03) A área lateral da pirâmide é igual a $12\sqrt{23}$ u².

04) O volume da pirâmide é igual a $6\sqrt{\frac{23}{2}}$ u³.

05) O volume da pirâmide é igual a $\frac{1}{3}$ do volume do paralelepípedo de mesma base e de mesma altura dessa pirâmide.

06) A altura da pirâmide é igual à altura de cada uma de suas faces.

07) Se V é o número de vértices, A é o número de arestas e F é o número de faces da pirâmide, então tem-se que $V - A + F = 2$.

678 - O triângulo ABC da figura é retângulo em A. A rotação completa desse triângulo, em torno da reta **r**, gera um sólido de volume, em cm³, igual a:

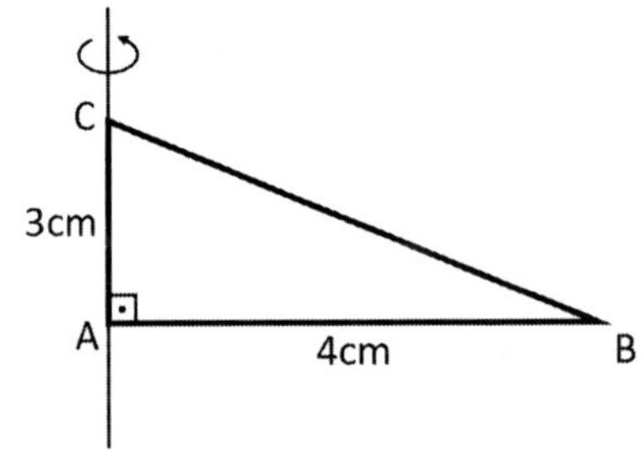

a) 8π
b) 12π
c) 16π
d) 18π
e) 20π

679 - (UERJ) Para revestir externamente chapéus em forma de cones com 12 cm de altura e diâmetro da base medindo 10 cm, serão utilizados cortes retangulares de tecido, cujas dimensões são 67 cm por 50 cm. Admita que todo o tecido de cada corte poderá ser aproveitado. O número mínimo dos referidos cortes necessários para forrar 50 chapéus é igual a:

a) 3.
b) 4.
c) 5.

d) 6.

680 **-** Triplicando-se simultaneamente a medida do raio da base e da altura de um cone de revolução, o seu volume:

a) Fica 9 vezes maior.
b) Duplica.
c) Fica 6 vezes maior.
d) Não se altera.
e) Fica 27 vezes maior.

681 **-** Um pirulito de açúcar queimado tem a forma de um cone reto de altura 6cm com 2cm de diâmetro na base. O número de pirulitos que podem ser fabricados com 314ml de açúcar queimado é de aproximadamente:

a) 5
b) 25
c) 12
d) 10
e) 50

682 **-** O cone representado na figura abaixo tem 6cm de raio e 8cm de altura, sendo <u>d</u> a distância do vértice a um plano α paralelo à base.

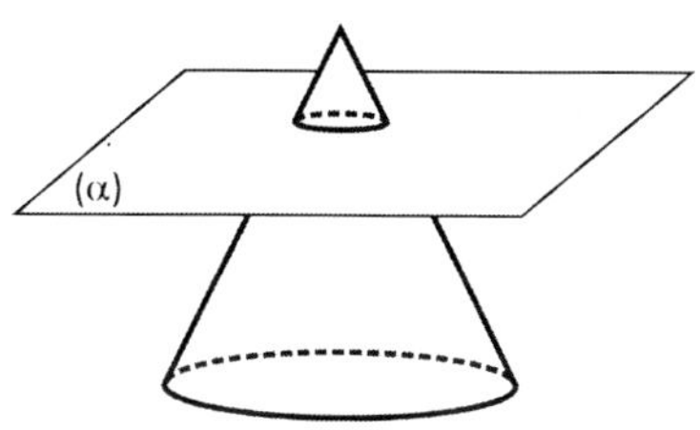

Para que as duas partes do cone separadas pelo plano α tenham volumes iguais, d deve ser igual a:

a) $4\sqrt[3]{2}$ cm
b) 10cm
c) 8cm
d) $4\sqrt[3]{4}$cm
e) 12cm

683 **-** O volume do cone equilátero de altura 2x é dado por:

a) $\frac{\pi x^2}{3}$

b) $\frac{\pi x^3}{9}$

c) $\frac{2\pi x^3}{3}$

d) $\frac{\pi x^2}{6}$

e) $\frac{8\pi x^3}{9}$

684 - (UERJ) A superfície de uma esfera pode ser calculada através da fórmula: $4.\pi.R^2$, onde R é o raio da esfera. Sabe-se que 3/4 da superfície do planeta Terra são cobertos por água e 1/3 da superfície restante é coberto por desertos. Considere o planeta Terra esférico, com seu raio de 6.400 km e use π igual a 3. A área dos desertos, em milhões de quilômetros quadrados, é igual a:

a) 122,88
b) 81,92
c) 61,44
d) 40,96

685 - Um cubo é inscrito numa esfera cuja superfície tem área igual a 36 πcm^2. A área deste cubo mede:

a) 72 cm^2
b) 54 cm^2
c) 36 cm^2
d) 18 cm^2
e) 9cm^2

686 - O número que expressa a área de um círculo de raio **r** é o mesmo que expressa a área da superfície de uma esfera de raio **R**. Podemos afirmar que a razão entre os raios **r** e **R**, é:

a) 2π
b) 2
c) 4π
d) 4
e) $2\pi^2$

687 - Considere um inseto de forma esférica. Seja **r** o raio da esfera., **S** a área superficial da pele do inseto e **V** o volume do corpo do inseto. Admita que, a cada minuto, o consumo de oxigênio necessário ao metabolismo do inseto é de 30 ml por cm^3 do corpo e a capacidade de absorção de oxigênio é de 4 ml por cm^2 de pele. Qual o valor de **r** para que o inseto tenha condições de viver, sem desperdício de oxigênio?

a) 0,2 cm
b) $\frac{4}{3}$ cm
c) 0,4 cm
d) $\frac{\pi}{4}$ cm
e) 3 cm

688 - (FUVEST) Um cubo de aresta m está inscrito em uma semiesfera de raio R de tal modo que os vértices de uma das faces pertencem ao plano equatorial da semiesfera e os demais vértices pertencem à superfície da semiesfera. Então, m é igual a:

a) $R\sqrt{\frac{2}{3}}$

b) $R\dfrac{\sqrt{2}}{2}$

c) $R\dfrac{\sqrt{3}}{3}$

d) R

e) $R\sqrt{\dfrac{3}{2}}$

689 - (UENF) Na figura abaixo, observa-se que a bola de basquete supostamente esférica não vai passar pelo aro da cesta.

Se o raio do aro mede 9 cm e a distância entre os centros do aro e da bola é igual a 12 cm, calcule:

a) o raio da bola;
b) o perímetro do aro.

690 - (UENF)

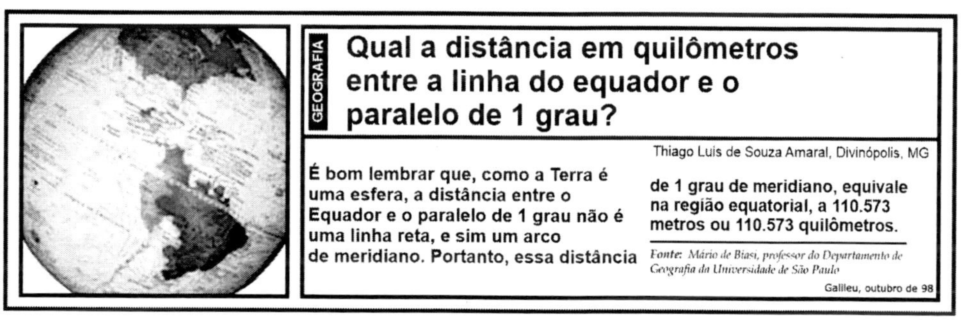

GEOGRAFIA

Qual a distância em quilômetros entre a linha do equador e o paralelo de 1 grau?

Thiago Luis de Souza Amaral, Divinópolis, MG

É bom lembrar que, como a Terra é uma esfera, a distância entre o Equador e o paralelo de 1 grau não é uma linha reta, e sim um arco de meridiano. Portanto, essa distância de 1 grau de meridiano, equivale na região equatorial, a 110.573 metros ou 110.573 quilômetros.

Fonte: Mário de Biasi, professor do Departamento de Geografia da Universidade de São Paulo

Galileu, outubro de 98

Com os dados apresentados acima, e considerando $\pi = 3$, calcule:

a) a medida aproximada, em Km, do raio da Terra;
b) a área aproximada da superfície terrestre, em Km^2.

691 - (UENF) Três bolas de tênis, idênticas, de diâmetro igual a 6 cm, encontram-se dentro de uma embalagem cilíndrica com tampa. As bolas tangenciam a superfície interna da embalagem nos pontos de contato, como ilustra a figura abaixo.

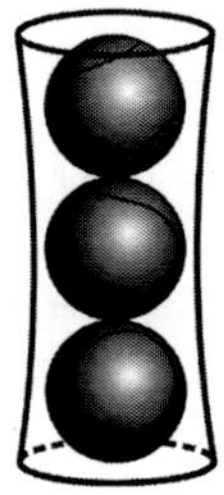

Calcule:
a) a área total, em cm², da superfície da embalagem;
b) a fração do volume da embalagem ocupado pela bolas.

692 - (ITA) Considere um cilindro circular reto, de volume igual a $360\pi cm^3$, e uma pirâmide regular cuja base hexagonal está inscrita na base do cilindro. Sabendo que a altura da pirâmide é o dobro da altura do cilindro e que a área da base da pirâmide é de $54\sqrt{3}$ cm², então, a área lateral da pirâmide mede, em cm².

a) $18\sqrt{427}$.
b) $27\sqrt{427}$.
c) $36\sqrt{427}$.
d) $108\sqrt{3}$.
e) $45\sqrt{427}$.

693 - (ITA) Considere uma pirâmide regular de altura igual a 5 cm e cuja base é formada por um quadrado de área igual a 8 cm². A distância de cada face desta pirâmide ao centro de sua base, em cm, é igual a:

a) $\frac{\sqrt{15}}{3}$.
b) $\frac{5\sqrt{6}}{9}$.
c) $\frac{4\sqrt{3}}{5}$.
d) $\frac{7}{5}$.
e) $\sqrt{3}$.

12 – Geometria Analítica no R^2 – Reta

694 - A equação da reta que passa pelos pontos A(–1, 2) e B(3, –1) é:

a) $3x + 4y - 5 = 0$
b) $2x + 5y - 2 = 0$
c) $x - 3y + 9 = 0$
d) $-x - 2y - 1 = 0$
e) $-x - 2y - 1 = 0$

695 - Os pontos A(3, 5), B(1, –1) e C(x, –16) pertencem à mesma reta, se x for igual a:

a) –7
b) –2
c) –4
d) –3
e) 5

696 - O coeficiente linear da reta $r \in IR^2$ que contém o ponto P = (–3, 1) e tem inclinação $\theta = \dfrac{3\pi}{4}$ é:

a) –2
b) –1
c) 3
d) 2
e) $\sqrt{3}$

697 - A área do triângulo definido pela reta r: $2x + y - 6 = 0$, a bissetriz do 1° quadrante e a bissetriz do 2° quadrante é:

a) 10 u. a
b) 12 u. a
c) 14 u. a
d) 20 u. a
e) 18 u. a

698 - (CEFET-PR) Um triângulo retângulo apresenta a hipotenusa na reta r: $4x + 3y = 0$, um cateto paralelo à reta s: $x - y - 1 = 0$ e o vértice do ângulo reto têm coordenadas (5, 1). Assim os outros vértices do triângulo devem estar em:

a) $\left(\frac{13}{8}, \frac{-17}{3}\right)$ e $\left(\frac{15}{11}, \frac{29}{11}\right)$

b) $\left(\frac{12}{7}, \frac{-16}{7}\right)$ e (–18, 24)

c) $\left(\frac{13}{7}, \frac{-15}{7}\right)$ e (–18, –12)

d) $\left(\frac{9}{5}, \frac{12}{13}\right)$ e $\left(\frac{17}{8}, \frac{-13}{17}\right)$

e) $\left(\frac{12}{7}, \frac{-16}{7}\right)$ e $\left(\frac{21}{11}, \frac{28}{11}\right)$

699 - (CONC.PROF-SP) O valor de k para o qual a reta kx – y – 3 = 0 é perpendicular à reta $\begin{cases} x = 1 + 2t \\ y = 2 + 3t \end{cases}$ é:

a) $\frac{1}{2}$
b) $-\frac{2}{3}$
c) $\frac{3}{4}$
d) $-\frac{4}{3}$
e) $-\frac{3}{2}$

700 - O ponto da reta y = x equidistante dos pontos (–1, 2) e (2, 3) tem abscissa igual a:

a) 2/3
b) 3/5
c) 1
d) 1/2
e) 2

701 - Se as retas x + 2y + 3 = 0 e ax + 3y + 2 = 0 são paralelas, então o parâmetro a vale:

a) –3
b) $-\frac{2}{3}$
c) $\frac{3}{2}$
d) $\frac{2}{3}$
e) 3

702 - Para que as retas x + 2y + 5 = 0 e y = mx – 3 sejam paralelas, o valor de m deve ser:

a) $-\frac{1}{2}$
b) –2
c) 3
d) $\frac{2}{5}$
e) 4

703 - As retas y = mx + 3 e y – 3x + 4 = 0 são paralelas. Então o parâmetro m vale:

a) –3
b) –1
c) 4
d) 3
e) 2

704 - (FUVEST) Duas retas s e t do plano cartesiano se interceptam no ponto (2, 2). O produto de seus coeficientes angulares é 1 e a reta s intercepta o eixo dos y no ponto (0,3). A área do triângulo delimitado pelo eixo dos x e pelas retas s e t é:

a) 2
b) 3
c) 4
d) 5
e) 6

705 - (MACK) Na figura, AOB é um triângulo isósceles e $\overline{OD} = 2\sqrt{2}$. A ordenada do ponto C é:

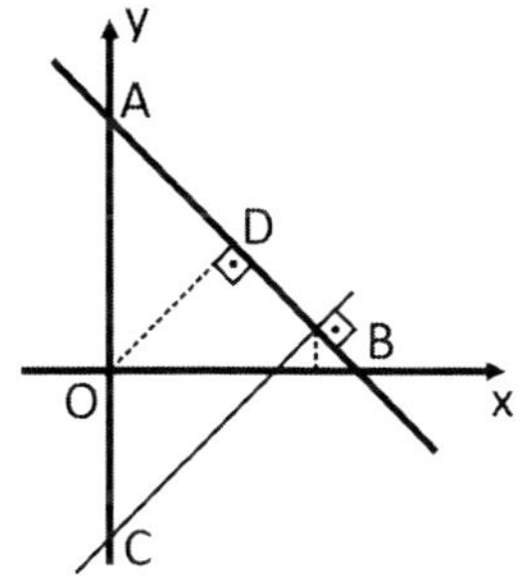

a) $-\frac{4\sqrt{2}}{3}$ b) -2 c) $-\frac{9}{4}$ d) $-\frac{3\sqrt{2}}{2}$ e) $-\frac{7}{3}$

706 - (MACK) As retas $\sqrt{3}\,y = x + 3$, $y = -x + 1$ e o eixo Ox, determinam um triângulo cujo maior ângulo interno é:

a) 90°
b) 135°
c) 105°
d) 75°
e) 120°

707 - Observe a figura:

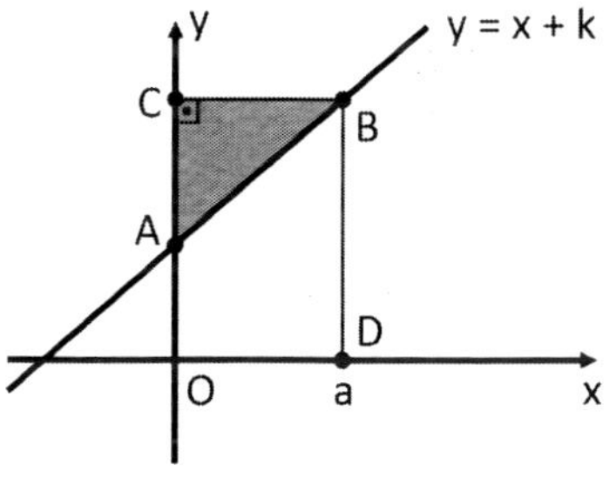

Sabendo que a área do triângulo ABC é 8cm² e do retângulo DBCO é 24cm², podemos afirmar que k vale:

a) 10
b) 8
c) 2
d) 4
e) 6

708 - A reta que passa pelo ponto (–1, 2) e é perpendicular à reta x + y – 1 = 0 tem equação:

a) x – 2y + 1 = 0
b) x + y –2 = 0
c) x – y + 3 = 0
d) x + y + 4 = 0
e) x + 3y – 1 = 0

709 - Se as retas r: 3x + ay + 5 = 0 e s: bx – 6y + 2 = 0 são perpendiculares, então $\frac{a}{b}$ é igual a:

a) 2
b) $\frac{1}{3}$
c) $\frac{1}{2}$
d) –3
e) $\frac{2}{3}$

710 - As retas x + ay –9= 0 e –5x –2y + 12 = 0 são perpendiculares, se a vale:

a) $-\frac{5}{2}$
b) $-\frac{2}{5}$
c) $\frac{3}{5}$
d) $-\frac{3}{5}$
e) $-\frac{5}{3}$

711 - Sabe-se que a reta s, de equação mx + ny = 0, é perpendicular à reta t, de equação $x - 2y + \frac{4}{3} = 0$. Então m – 2n é igual a:

a) 2
b) 1
c) 0
d) 3
e) 4

712 - Qual a equação da reta que é perpendicular à reta y = 3x – 1 e passa pelo ponto A(1, –2)?

a) 2y + x – 3 = 0
b) 3y + x + 5 = 0
c) y – 2x + 4 = 0
d) y + 3x – 1 = 0
e) 5y + x – 7 = 0

713 - O simétrico do ponto (–3, 1) em relação à reta x – 2y = 0 é:

a) (3, –1)
b) (–1, –3)
c) (1, 3)
d) (–1, –1)
e) (3, 3)

714 - As retas L e K são simétricas entre si em relação à reta y = x, conforme ilustra a figura. Se a equação da reta L é y = ax + b com a ≠ 0 e b ≠ 0, então a equação de K é:

a) $y = \frac{1}{a}x + b$
b) $y = -\frac{1}{a}x + b$
c) $y - \frac{1}{a}x - \frac{b}{a}$
d) $y = \frac{1}{a}x + \frac{b}{a}$
e) $y = \frac{1}{a}x - \frac{b}{a}$

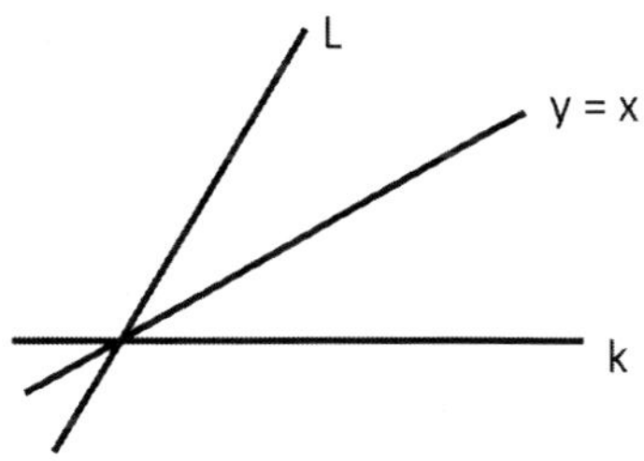

715 - A equação da mediatriz do segmento que une os pontos A(0, 0) e B(2, 3) é:

a) 4x + 6y = 13
b) 2x + 3y = 0
c) 2x – 3y = 1
d) 3x + 2y = 6
e) 4x – 6y = –5

716 - O ponto P pertence à reta de equação x – y + 1 = 0 e dista 5 unidades do ponto Q (1, 3). Pode-se afirmar que P é um ponto:

a) do eixo das ordenadas
b) do eixo das abscissas
c) do 1° ou do 2° quadrante
d) do 2° quadrante
e) do 1° ou 3° quadrante

717 - Dados os pontos A(8, 11), B(–4, –5) e C(–6, 9), obter o circuncentro do triângulo ABC.

a) P(4, 2)
b) P(5, 1)
c) P(1, 3)
d) P(2, 3)
e) P(3, 5)

718 - Se (x, y) = (a, b) é a interseção das retas x + y – 5 = 0 e x – 2y = –4, então a + b vale:

a) –3
b) –1
c) 5
d) 6
e) 7

719 - Uma reta cuja inclinação é $-\frac{1}{2}$ passa pelo ponto A = (2, 0). Uma segunda reta cujo coeficiente angular é 1 passa pelo ponto B = (–2, 0). O ponto de interseção das retas é:

a) $\left(-\frac{2}{3}, \frac{4}{3}\right)$

b) $\left(-\frac{1}{3}, 0\right)$

c) $\left(0, -\frac{1}{3}\right)$

d) $\left(-\frac{1}{3}, -\frac{2}{3}\right)$

e) $\left(-\frac{1}{3}, \frac{4}{3}\right)$

720 - Seja x = p e y = q solução real de $(3x - 2y + 8)^2 + (2x - y + 6)^2 = 0$. Então $p^q + q^p$ vale:

a) $\frac{1}{8}$

b) $\frac{1}{16}$

c) $\frac{2}{15}$

d) $\frac{3}{13}$

e) 2

721 - *(UNESP)* Seja A a intersecção das retas r, de equação y = 2x e s, de equação y = 4x – 2. Se B e C são as intersecções respectivas dessas retas com o eixo das abscissas, a área do triângulo ABC é:

a) 1/2
b) 1
c) 2
d) 3
e) 4

722 - *(U.F.Juiz de Fora)* Dada a equação da reta r: y = x – 2, a área da região limitada pela reta (r), pelo eixo das ordenadas e pela reta (s) que é perpendicular à reta (r) no ponto (3, 1), é:

a) 10 u.a;
b) 9 u.a;
c) 18 u.a;
d) 12 u.a;
e) 16 u.a

723 - Se A(2, 0) e B(0, 4) são vértices de um triângulo equilátero, então a equação da reta que contém a altura relativa ao lado AB é:

a) $x - 2y + 3 = 0$
b) $2x + y - 4 = 0$
c) $x + y + 4 = 0$
d) $2x - y + 3 = 0$
e) $x - y - 4 = 0$

724 - (UFF) Determine a área da região do plano limitada pelas retas $y = 3x$, $x + y = 4$ e $y = 0$.

725 - (UENF) No sistema de coordenadas cartesianas abaixo, está representado o triângulo ABC.

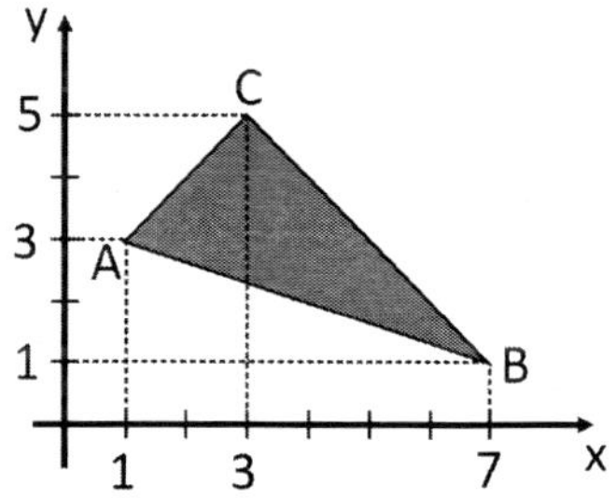

Em relação a esse triângulo.
a) demonstre que ele é retângulo;
b) calcule a sua área.

726 - (UENF) Uma praça, em forma de círculo de raio 12 m, tem sua área aumentada e ganha forma triangular. Três postes de luz, localizados nos pontos A, B e C, são os únicos pontos comuns ao contorno antigo e ao contorno novo, conforme mostra o gráfico abaixo. Nele, O é o centro do círculo e P tem, como coordenadas, (0, 20).

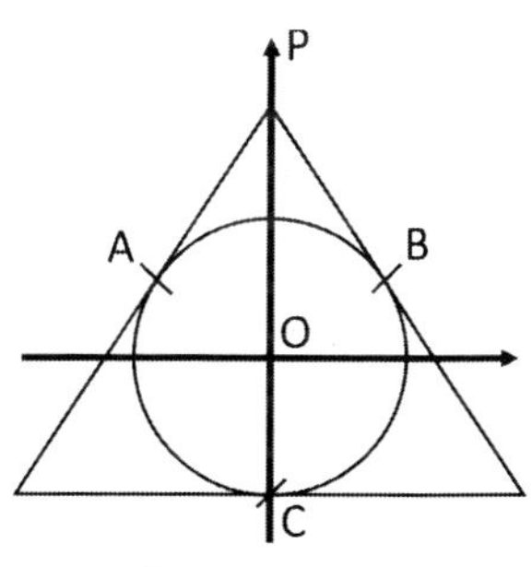

Calcule, em m^2, a área da praça com sua nova forma.

727 - (UENF) Observe o gráfico abaixo, no qual a reta $y = kx$ divide o retângulo ABCD em dois trapézios retângulos T_1 e T_2.

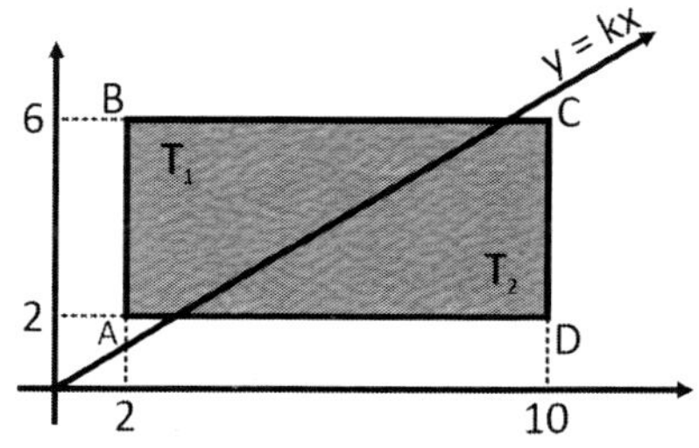

a) Calcule a área do trapézio T_1, considerando k = 3/4.
b) Determine o valor de k para que T_1 e T_2 tenham a mesma área.

13 – Geometria Analítica no IR^2 – Circunferência

728 - João resolveu graficamente o sistema de equações do 2º grau $\begin{cases} x^2 + y^2 = 4 \\ x^2 + y = 2 \end{cases}$.

Dentre os gráficos abaixo, aquele que pode representar a resolução obtida por João é:

a)

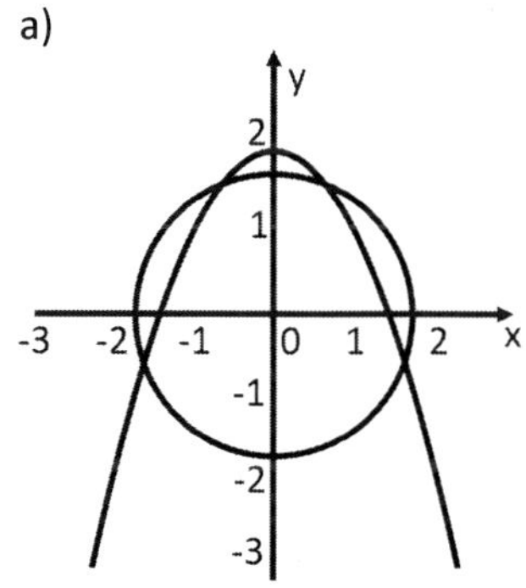

b)

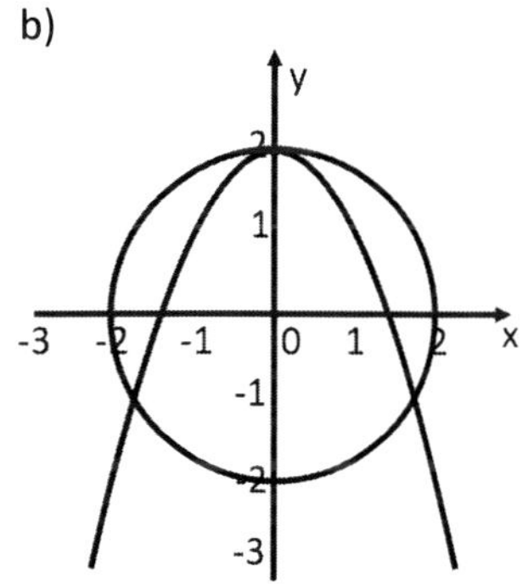

c)

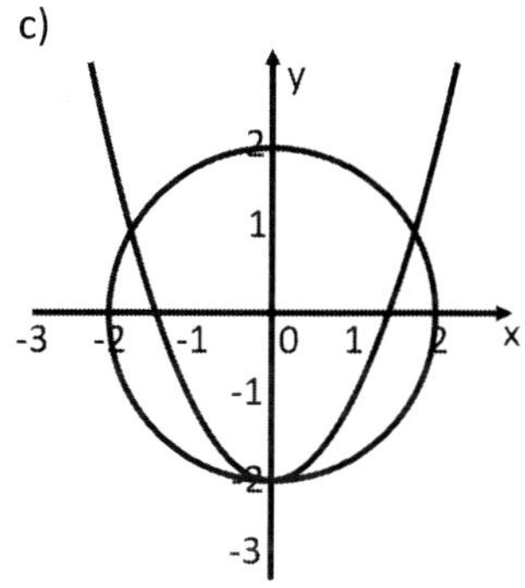

d)

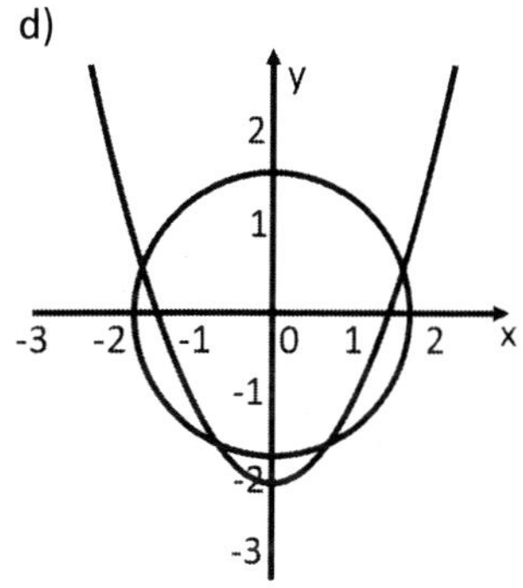

729 - Uma circunferência tem centro no ponto (1, −2) e tangencia a reta cuja equação é 5x − 12y − 3 = 0. Pode-se concluir que a equação dessa circunferência é:

a) $x^2 + y^2 + 2x - 4y + 1 = 0$
b) $x^2 + y^2 - 2x + 4y - 1 = 0$
c) $x^2 + y^2 + 2x - 4y - 1 = 0$
d) $x^2 + y^2 - 2x + 4y + 1 = 0$

730 - Uma reta passa pelos pontos $A(3,\ 2)$ e $B\left(-3, -\frac{1}{2}\right)$ e é tangente a uma circunferência que tem centro no ponto (1 , −1), conforme sugere a representação gráfica abaixo:

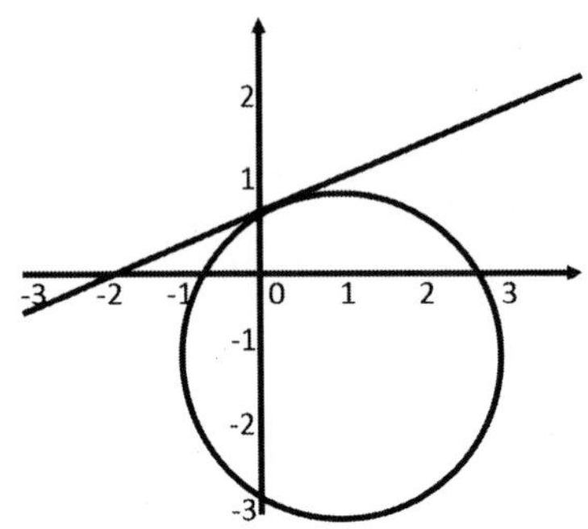

A equação dessa circunferência é:

a) $x^2 + y^2 - 2x + 2y = 2$
b) $x^2 + y^2 - 2x - 2y = 2$
c) $x^2 + y^2 + 2x - 2y = 1$
d) $x^2 + y^2 - 2x + 2y = 1$

731 - Rodrigo representou num plano cartesiano todos os pontos que satisfazem as inequações $2x - 3y + 4 > 0$ ou $(x + 2)^2 + (y - 1)^2 < 4$.

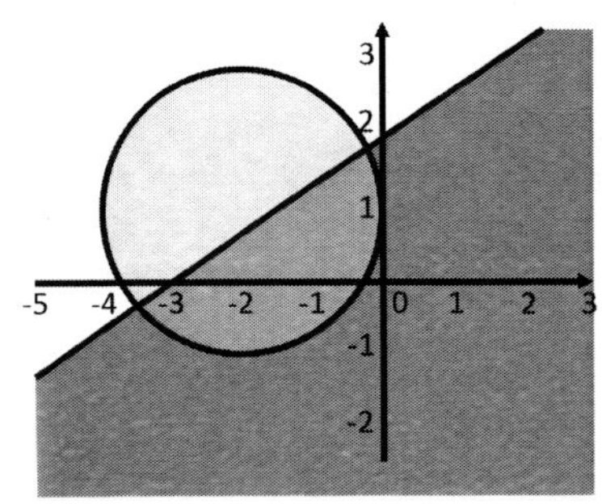

Pode-se afirmar que, dos pares ordenados abaixo, o único que pertence ao conjunto-solução do sistema de inequações $\begin{cases} (x+2)^2 + (y-1)^2 < 4 \\ 2x - 3y + 4 > 0 \end{cases}$ é:

a) (−2, 2) b) (0, 2) c) (−1, 1) d) (−1, −1)

732 - Se C(a, b) é o centro da circunferência de equação $x^2 + y^2 - 6x + 8y - 11 = 0$, então a + b vale:

a) −5
b) −3
c) −2
d) −1
e) 4

733 - O raio da circunferência de equação $x^2 + y^2 - 4x + 10y + 4 = 0$ é igual a:

a) 5
b) 6
c) $\frac{5}{2}$
d) $\frac{3}{5}$
e) 10

734 - A circunferência de equação $x^2 + y^2 - 4x + 6y - 12 = 0$ limita um círculo cuja área é:

a) 3π
b) 16π
c) 25π
d) 36π
e) 10π

735 - A reta que passa pelo ponto (2, 0) e pelo centro da circunferência $x^2 + y^2 - 4y - 6x = -4$ tem por equação:

a) $y = 2x - 4$
b) $y = \frac{1}{2}x - 3$
c) $y = 2x - 4$
d) $y = x - \frac{1}{3}$
e) $y = 3x - \frac{1}{2}$

736 - O maior valor inteiro de k para que a equação $x^2 + y^2 - 6y + k + 4x = 0$ represente uma circunferência é:

a) 10
b) 12
c) 18
d) 15
e) 16

737 - Uma circunferência passa pela origem do sistema cartesiano, e tem seu centro no primeiro quadrante, sobre a reta $y = 2x$. Se a área do círculo limitado pela circunferência é igual a 45π unidades de área, a equação da circunferência é:

a) $(x - 3)^2 + (y - 3)^2 = 45$
b) $(x + 3)^2 + (y + 6)^2 = 45$
c) $(x - 3)^2 + (y - 6)^2 = 45$
d) $(x + 3)^2 + (y + 3)^2 = 45$
e) $(x - 6)^2 + (y - 3)^2 = 45$

738 - A circunferência de equação $x^2 + y^2 - 4x - 12y + m = 0$ é tangente interior à circunferência $x^2 + y^2 + 2x - 4y - 31 = 0$. O valor de m é:

a) 39
b) 40
c) 0
d) −40
e) −39

739 - Pelo ponto P(−5, 1), exterior à circunferência de equação $(x - 7)^2 + (y + 4)^2 = 25$ traça-se uma reta secante que passa pelo centro da circunferência. O comprimento do segmento da tangente à circunferência, traçada do ponto P é igual a:

a) 12
b) 11
c) 10
d) 9
e) 8

740 - A equação geral da circunferência, com centro no ponto C = (1, 2) e que tangencia a reta t: $2x + y + 1 = 0$ é:

a) $x^2 + y^2 - 2x - 4y = 0$
b) $x^2 + y^2 - 4x + 2y + 1 = 0$
c) $x^2 + y^2 - 2x + 4y = 0$
d) $x^2 + y^2 + 2x + 4y = 0$
e) $x^2 + y^2 - 4x + 2y - 1= 0$

741 - *(UFF)* Na figura abaixo estão representadas a reta s e a circunferência C com centro em (0, 0) e raio 3.

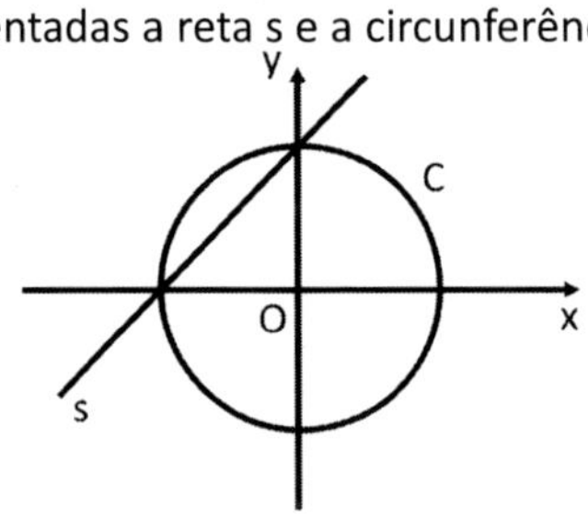

Pelo ponto P da reta s, traça-se a reta r, perpendicular a s. Determine a equação de r, sabendo que P tem abscissa −1.

742 - *(UFF)* Na figura abaixo a circunferência C tem equação $x^2 + y^2 - 4x - 8y = 0$.

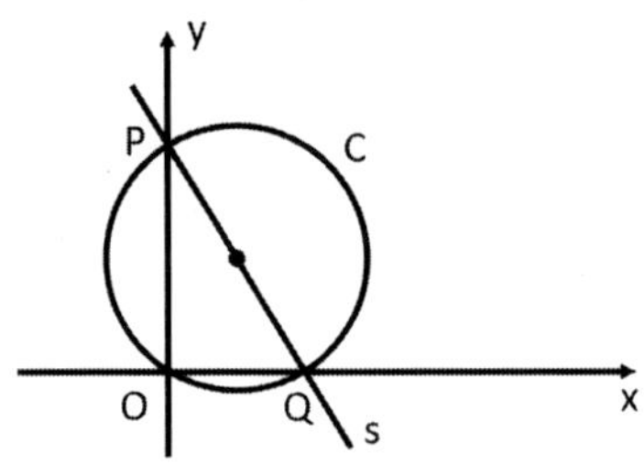

Determine:

a) a equação da reta **s**.
b) a equação da reta **r** que é perpendicular à reta **s** e passa pelo centro da circunferência.

743 - *(UFF)* A circunferência C representada na figura abaixo tem centro na reta y = 2x e passa pela origem O dos eixos coordenados.

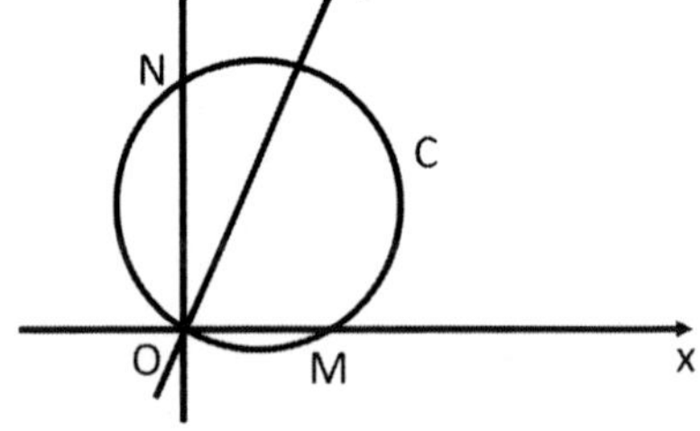

Sabendo que $\overline{ON} = 8$, determine a distância entre os pontos M e N.

744 - **(ITA)** Duas retas r_1 e r_2 são paralelas à reta $3x - y = 37$ e tangentes à circunferência $x^2 + y^2 - 2x - y = 0$. Se d_1 é a distância de r_1 até a origem e d_2 é a distância de r_2 até a origem, então $d_1 + d_2$ é igual a:

a) $\sqrt{12}$.
b) $\sqrt{15}$.
c) $\sqrt{7}$.
d) $\sqrt{10}$.
e) $\sqrt{5}$.

745 - (UFS.CAR) Dados os pontos A(2, 0), B(2, 3) e C(1, 3), vértices de um triângulo, o raio da circunferência circunscrita a esse triângulo é.

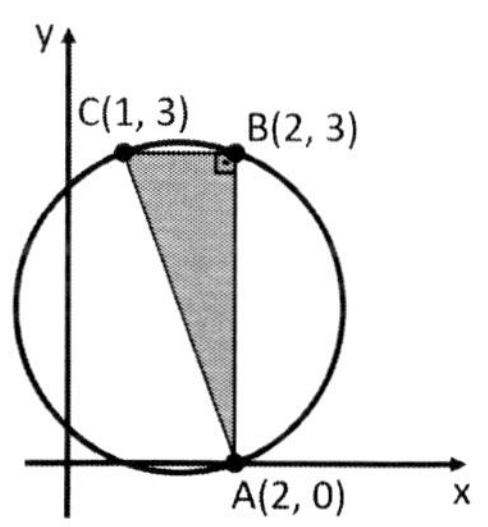

a) $\frac{\sqrt{10}}{3}$. b) $\frac{10}{3}$. c) $\frac{\sqrt{2}}{2}$. d) $\frac{\sqrt{10}}{2}$. e) $\sqrt{10}$.

746 - (CONC. PROF-SP) As soluções do sistema $\begin{cases} x^2 + y^2 = 25 \\ xy = 12 \end{cases}$ são:

a) um número finito de pares de números inteiros.
b) inexistentes.
c) dois pares de números irracionais negativos.
d) infinitos pares de números racionais.
e) um único par de números racionais.

747 - (UEM) Em um sistema de coordenadas cartesianas do plano XY, considere o ponto P(0, –8) e a circunferência C de raio 2u e centro O(0, 0), onde u é uma unidade de medida. Se r e s são retas que passam por P e são tangentes à C nos pontos A e B respectivamente, então é correto afirmar que:

01) os pontos A e B têm ordenadas iguais a $-\frac{1}{2}$.

02) a área do triângulo ABP é $\frac{15\sqrt{15}}{4}u^2$.

03) a distância AB entre A e B é $\frac{\sqrt{15}}{2}u$.

04) a área do triângulo de vértices P, (– 2, 0) e (2, 0) é menor que a área do círculo de circunferência C.

05) uma equação da circunferência de centro P e raio AB é $4x^2 + 4y^2 + 64y + 196 = 0$.

14 – Vetores no R^2 e R^3

748 - No plano cartesiano, uma circunferência passa pela origem O(0, 0), e tem centro no ponto C(6, 8). O comprimento da corda que essa circunferência determina sobre o eixo das ordenadas mede, em unidades de comprimento:

a) 10
b) 12
c) 16
d) 20

749 - A figura abaixo sugere a representação de um plano (α). Nesse plano, estão destacados, um ponto M(0, 1, –2) e dois vetores $\vec{u} = (1, 2, 3)$ e $\vec{v} = (2, -1, 1)$. Com base nessas informações, pode-se concluir que a equação algébrica do plano (α) é dada por:

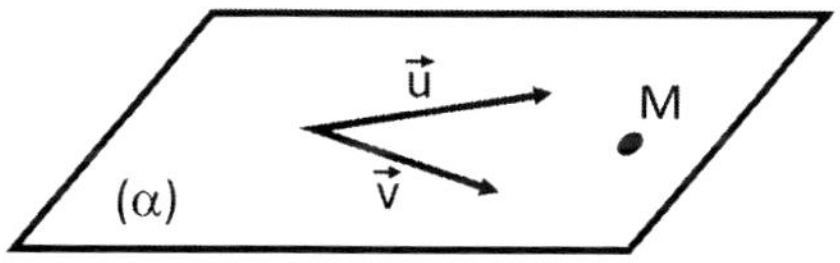

a) $2x - y + z - 6 = 0$
b) $y - 2z + 2 = 0$
c) $x + y - z - 3 = 0$
d) $6x - 5y - 7z - 16 = 0$

750 - Considere no conjunto IR^3 uma reta r: $\begin{cases} x = -2 + t \\ y = 3t \\ z = 4 + 5t \end{cases}$ em que t$\in$ IR, dada por suas

equações paramétricas e um plano a: Ax + By + Cz + D = 0 que passa pelo ponto P (–2, 10, 5)
Sabendo que a reta r é perpendicular ao plano a, o ponto em que r intercepta a é:

a) (–3, –3, –1)
b) (0, 6, 14)
c) (–1, 3, 9)
d) (–4, –6, –6)

751 - Considere que, no espaço IR^3, os pontos A(0, 3, 1) e B(6, –1, 4) são vértices de um paralelogramo ABCD, e M(2, 2, 3) é o ponto de intersecção das diagonais AC e BD. A partir desses dados, são feitas as quatro afirmações abaixo:

i) O vértice C é o ponto (4, 1, 5)
ii) O ângulo DAB é obtuso
iii) O lado AD desse paralelogramo mede 3 unidades de comprimento
iv) A área do paralelogramo ABCD é igual a $\sqrt{260}$ unidades de área

O número de afirmações corretas é igual a:

a) 1 b) 2 c) 3 d) 4

752 - Determine k de modo que os vetores $\vec{a} = (1, 2k-1)$ e $\vec{b} = (3k - 2, 4)$ sejam ortogonais.

a) 1
b) –1
c) $\dfrac{6}{11}$

d) $\frac{11}{6}$

e) $-\frac{5}{12}$

753 **-** O ângulo entre os vetores $\vec{u} = (3, 1)$ e $\vec{v} = (1, 2)$ é igual a:

a) 15°
b) 25°
c) 30°
d) 45°
e) 60°

754 **-** Os pontos A(–1, 4), B(5, –4) e C(3, 3) são vértices de um triângulo ABC. A medida da altura relativa ao lado AB mede:

a) 2,5
b) 2,6
c) 2,7
d) 2,8
e) 2,9

755 **-** Sejam os vetores $\vec{u} = (-2, 1, 4)$ e $\vec{v} = (3, 0, 5)$. Pede-se calcular o valor do vetor $\vec{z} = \vec{u} \times \vec{v}$

a) (5, 22, –3)
b) (–3, 5, –22)
c) (–5, 3, 22)
d) (–22, 5, –3)
e) (–1, –3, 5)

756 **-** O cosseno do ângulo α entre os vetores $\overrightarrow{A} = \overrightarrow{2i} + \overrightarrow{2j} - \vec{k}$ e $\overrightarrow{B} = \overrightarrow{6i} + \overrightarrow{3j} + \overrightarrow{2k}$ é:

a) $\cos \alpha = \frac{3}{16}$

b) $\cos \alpha = -\frac{4}{21}$

c) $\cos \alpha = \frac{4}{21}$

d) $\cos \alpha = 0$

e) $\cos \alpha = \frac{2}{5}$

757 **-** O volume do paralelepípedo cujas arestas são os vetores $\overrightarrow{A} = \overrightarrow{2i} - \overrightarrow{3j} + \overrightarrow{4k}$, $\overrightarrow{B} = \vec{i} + \overrightarrow{2j} - \vec{k}$ e $\vec{C} = \overrightarrow{3i} - \vec{j} + \overrightarrow{2k}$ é:

a) 2
b) 7
c) 4
d) 1
e) 5

758 - Na figura abaixo está representado um prisma reto cuja base é um retângulo.

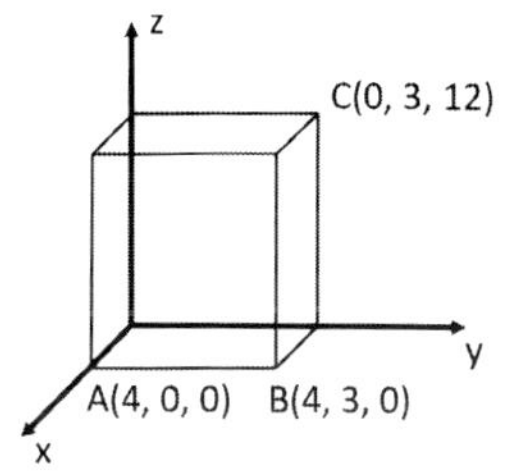

A medida da diagonal desse paralelepípedo é igual a:

a) 10
b) 11
c) 12
d) 13
e) 15

759 - Na figura tem-se um hexágono regular de lado 2.

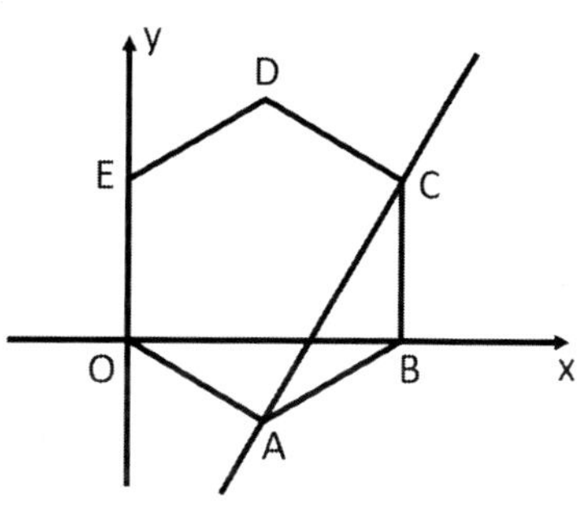

O valor da diagonal AC é:

a) $5\sqrt{3}$
b) $2\sqrt{3}$
c) $4\sqrt{5}$
d) $5\sqrt{6}$
e) 3

760 - A figura abaixo representa um cubo OABCC'B'A'O'.

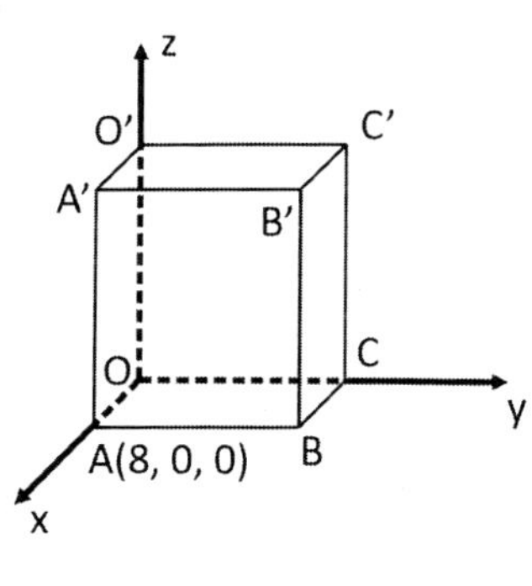

A equação do plano que contém a diagonal AC e o vértice B' é:

a) $x - y - z - 8 = 0$
b) $x + y - z - 8 = 0$
c) $x + y + z + 8 = 0$
d) $x - y + z - 8 = 0$
e) $x - y - z + 8 = 0$

761 **-** As equações da reta que passa pelo ponto $P = (1, -3, 4)$ e é perpendicular ao plano $x - 3y + 2z = 4$ são:

a) $\dfrac{x-1}{1} = \dfrac{y+3}{-3} = \dfrac{z-4}{2}$

b) $\dfrac{x-1}{1} = \dfrac{y+3}{-3} = \dfrac{z-2}{2}$

c) $\dfrac{x-1}{1} = \dfrac{y+3}{9} = \dfrac{z-2}{4}$

d) $\dfrac{x-1}{1} = \dfrac{y+3}{9} = \dfrac{z-4}{16}$

e) $\dfrac{x-1}{2} = \dfrac{y+3}{-6} = \dfrac{z-4}{6}$

762 **-** As coordenadas do centro e o raio da esfera de equação $x^2 + y^2 + z^2 - 6x + 4y - 3z = 15$ são:

a) $C = (6, -4, 3)$ e $R = 15$
b) $C = (3, -2, 1)$ e $R = 15$
c) $C = \left(3, -2, \dfrac{3}{2}\right)$ e $R = \dfrac{15}{2}$
d) $C = \left(3, -2, \dfrac{3}{2}\right)$ e $R = \dfrac{11}{2}$
e) $C = \left(-\dfrac{6}{5}, \dfrac{4}{5}, -\dfrac{3}{5}\right)$ e $R = 3$

763 **- *(UERJ)*** As contas correntes de um banco são codificadas através de um número sequencial seguido de um dígito controlador. Esse dígito controlador é calculado conforme o quadro abaixo:

PROCESSO DE CODIFICAÇÃO DE CONTAS CORRENTES

Número sequencial: abc → vetor $\vec{u} = (a, b, c)$

Ano de abertura: xyzw → vetor $\vec{v} = (y, z, w)$

Produto escalar: $\vec{u} \cdot \vec{v} = a \cdot b + b \cdot z + c \cdot w$

Dígito controlador: d → é o resto da divisão do produto $\vec{u} \cdot \vec{v}$ pela constante 11;
para resto 0 ou 10, d = 0.

A conta 643-5, aberta na década de 80, foi cadastrada no ano de:

a) 1985
b) 1986
c) 1987
d) 1988

764 - (UFF) Considere o paralelepípedo retângulo de dimensões 1m, 4m e 3m e os vetores $\vec{u} = \overrightarrow{FM}$, $\vec{v} = \overrightarrow{FG}$ e $\vec{w} = \overrightarrow{FI}$ representados na figura.

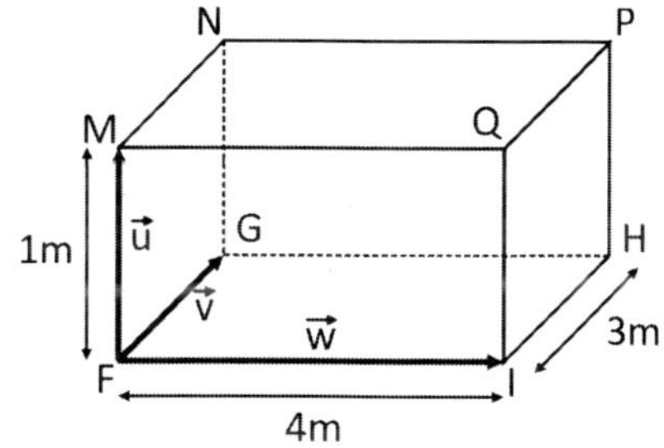

É **incorreto** afirmar que:

a) O produto escalar entre $\vec{u}$ e $\vec{v}$ é zero.

b) O produto vetorial entre $\vec{u}$ e $\vec{v}$ tem norma 3.

c) O módulo do produto misto entre $\vec{u}$, $\vec{v}$ e $\vec{w}$ vale 12.

d) A norma de ($\vec{v}$ + $\vec{w}$) é igual a 5.

e) A norma de ($\vec{u}$ + $\vec{v}$) é igual à norma de $\vec{w}$.

765 - (UFF) Sobre os planos representados pelas equações 2x + 3y + z – 1 = 0 e 2x + 3y + z + 7 = 0 pode-se afirmar que:

a) são paralelos.
b) são perpendiculares.
c) são concorrentes não perpendiculares.
d) contêm a origem.
e) admitem o vetor (2, 1, 3) como vetor normal.

766 - (UNIRIO) Considere os vetores $\vec{a} = 3\vec{j} + 4\vec{k}$ e $\vec{b} = 2\vec{i} - \vec{j} + 2\vec{k}$. Determine:

a) a projeção do vetor $\vec{a}$ sobre $\vec{b}$.
b) a equação da reta que passa pelo ponto P(4,– 5, 7) e é paralela ao vetor perpendicular ao plano que contém os vetores $\vec{a}$ e $\vec{b}$.

767 - (FUVEST) Sejam A = (1, 2) e B = (3, 2) dois pontos do plano cartesiano. Nesse plano, o segmento AC é obtido do segmento AB por uma rotação de 60°, no sentido anti-horário, em torno do ponto A.
As coordenadas do ponto C são:

a) $\left(2, 2+\sqrt{3}\right)$

b) $\left(1+\sqrt{3}, \frac{5}{2}\right)$

c) $\left(2, 1+\sqrt{3}\right)$

d) $\left(2, 2-\sqrt{3}\right)$

e) $\left(1+\sqrt{3}, 2+\sqrt{3}\right)$

768 - (UFRJ) Sejam $M_1 = (1, 2)$, $M_2 = (3, 4)$ e $M_3 = (1, -1)$ os pontos médios dos lados de um triângulo. Determine as coordenadas dos vértices desse triângulo. Resp.: (–1, –3); (3, 7) e (3, 1)

769 - (UNI-RIO) Considere os vetores $\vec{u} = (-1, 2, -3)$ e $\vec{v} = (x, y, 6)$. Determine o valor de x + y, de modo que esses vetores sejam colineares.

a) –2.
b) –1.
c) 0.
d) 2.
e) 6.

770 - (UERJ)

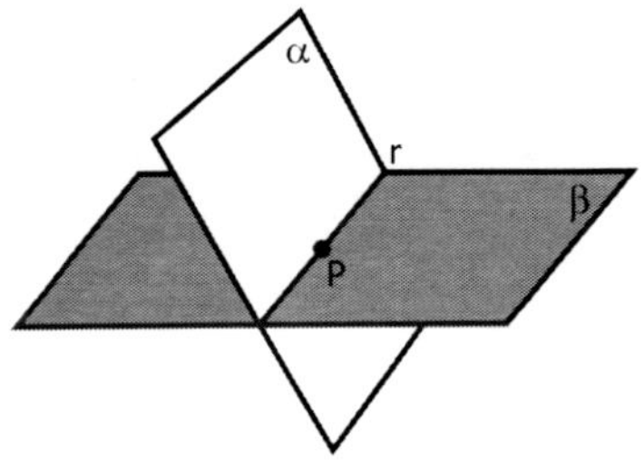

Os planos secantes α e β acima podem representar em IR^3 as equações

$$\begin{cases} 2x - y - 4z = -1 \\ x + y + z = 4 \end{cases}$$

A interseção desses planos é uma reta r que passa por um ponto P(x, y, z).
Determine:

a) as coordenadas de P, considerando z = 0;
b) um vetor unitário paralelo à reta r.

771 - (UFF) Considere os vetores $\vec{u} = (0, -2)$ e $\vec{v} = (-1, 0)$. Determine um vetor unitário $\vec{w}$ tal que os vetores $(\vec{u} + \vec{w})$ e $(\vec{v} + \vec{w})$ sejam perpendiculares.

15 – Lugares Geométricos – Cônicas

772 - (U.F.Juiz de Fora) A equação da reta tangente à parábola $y = x^2 - 7x + 10$, no ponto de abscissa $x = 6$ é:

a) $y - x + 2 = 0$
b) $y - 5x + 14 = 0$
c) $y + x - 10 = 0$
d) $5y + x - 26 = 0$
e) $y - 5x + 26 = 0$

773 - (CESGRANRIO)

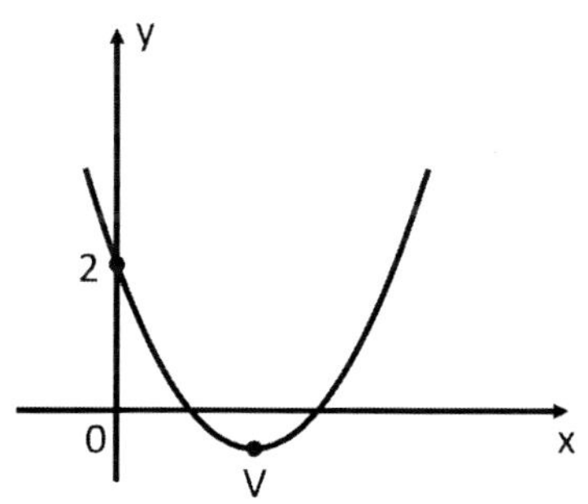

Considere o gráfico acima, que representa a função definida por $y = 2x^2 - 5x + c$. As coordenadas do vértice V da parábola são:

a) $\left(\frac{5}{4}, -\frac{9}{8}\right)$ b) $\left(\frac{5}{4}, -\frac{3}{5}\right)$ c) $\left(-\frac{5}{4}, -2\right)$ d) $\left(\frac{1}{2}, -\frac{2}{3}\right)$ e) $(2, -1)$

774 - (CESGRANRIO) A área do triângulo PF_1F_2, onde P(2, –8) e F_1 e F_2 são os focos da elipse de equação $\frac{x^2}{25} + \frac{y^2}{9} = 1$, é igual a:

a) 8
b) 16
c) 20
d) 32
e) 64

775 - (UFF) A equação da parábola que passa pelo ponto (–2, 0) e cujo vértice situa-se no ponto (1, 3) é:

a) $y = -x^2 + 2x + 8$
b) $y = -3x^2 + 6x + 24$
c) $y = -\frac{x^2}{3} + \frac{2x}{3} + \frac{8}{3}$
d) $y = \frac{x^2}{3} - \frac{2x}{3} - \frac{8}{3}$
e) $y = x^2 + 2x + 8$

776 - (UFF) As equações $y - 2x = 0$, $y + x^2 = 0$ e $y^2 - x^2 + 1 = 0$ representam no plano, respectivamente:

a) uma reta, uma hipérbole e uma parábola.
b) uma parábola, uma hipérbole e uma reta.
c) uma reta, uma parábola e uma elipse.
d) uma elipse, uma parábola e uma hipérbole.
e) uma reta, uma parábola e uma hipérbole.

777 - (UERJ) Observe o sistema:

$$\begin{cases} Y = \dfrac{1}{X} \\ X^2 + Y^2 = r^2 \end{cases}$$

O menor valor inteiro de **r** para que o sistema acima apresente quatro soluções reais é:

a) 1
b) 2
c) 3
d) 4

778 - (UFF) Identifique, justificando, o lugar geométrico dos pontos do plano definido pela equação:

$$x^2 - y^2 - 4x + 8y = 12$$

779 - (U.F.Juiz de Fora) Associe cada equação ao tipo de curva que ela representa:

(I) $\dfrac{x}{9} + \dfrac{y}{16} = 1$ — (1) reta.

(II) $\dfrac{x^2}{9} + \dfrac{y}{16} = 1$ — (2) circunferência.

(III) $\dfrac{x^2}{9} + \dfrac{y^2}{16} = 1$ — (3) elipse.

(IV) $\dfrac{x^2}{9} - \dfrac{y^2}{16} = 1$ — (4) hipérbole.

(5) parábola.

A associação correta é:

a) I-1 II-2 III-3 IV-4;
b) I-1 II-5 III-2 IV-4;
c) I-2 II-5 III-1 IV-3;
d) I-1 II-5 II-4 IV-3;
e) I-1 II-5 III-3 IV-4.

780 - (UNESP) A figura representa uma elipse.

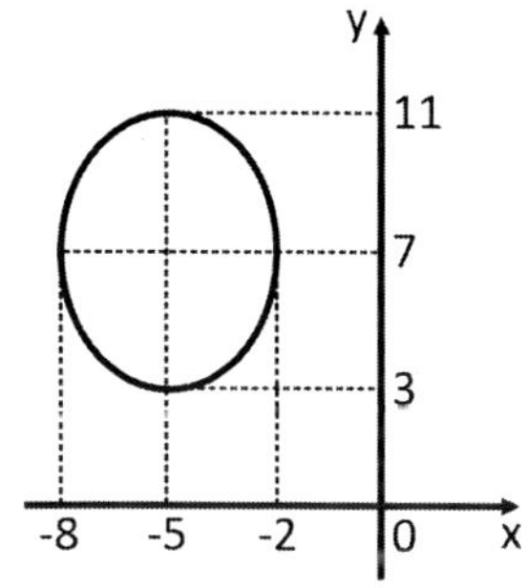

A partir dos dados disponíveis, a equação desta elipse é:

a) $\frac{x^2}{5}+\frac{y^2}{7}=1.$

b) $\frac{(x+5)^2}{9}+\frac{(y-7)^2}{16}=1.$

c) $(x + 5)^2 + (y - 7)^2 = 1.$

d) $\frac{(x-5)^2}{9}+\frac{(y+7)^2}{16}=1.$

e) $\frac{(x+3)^2}{5}+\frac{(y-4)^2}{7}=1.$

781 - (CONC. PROF-SP) A equação do lugar geométrico dos pontos do plano que são equidistantes dos pontos (0, –1) e (1, 0) é:

a) $y = x^2$.
b) $y^2 = x^2$.
c) $y = -x$.
d) $y = x$.
e) $y^2 = x$.

782 - (CONC. PROF-SP) O conjunto das soluções (r, θ) do sistema de equações $\begin{cases} r\,\text{sen}\theta = 3 \\ r = r(1+\cos\theta) \end{cases}$ com as condições $r > 0$ e $0 \le \theta \le 2\pi$ é:

a) $\left\{\left(3, \frac{3\pi}{2}\right)\right\}$.

b) $\left\{\left(3, \frac{\pi}{2}\right)\right\}$.

c) $\{(6, \pi)\}$.

d) $\{(3, 0)\}$.

e) $\left\{\left(6, \frac{\pi}{3}\right)\right\}$

16 – Números Complexos

783 - (UF STA MARIA) Se $(1 + ai)(b - i) = 5 + 5i$, com a e b$\in$ IR, então a e b são raízes da equação:

a) $x^2 - x - 6 = 0$.
b) $x^2 - 5x - 6 = 0$.
c) $x^2 + x - 6 = 0$.
d) $x^2 + 5x + 6 = 0$.
e) $x^2 - 5x + 6 = 0$.

784 - (ITA) Seja a equação em C, $z^4 - z^2 + 1 = 0$. Qual dentre as alternativas abaixo é igual a soma de duas das raízes dessa equação?

a) $2\sqrt{3}$.
b) $-\frac{\sqrt{3}}{2}$.
c) $+\frac{\sqrt{3}}{2}$.
d) $-i$.
e) $\frac{i}{2}$

785 - Os valores de a para que o número complexo $z = (a^2 - 4) + (a - 2)i$ seja um imaginário puro é:

a) 2 e –2
b) 2
c) –2
d) 4 e –4
e) 4

786 - (UFF) Sendo z um número complexo da forma a + bi, a, b$\in$ IR, considere as afirmativas:

(I) $|z| = |\overline{z}|$
(II) $i^{10} = 1$
(III) $z \cdot \overline{z} = |z|$

Assinale a opção que contém a(s) afirmativa(s) correta(s):

a) Apenas II e III
b) Apenas I e II
c) I, II e III
d) Apenas II
e) Apenas I

787 - Se $z = 2 + 7i$, então $\overline{Z} - Z$ vale:

a) 12i
b) –14i
c) –12i
d) 14i
e) 16i

788 **-** Sendo $Z_1 = 4 + 2i$ e $Z_2 = 1 - 2i$, então $|Z_1 - Z_2|$ é igual a:

a) 5

b) $\sqrt{5}$

c) 10

d) $3\sqrt{15}$

e) $3\sqrt{5}$

789 **-** O módulo do número complexo $Z \in C$ que satisfaz a equação $Z - 5 - 6i = 3$ é:

a) 1
b) 8
c) 10
d) 15
e) 14

790 **-** O produto $(1 + i)(x + 2i)$ será um número real quando x for:

a) –4
b) –3
c) –2
d) –1
e) 0

791 **-** Dados os números complexos $Z_1 = -1 - 3i$ e $Z_2 = -1 + 3i$, o produto desses números será:

a) $-1 + 2i$
b) –3
c) 4
d) 10
e) $i - 2$

792 **-** Se $Z = 3 - 2i$ e $W = 1 - i$, onde $i = \sqrt{-1}$, então $|Z \cdot W|$ tem valor:

a) 4

b) 6

c) $2\sqrt{5}$

d) $\sqrt{26}$

e) $\sqrt{15}$

793 **-** O número complexo z tal que $(1 + z)(2 - i) - (iz + 1)(-1 - i) = 3 - i$ é:

a) $2 - i$
b) $-i$
c) i
d) $2 + i$
e) $3 - i$

794 - Simplificando $(1 + i)^2 \times (1 + i^3) \times (1 + i)^{-1}$, onde $i = \sqrt{-1}$, obtém-se:

a) 2 + i
b) 2 + 2i
c) 2 – i
d) 2
e) 2 – 2i

795 - A parte real do número complexo $\frac{3+5i}{3-5i}$ é:

a) $-\frac{2}{17}$
b) $-\frac{5}{17}$
c) $-\frac{8}{17}$
d) $-\frac{11}{17}$
e) $-\frac{14}{17}$

796 - Se z = 3 + 4i e $w = 1 + 2\sqrt{2}\,i$, onde $i = \sqrt{-1}$, então: $\left|\frac{z}{w}\right|$ tem valor:

a) $\frac{3}{5}$
b) $\frac{5}{3}$
c) $\frac{1}{3}$
d) $\frac{4}{3}$
e) $\frac{3}{4}$

797 - As partes real e imaginária do número complexo $z = \frac{(i^5 + 2i)(i^6 + i^{25} - i^{123})}{-1+2i}$ são, respectivamente:

a) 0 e 3
b) 3 e –2
c) 5 e –2
d) 6 e 3
e) 6 e 0

798 - Se i é a unidade imaginária ($i^2 = -1$), e $Z = \frac{(3-i)^2}{1-i}$, então:

a) Z = 3 + i
b) Z = 3 – i
c) Z = 5 + i
d) Z = 5 – i
e) Z = 7 + i

799 **-** Dado o número complexo $W = \frac{1+i}{1-i}$, assinale a alternativa que corresponde ao número complexo $z = (1 + W)^4$.

a) –1
b) i
c) –i
d) –3
e) –4

800 - (PUC) Dê o valor de $\left(\frac{\sqrt{2}}{2}.(1+i)\right)^2$

a) 1
b) –1
c) i
d) –i
e) 0

801 - (FUVEST) Sabendo que α é um número real e que a parte imaginária do número complexo $\frac{2+i}{\alpha+2i}$ é zero, então α é:

a) –4
b) –2
c) 1
d) 2
e) 4

802 - (CONC. PROF-SP) O lugar geométrico dos afixos dos complexos z, tais que $|z + 2| = 3$, é uma:

a) circunferência de centro (– 2, 0) e raio 3. x
b) circunferência de centro (2, 0) e raio 9.
c) reta que passa pelo ponto (2, 3).
d) reta que passa pelo ponto (– 2, 9).
e) reta de equação $x + y - 1 = 0$.

803 - (UERJ) Considere os números complexos da forma $z(t) = 3^t + t \cdot i$, na qual $t \in IR$ e i é unidade imaginária. Os pares ordenados (x, y), em que x e y são, respectivamente, a parte real e a parte imaginária do número complexo z, definem o gráfico de uma função da forma $y = f(x)$.

a) linear.
b) quadrática.
c) Exponencial.
d) logarítmica.

804 **-** Dados os números complexos $z = 1 + i$ e $w = 4 - 3i$, o valor da expressão $z^4 + |w|$ é igual a:

a) –3
b) –2
c) –1
d) 0
e) 1

805 - Dados os números complexos a = 2(cosα + i senα) e b = $5\left(\cos\frac{\pi}{4} + i\,\text{sen}\frac{\pi}{4}\right)$, qual o menor valor positivo de α para o qual ab é um número real?

a) 45°
b) 60°
c) 120°
d) 135°
e) 150°

806 - A forma trigonométrica de $\frac{1-i}{-2i}$ é:

a) $\frac{\sqrt{2}}{2}\left(\cos\frac{\pi}{4} + i\,\text{sen}\frac{\pi}{4}\right)$
b) $\frac{\sqrt{2}}{2}\left(\cos\frac{3\pi}{4} + i\,\text{sen}\frac{3\pi}{4}\right)$
c) $\frac{\sqrt{2}}{2}\left(\cos\frac{7\pi}{4} + i\,\text{sen}\frac{7\pi}{4}\right)$
d) $\frac{\sqrt{2}}{2}\left(\cos\frac{5\pi}{4} + i\,\text{sen}\frac{5\pi}{4}\right)$
e) $\frac{\sqrt{2}}{2}\left(\cos\frac{\pi}{4} - i\,\text{sen}\frac{\pi}{4}\right)$

807 - Dado o complexo z = $\cos\frac{\pi}{6} + i\,\text{sen}\frac{\pi}{6}$, determine $z^2 + z^4$:

a) $\sqrt{3}i$
b) 0
c) 1
d) $-\sqrt{3}i$
e) –1

808 - *(UFF)* Considere os números complexos m, n, p e q, vértices de um quadrado com lados paralelos aos eixos e centro na origem, conforme a figura abaixo:

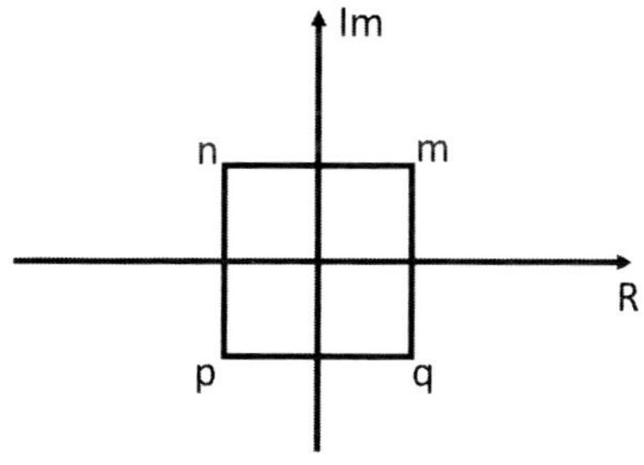

Pode-se afirmar que o número m + n + p + q

a) é um real não nulo.
b) é igual a zero.E) é igual a 1 + i.
c) possui módulo unitário
d) é um imaginário puro.
e) é igual a 1 + i.

809 **-** No círculo indicado na figura de raio 2, o ponto A é a representação gráfica (afixo) de um complexo z. Podemos afirmar que z^2 é:

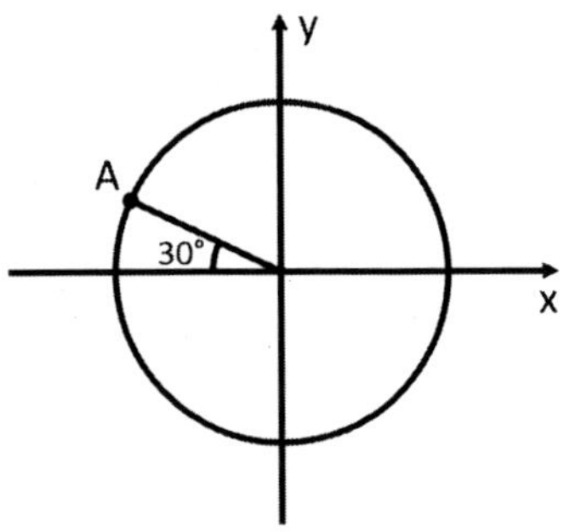

a) $-2 - 2\sqrt{3}i$

b) $2 - 2\sqrt{3}i$

c) $-2 + 2\sqrt{3}i$

d) $2 + 2\sqrt{3}i$

e) $1 - \sqrt{3}i$

17 – Polinômios e Equações Algébricas

810 - O resto da divisão do polinômio $P(x) = 2x^6 - 4x^5 + 8x^3 - 4x + 7$ pelo binômio $Q(x) = x - 2$ vale:

a) 7
b) 9
c) 25
d) 63
e) 191

811 - Para que $x^3 + 2x^2 - x + k$ seja divisível por $x - 2$, k deve ser igual a:

a) 0
b) 8
c) -6
d) -8
e) -14

812 - Para que o resto da divisão do polinômio $P(x) = x^3 - 3x^2 - kx + 8$ por $x + 2$ seja -6, k deve ser igual a:

a) 3
b) 4
c) 5
d) $\frac{3}{4}$
e) $\frac{2}{5}$

813 - O resto da divisão do polinômio $x^3 - 3x^2 + 6mx + 5$ por $x + 1$ é 13. Então o valor de m é:

a) -2
b) -3
c) 4
d) 5
e) 6

814 - Para que o resto da divisão do polinômio $P(x) = 2x^3 - x^2 + kx - 10$ por $x - 2$ seja 4, k deve ser igual a:

a) 1
b) -1
c) 2
d) -2
e) 3

815 - Para que $x^3 - 5x^2 - 3x + 2k$ seja divisível por $x + 2$, k deve ser igual a:

a) 11
b) 10
c) -6
d) -8
e) -12

816 **-** O polinômio $P(x) = x^4 - 5x^3 + 5x^2 + 5x - 6$ não é divisível por:

a) $x - 3$
b) $x - 1$
c) $x + 1$
d) $x + 2$
e) $x^2 - 1$

817 **-** O trinômio $x^3 + ax + b$ é divisível por $x^2 - 3x + 2$. Pode-se afirmar que:

a) o trinômio é divisível por $x^2 + 3x + 2$.
b) $a = -3$ e $b = 2$
c) as raízes do trinômio são 1, 2 e 3.
d) $a = 3$ e $b = 2$.
e) o trinômio é divisível por $x + 3$.

818 - (MACK) Se o polinômio $p(x) = x^5 + 4ax^4 + 3x^3 + a^3$, $a \in IR$, é divisível por $x - a$, então $\sqrt{a^2 + 1}$ é:

a) $\sqrt{10}$.
b)1.
c) 2.
d) $\sqrt{2}$.
e) $\sqrt{26}$.

819 - (MACK) Observando a divisão dada, de polinômios, podemos afirmar que o resto da divisão de P(x) por x + 1 é:

$$\begin{array}{r|l} P(x) & x^2 - x - 2 \\ \hline 2x - 1 & Q(x) \end{array}$$

a) –1.
b) –2.
c) 2.
d) 3.
e) –3.

820 - (ITA) Para algum número real r, o polinômio $8x^3 - 4x^2 - 42x + 45$ é divisível por $(x - r)^2$. Qual dos números abaixo está mais próximo de r?

a) 1,62.
b) 1,52.
c) 1,42.
d) 1,32.
e) 1,22.

821 **-** Sejam os polinômios $p = x^3 + x^2 - x - 1$, $q = 3x - 2$ e $r = x - 1$. Efetuando-se $p - q \times r$, obtém-se:

a) $x^3 - 2x^2 + 4x - 3$
b) $2x^3 + x^2 - x$
c) $x^2 - 3x + 1$
d) $2x^2 + 5x - 3$
e) $x^2 - 2x + 5$

822 - O quociente da divisão de $P(x) = 4x^4 - 5x^3 + x - 2$ por $Q(x) = 2x^3 - 1$ é:

a) $3x - 1$
b) $2x - \frac{5}{2}$
c) $2x + \frac{1}{4}$
d) $3x - \frac{3}{2}$
e) $-2x + 8$

823 - O polinômio $p(x) = ax^2 + 3$ é tal que $p(x) - p(x - 1) = 4x - 2$. Então o valor de "a" é:

a) -2
b) 0
c) 8
d) 10
e) 2

824 - Se $\frac{y+1}{y^2+2y-24} \equiv \frac{A}{y-4} + \frac{B}{y+6}$, então 3A + B é igual a:

a) 1
b) 0
c) 2
d) 3
e) 4

825 - Ache os valores de a e b para que a equação $x^4 - 7x^3 + (a-4)x^2 - (a-2b-2)x + 2a-5b-1 = 0$. Admita duas, e somente duas, raízes nulas.

a) a = 2 e b = 3
b) a = 8 e b = 2
c) a = 8 e b = 3
d) a = 3 e b = 8
e) a = 3 e b = 5

826 - Com base nas propriedades de polinômios e equações, é correto afirmar:

( ) Se p(x) é um polinômio com coeficientes reais tais que 1 + i é raiz de p(x) = 0, então p(x) é divisível por $x^2 + 2x + 2$.
( ) No polinômio que se obtém efetuando o produto $(x + 1)^5(x - 1)^7$, o coeficiente de x^2 é igual a 4.
( ) Todo número que é raiz da equação $x^2 + 2x + 1 = 0$ é também raiz da equação $x + 1 = 0$.
( ) Dada a equação $(x^2 - 2)^5 = 0$, a soma das suas raízes é igual a zero.

827 - Uma das raízes da equação $x^3 + 2x^2 - x - 2 = 0$ é -2. A soma das outras duas raízes vale:

a) 0
b) –1
c) –2
d) 2
e) –3

828* - *(MACK) Para que a equação $x^3 + kx + 2 = 0$ admita uma raiz real dupla, o valor de k deve ser:
a) –2.
b) 2.
c) –4.
d) 3.
e) –3.

829 - Se 1 e –1 são raízes do polinômio $P(x) = x^3 - ax + b$, então a – b é igual a:

a) 0
b) 1
c) 2
d) 3
e) 4

830 - Uma das raízes complexas da equação $x^3 - 3x^2 + 4x - 12 = 0$ é 2i. Pode-se afirmar que essa equação possui uma raiz real x' tal que:

a) x' = 2
b) x' = 3
c) x' = 4
d) x' = 6
e) x' = 12

831* - *(UNICAMP) Ache todas as raízes (reais e complexas) da equação $x^6 - 7x^3 - 8 = 0$.

832* - *(PUC-CAMP.) Se a equação $x^4 + ax^3 + bx^2 + cx + d = 0$, na qual a, b, c, d são coeficientes racionais, é equivalente à equação $(2x - 1) \cdot (x + 1) \cdot (x + 3) \cdot (x - 2) = 0$, então:

a) $a = \frac{3}{2}$.
b) b = 6.
c) c = –7.
d) d = 0.
e) $d = -\frac{3}{2}$.

833* - *(RURAL) Determine as raízes reais do polinômio $P(x) = x(x^4 + 1) - 2x^2 (x^2 - x + 1)$, se houver, dizendo qual a multiplici dade das mesmas.
Resp.: 0, 1(dupla), i, –i

834 - (FUVEST)

a) Quais são as raízes inteiras do polinômio $p(x) = x^3 - x^2 - 4$?

b) Decomponha o polinômio p(x) em um produto de dois polinômios, um de grau 1 e outro de grau 2.

c) Resolva a inequação $p(x) < 4\,(x - 2)$.

835 - (FUVEST) Sabe-se que o produto de duas raízes da equação algébrica $2x^3 - x^2 + kx + 4 = 0$ é igual a 1. Então o valor de k é:

a) –8
b) –4
c) 0
d) 4
e) 8

836 - (FUVEST) P(x) é um polinômio cujas raízes formam uma progressão geométrica de razão 2 e primeiro termo 2. O coeficiente do termo de mais alto grau de P(x) é 1 e o termo independente é igual a 2^{21}. O grau do polinômio é:

a) 4
b) 5
c) 6
d) 7
e) 8

837 - As dimensões de um prisma reto, cuja base é um quadrado, são expressas pelas raízes da equação $x^3 - 10x^2 + 28x - 24 = 0$. A medida da diagonal desse prisma é um número d tal que:

a) $d < 6$
b) $6 < d < 7$
c) $7 < d < 8$
d) $8 < d < 9$
e) $d > 9$

838 - O produto das raízes da equação:

$$x(x + 1)(x + 2) \ldots (x + 19) = 0 \text{ é:}$$

a) 19
b) –19
c) 19!
d) –19!
e) 0

839 - (UENF) O gráfico abaixo é a representação cartesiana do polinômio $y = x^3 - 3x^2 - x + 3$.

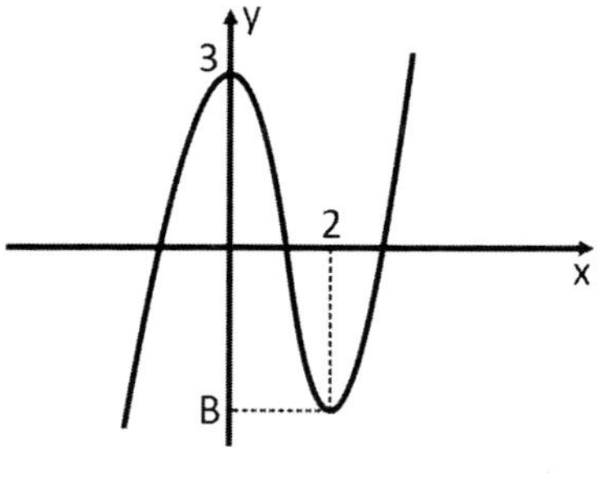

a) Determine o valor de B.
b) Resolva a inequação $x^3 - 3x^2 - x + 3 > 0$.

840 - (UERJ) As figuras abaixo representam as formas e as dimensões, em decímetros, de duas embalagens: um cubo com aresta **x** e um paralelepípedo retângulo com arestas x, x e 5.

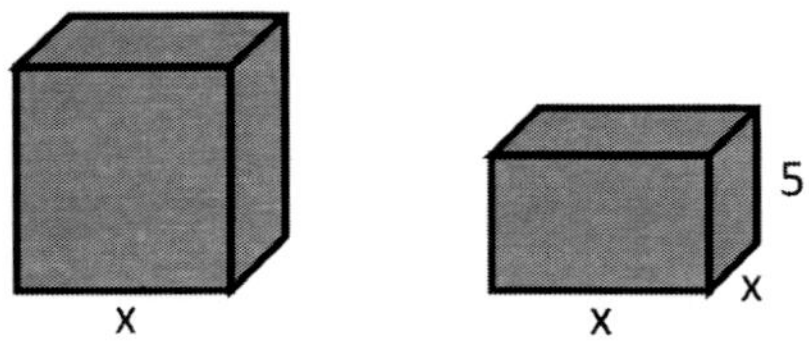

A diferença entre as capacidades de armazenamento dessas embalagens, em dm^3, é expressa por $x^3 - 5x^2 = 36$
Considerando essa equação,

a) demonstre que 6 é uma de suas raízes;
b) calcule as suas raízes complexas (não reais).

841 - (UERJ) Considere o polinômio $P(n) = (n + 1) \cdot (n^2 + 3n + 2)$, $n \in \mathbb{N}$.
Calcule:
a) a quantidade de paralelepípedos retângulos de bases quadradas e volumes numericamente iguais a P(11), cujas medidas das arestas são expressas por números naturais.

b) o valor da expressão: $\dfrac{7^9 + 4.7^6 + 5.7^3 + 2}{344^2}$

18 - Simulados

Simulado 1

1) Seja 7 a diferença entre as raízes da equação $4x^2 - 20x + C = 0$. Então o valor da constante C é:

a) -12 b) 8 c) 6 d) 18 e) -24

2) Resolvendo o sistema $\begin{cases} xy - x^2 - 3y + x > -6 \\ x < 3 \end{cases}$ em relação a y, temos:

a) $\{x \in IR \,/\, y > 5\}$
b) $\{x \in IR \,/\, y < 3\}$
c) $\{x \in IR \,/\, y < -2\}$
d) $\{x \in IR \,/\, y < 5\}$
e) $\{x \in IR \,/\, y > 3\}$

3) Sejam A, B, C e D os vértices de um quadrado de lado a = 6cm; sejam ainda E e F pontos nos lados AD e DC, respectivamente, de modo que BEF seja um triângulo equilátero. A altura desse triângulo mede em cm:

a) $2(\sqrt{6} - 3\sqrt{3})$
b) $3(3\sqrt{2} - \sqrt{6})$
c) $2(3 + \sqrt{6})$
d) $(1 - \sqrt{2})$
e) $(3\sqrt{2} - \sqrt{6})$

4) O domínio da função real de variável real definida por $f(x) = \sqrt{\dfrac{x-1}{-x+2}}$ é o intervalo:

a) $0 < x < 1$
b) $-2 < x < 0$
c) $1 \leq x \leq 3$
d) $1 \leq x < 2$
e) $x \geq 2$

5) A soma das raízes reais e distintas da equação $\left||x-2| - 2\right| = 2$ é igual a:

a) 8 b) 9 c) 6 d) 7 e) 5

6) Em uma progressão aritmética onde o primeiro termo é 8, o oitavo termo é 50. O valor da razão é:

a) 2 b) 4 c) 6 d) 8 e) 10

7) Dada a matriz $A = \begin{bmatrix} 1 & 2 \\ a & b \end{bmatrix}$, calcular a + b, sabendo que $A^2 = \begin{bmatrix} 9 & -4 \\ -8 & 7 \end{bmatrix}$

a) 0 b) 1 c) 3 d) 4 e) 6

8) O sistema $\begin{cases} 2x + y = 0 \\ x + z = 0 \\ y + mz = 0 \end{cases}$ é indeterminado para:

a) m = –1 b) m = –2 c) m = 3 d) m = 4 e) m = 5

9) Se triplicarmos o raio da base de um cilindro, mantendo a altura, o volume do cilindro fica multiplicado por:

a) 3 b) 6 c) 9 d) 12 e) 125

10) Dois dados perfeitos, um verde e um vermelho, são lançados ao acaso. A probabilidade de que a soma dos resultados obtidos seja 4 ou 5 é:

a) $\frac{7}{18}$ b) $\frac{1}{18}$ c) $\frac{7}{36}$ d) $\frac{7}{2}$ e) $\frac{9}{2}$

11) Seja C um cubo, E_1 a esfera circunscrita a C e E_2 a esfera inscrita em C. Então, se R é o raio de E_1 e r o raio de E_2, temos que:

a) $\frac{R}{r} = \sqrt{3}$ b) $\frac{R}{r} = 2\sqrt{3}$ c) $\frac{R}{r} = \frac{\sqrt{3}}{2}$ d) $\frac{R}{r} = 3$ e) $\frac{R}{r} = \frac{3}{2}$

12) A área do triângulo definido pela reta r: 2x + y – 6 = 0, a bissetriz do 1° quadrante e a bissetriz do 2° quadrante é:

a) 10 u.a. b) 12 u.a c) 14 u.a. d) 20 u.a. e) 18 u.a.

13) Sendo **n** um número inteiro e positivo, o menor valor de **n** para o qual $(1 + i)^n$ é um número real é:

a) 3 b) 4 c) 5 d) 6 e) 7

14) O resto da divisão do polinômio $x^3 - 3x^2 + 6mx + 5$ por x + 1 é 13. Então o valor de m, é:

a) –2 b) –3 c) 4 d) 5 e) 6

15) O polinômio $P(x) = 2x^4 - 5x^2 + ax - b$ será divisível pelo binômio $Q(x) = x^2 - 4$, quando os valores dos números reais **a** e **b** forem, respectivamente:

a) 12 e 0 b) –6 e 0 c) 12 e –6 d) 0 e 12 e) 0 e – 6

16) Um lote é constituído de 12 peças perfeitas e 5 defeituosas. Feita uma retirada de 3 peças, a probabilidade de serem 2 peças perfeitas e uma defeituosa é:

a) $\frac{5}{12}$ b) $\frac{3}{17}$ c) $\frac{3}{5}$ d) $\frac{7}{30}$ e) $\frac{33}{68}$

Simulado 2

1) O valor numérico da expressão $(x^{-1} - y^{-1})^{-1}$ para x = 2 e y = 3 é:

a) 4 b) 6 c) – 4 d) 5 e) 3

2) **r** e **s** são raízes de $2x^2 - 5x + k = 3$. Se $\frac{1}{r} + \frac{1}{s} = \frac{4}{3}$, o valor de k é:

a) $\frac{3}{4}$ b) $-\frac{4}{3}$ c) $\frac{27}{4}$ d) 0 e) 1

3) Seja h(x) = 3x + 1 e f(x) = 2x – 1. Determine g(x), sabendo que h = gof.

a) $g(x) = \frac{3}{2}x + 1$

b) $g(x) = \frac{2}{3}x + 1$

c) $g(x) = \frac{3}{2}x + \frac{5}{2}$

d) $g(x) = \frac{2}{3}x + \frac{5}{2}$

e) $g(x) = \frac{3}{2}x - 1$

4) O domínio da função real de variável real definida por $f(x) = \sqrt{3 - |x - 1|}$ é o intervalo:

a) [–1, 2] b) [0, 1] c) [–3, 2] d) [–2, 4] e) [2, 3]

5) A soma dos 3 termos de uma progressão geométrica é 248 e a diferença dos extremos é 192. O primeiro termo é:

a) 4 b) 8 c) 12 d) 16 e) 20

6) O lucro L de uma empresa é dado por $L(x) = -x^2 + 7x - 6$, onde x é a quantidade vendida. O lucro será positivo, se e somente se:

a) $3 < x < 4$ b) $x < 1$ ou $x > 6$ c) $1 < x < 6$ d) $0 < x < 10$ e) $x > 8$

7) O ângulo que a reta de equação y – x – 2 = 0 forma com o sentido positivo do eixo das abcissas vale:

a) 135° b) 120° c) 150° d) 60° e) 45°

8) O valor da expressão $i + i^2 + i^3 + i^4 + \ldots + i^{1002}$ é:

a) –1 + i b) 3 + i c) 4 + i d) 5 + i e) 6 + i

9) O valor de k para que o polinômio $4x^4 + 3x^2 - kx$ seja divisível por $2x + 5$ é:

a) –10 b) –30 c) – 50 d) – 70 e) – 90

10) Para que a soma dos coeficientes do polinômio $P(x) = (x^3 - 5x^2 + x + 1)^n$, onde n é um número ímpar seja –32, o valor de <u>**n**</u> deve ser:

a) 3 b) 4 c) 5 d) 6 e) 7

11) Dois dados são lançados sobre uma mesa. A probabilidade de ambos mostrarem, na face superior, números pares é:

a) $\frac{1}{2}$ b) $\frac{1}{5}$ c) $\frac{1}{3}$ d) $\frac{1}{9}$ e) $\frac{1}{4}$

12) O valor de x para que a soma dos coeficientes do desenvolvimento de $(a + b)^x$ seja igual a 2048 é:

a) 10 b) 11 c) 12 d) 13 e) 14

13) Uma caixa d'água tem a forma de um paralelepípedo retângulo cujas arestas medem 80cm, 1,20m e 1m. O volume dessa caixa, em litros, é igual a:

a) 0,96 b) 9,6 c) 96 d) 960 e) 9 600

14) Uma esfera de raio 15cm é seccionada por um plano e é formado um círculo de $144\pi cm^2$ de área. A distância entre o centro da esfera e o plano que a secciona é:

a) 3cm b) 4cm c) 6cm d) 8cm e) 9cm

15) A distância do ponto P(6, 5) à reta que passa pelos pontos A(–3, 1) e B(5, –1) é:

a) $\frac{20\sqrt{2}}{3}$ b) $\frac{25\sqrt{7}}{6}$ c) $\frac{25\sqrt{17}}{17}$ d) $\frac{27\sqrt{5}}{4}$ e) $\frac{29\sqrt{3}}{7}$

16) Identificar dentre as relações abaixo a que não caracteriza função.

a) $R = \{(x, y) \in IR^2 / y = x + 1\}$
b) R = {(x, y) / cada impressão digital "x" está associada a exatamente uma pessoa "y"}
c) $R = \{(x, y) / x \in IR^2, y \in IR^2, y > x\}$
d) R = {(1, 2); (2, 1); (3, 4); (4, 1)}
e) $R = \{(x, y) \in A \times B / y = x\}$, onde A = [–2, 2] e B = IR.

Simulado 3

1) Se $f(x) = 1 - 2x$ e $g(x) = 2x + k$, o valor de k, de modo que $f(g(x)) = g(f(x))$ é:

a) $\frac{1}{3}$ b) $\frac{-1}{3}$ c) -3 d) -1 e) 1

2) Sejam f e g funções reais de variável real definidas por $f(x) = \frac{1-x}{3-x}$ e $g(x) = x - 2$. Para que $f(g(x)) \geq 1$, devemos ter:

a) $x < 2$ b) $x < -3$ c) $x \geq 4$ d) $x < -5$ e) $x > 5$

3) Aumentando-se o raio de um círculo em 25%, a sua área aumentará de:

a) 50% b) 60% c) 56,25% d) 70% e) 48,75%

4) Se $(x^{-1} + y^{-1})^{-1} = 3$ então y é igual a:

a) $\frac{x}{1-x}$ b) $\frac{3x}{x-3}$ c) $\frac{x}{2+x}$ d) $\frac{x-3}{x}$ e) $\frac{2-x}{x}$

5) Os lados de um retângulo de área $12m^2$ estão na razão de 1 : 3. Qual o perímetro do retângulo?

a) 5m b) 8m c) 12m d) 16m e) 20m

6) Seja uma progressão geométrica ilimitada de razão $\frac{1}{4}$ e cujo 2° termo é 8. O limite da soma dos termos dessa progressão é:

a) $\frac{32}{3}$ b) $\frac{33}{4}$ c) $\frac{128}{3}$ d) $\frac{98}{5}$ e) $\frac{144}{7}$

7) O produto da matriz $M = \begin{pmatrix} 1 & 2 & 1 \\ 4 & 3 & 2 \end{pmatrix}_{2\times3}$ pela matriz $N = \begin{pmatrix} 1 \\ -1 \\ 2 \end{pmatrix}_{3\times1}$ é:

a) $\begin{pmatrix} 2 \\ 9 \end{pmatrix}$ b) $\begin{pmatrix} -1 \\ 4 \end{pmatrix}$ c) $\begin{pmatrix} 1 \\ 5 \end{pmatrix}$ d) $\begin{pmatrix} 0 \\ 2 \end{pmatrix}$ e) $\begin{pmatrix} 2 \\ -3 \end{pmatrix}$

8) O valor de **a** para o qual o sistema $\begin{cases} ax + y = 4 \\ x - y = a - 3 \end{cases}$ é possível e indeterminado é:

a) -3 b) -1 c) 1 d) 2 e) 4

9) As partes real e imaginária do número complexo $Z = \frac{(1+i)^0 \ : \ (i^3 - i^{123})^5}{-1+2i} . 5$

a) -1 e -2 b) 3 e -2 c) 5 e -2 d) -2 e -3 e) -2 e -1

10) O módulo do número complexo Z tal que $2Z + \overline{Z} = 9 - 4i$, onde i é a unidade imaginária, é igual a:

a) 3 b) 5 c) 6 d) 7 e) 8

11) Se o polinômio $P(x) = x^3 - 3x^2 + ax + b$ é divisível por $(x - 1)^2$, então $a - b$ é igual a:

a) -2 b) 4 c) 0 d) 1 e) -3

12) Um casal de noivos sonha em ter três filhos, duas meninas e um menino, não necessariamente nesta ordem. Supondo que o consigam ter o número de filhos desejado, a probabilidade de realização do sonho é:

a) $\frac{1}{2}$ b) $\frac{1}{3}$ c) $\frac{1}{6}$ d) $\frac{1}{8}$ e) $\frac{3}{8}$

13) Numa moeda viciada, a probabilidade de ocorrer face cara num lançamento é igual a três vezes a probabilidade de ocorrer coroa. A probabilidade de ocorrer cara num lançamento desta moeda é:

a) 40% b) 80% c) 75% d) 20% e) 50%

14) A área lateral de uma pirâmide quadrangular de altura 4cm e de área da base igual a $64cm^2$ vale:

a) $64\sqrt{2}\ cm^2$ b) $64cm^2$ c) $128cm^2$ d) $128\sqrt{2}\ cm^2$ e) $32cm^2$

15) Se o volume de uma esfera inscrita num cubo é $\frac{32\pi}{3}\ cm^3$, a aresta desse cubo mede:

a) $\sqrt{3}$ cm b) 2cm c) 4cm d) 6cm e) 8cm

16) No plano cartesiano, as equações $y = 3x - 4$, $y = 3x - 1$ e $2y = 6x$, representam:

a) três retas que se cortam duas a duas;
b) três retas paralelas;
c) duas retas paralelas cortadas por uma perpendicular;
d) três retas concorrentes;
e) duas retas paralelas e um segmento de reta.

Simulado 4

1) A figura representa um círculo inscrito num quadrante de circunferência cujo raio é igual a 2. Então, o raio do círculo inscrito vale:

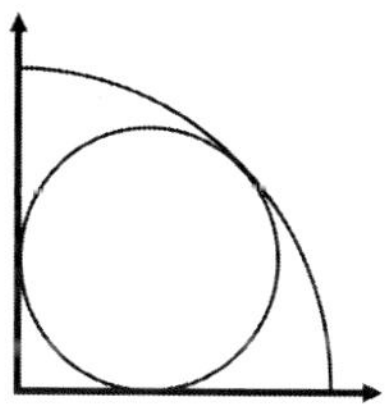

a) $2\sqrt{2}-2$ b) $\sqrt{2}-1$ c) 1 d) $\sqrt{2}+1$ e) $2\sqrt{2}+2$

2) O menor número real cuja soma com o dobro de seu quadrado é igual ao triplo do próprio cubo é:

a) –1 b) $-\frac{1}{3}$ c) zero d) $\frac{1}{3}$ e) 1

3) Seja f uma função real de variável real definida por f(x) = $1-\sqrt{x-1}$. Se f(q) = –4, então q é igual a:

a) 16 b) 56 c) 36 d) 66 e) 46

4) É dada a função real f tal que:

1) $f(x + y) = f(x) \times f(y)$
2) $f(2) = 8$. O valor de f(3) é:

a) 64 b) $32\sqrt{2}$ c) 16 d) $16\sqrt{2}$ e) $8\sqrt{2}$

5) Em uma progressão aritmética de 8 termos, o último termo é 31 e a soma dos termos é 136. O valor do primeiro termo é:

a) 1 b) 3 c) 5 d) 7 e) 9

6) Se a sequência (a, a – 1, a + 2, ...) é uma progressão geométrica, então sua razão vale:

a) –3 b) –2 c) 2 d) 3 e) 5

7) Se (a, b, c) é a solução do sistema $\begin{cases} x+2y+z=2 \\ 2x-4y+3z=5 \\ -x+6y+2z=1 \end{cases}$ então a + b + c é:

a) –4 b) 3 c) 1 d) –2 e) 2

8) Dados os vetores $\vec{a}=(2,-3,5)$ e $\vec{b}$ = (x – 1, 2, 5), determine o valor de x de modo que os vetores $\vec{a}$ e $\vec{b}$ sejam perpendiculares entre si:

a) –2 b) $-\frac{5}{2}$ c) $-\frac{17}{2}$ d) $-\frac{11}{2}$ e) –1

9) Dado o número complexo $Z = 1 - \sqrt{3}\,i$, a forma algébrica de Z^6 é:

a) $1 - \sqrt{3}\,i$ b) $1 - i$ c) 64 d) 32 e) – 64

10) Se Q(x) é o quociente da divisão do polinômio $P(x) = x^5 - 1$ por $x - 1$, então Q(1) é igual a:

a) 3 b) 4 c) 5 d) 6 e) 8

11) Uma urna contém 12 bolas, das quais 7 são pretas e 5 brancas, distintas apenas na cor. O número de modos que podemos tirar 6 bolas da urna, das quais 2 são brancas é:

a) 300 b) 310 c) 320 d) 340 e) 350

12) De quantos modos pode se vestir um homem que tem 3 pares de sapatos, 3 paletós e quatro calças diferentes?

a) 20 b) 36 c) 42 d) 52 e) 24

13) O coeficiente de x^{15} no desenvolvimento de $(x^2 + x^{-3})^{15}$ é:

a) 455 b) 500 c) 555 d) 643 e) 600

14) A área total de um cubo de aresta a, em função da diagonal desse cubo, é;

a) $D\sqrt{3}$ b) $2D^2$ c) $\frac{D^2}{2}$ d) $\frac{D^2}{\sqrt{3}}$ e) 3D

15) Um poliedro foi obtido, ligando-se o centro de uma das faces de um cubo de aresta **a** aos vértices da face oposta. A área total do poliedro assim obtido mede:

a) $a^2(1 + \sqrt{5})$ b) $a^2\sqrt{3}$ c) $4a^2$ d) $5a^2$ e) $a^2(1 + \sqrt{2})$

16) Qual a distância da reta $y = 2 - x$ à origem:

a) 1 b) 2 c) $\sqrt{2}$ d) $\frac{1}{2}$ e) 1

Simulado 5

1) Considere a função $f(x) = |2x + 1| - |4 - x|$. Pode-se afirmar que:

a) Seu domínio é o conjunto $\mathbb{R}_+$.
b) Sua imagem está contida no conjunto $\mathbb{R}_+$.
c) Seu gráfico é formado por duas semiretas.
d) $f(6) = 15$
e) O menor valor da função ocorre no intervalo $[-1, 4]$

2) Assinale a única opção falsa:

a) $sen^2x + cos^2x = 1$
b) $sec^4x - sec^2x = tg^4x + tg^22$
c) $sec^2x \times cossec^2x = sec^2x + cossec^2x$
d) $1 + sec^2x = tg^2x$
e) $cos\ 2x = 1 - 2sen^2x$

3) Os degraus da escada da figura são constituídos de toros de madeira maciça com 70cm de comprimento e com seção reta quadrada. Sabendo que o volume da escada é $82{,}32dm^3$, pode-se afirmar que a altura de cada degrau é:

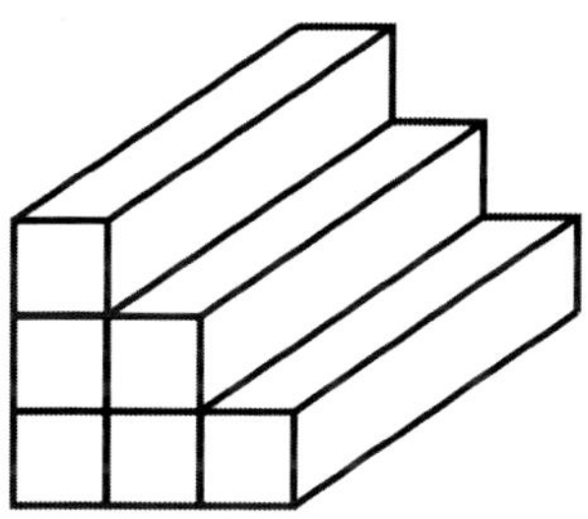

a) 8cm b) 10cm c) 12cm d) 14cm e) 16cm

4) No desenvolvimento de $(1 + 3x)^5$, o coeficiente de x^3 é igual a:

a) 180 b) 270 c) 360 d) 450 e) 540

5) No gráfico abaixo estão representadas as funções reais $f(x) = 2^x$ e $g(x) = |2x - 4|$

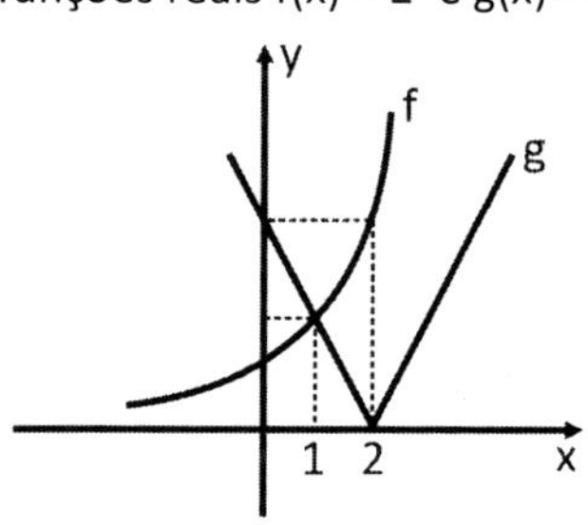

Com base no gráfico, assinale a afirmação correta:

a) a inequação $g(x) > f(x)$ tem solução para $x < 1$.
b) a inequação $f(x) < g(x)$ tem solução para $x > 1$.

c) só existem 2 valores de x para os quais f(x) = g(x).
d) a equação f(x) = g(x) possui infinitas soluções.
e) g é uma função injetora.

6) Constrói-se um pentágono regular. Toma-se ao acaso uma de suas diagonais. A probabilidade de que ela passe pelo centro do pentágono é:

a) 1/2 b) 1/5 c) 1/10 d) 1/20 e) nula

7) Número $5+\sqrt{5}+\frac{1}{5-\sqrt{5}}-\frac{1}{5+\sqrt{5}}$ é igual a:

a) $5+\frac{11}{10}\sqrt{5}$ b) $5-\frac{11}{10}\sqrt{5}$ c) $\sqrt{5}$ d) $-\sqrt{5}$ e) 1

8) Constrói-se um hexágono regular unindo-se os pontos médios dos lados de um outro hexágono, também regular. A razão entre os perímetros do hexágono menor e maior é:

a) $\frac{1}{2}$ b) $\frac{\sqrt{3}}{2}$ c) $\frac{1}{6}$ d) $\frac{\sqrt{3}}{6}$ e) $\frac{1}{12}$

9) No sistema linear $\begin{cases} x-y+z=7 \\ x+y-z=1 \\ y+z-x=m \end{cases}$ sabe-se que x + y + z = 11. O valor de **m** é:

a) 1 b) 2 c) 3 d) 4 e) 5

10) A soma de 5 números que formam uma progressão aritmética é igual a 40. Retirando-se dessa sequência o 1º e o 4º termos obtém-se uma P.G crescente de três termos. A soma dos termos da P.G obtida é igual a:

a) 20 b) 24 c) 28 d) 26 e) 32

Simulado 6

1) São dados os vetores $\vec{a} = 2\vec{i} + 2\vec{j} - \vec{k}$ e $\vec{b} = 3\vec{i} - 4\vec{k}$. É <u>FALSO</u> afirmar que:

a) o produto escalar entre eles vale 10
b) o módulo do vetor $\vec{a}$ vale 3
c) a soma dos dois vetores é o vetor $5\vec{i} + 2\vec{j} - 5\vec{k}$
d) o módulo do vetor $\vec{b}$ vale 5
e) o produto escalar entre eles vale −2

2) Tem-se uma fração cuja soma de seus termos é 7. Somando-se 3 unidades ao seu numerador e tirando-se 3 unidades do seu denominador, obtém-se a fração inversa da primeira. O denominador da nova fração, é:

a) 2 b) 3 c) 4 d) 5 e) 6

3) O menor número inteiro, de modo que o quadrado desse número diminuído de 400 não seja positivo é.

a) 18 b) 20 c) −20 d) 19 e) −19

4) Um raio luminoso é emitido do ponto A (−2, 3) situado num sistema ortogonal e incide sobre o eixo **Ox**, formando com o sentido positivo deste ângulo **a.** Sabe-se que tg a = 3. Após atingir **Ox**, o raio é refletido. A equação da reta suporte do raio refletido é:

a) 3x −y + 9 = 0
b) 3x + y + 3 = 0
c) x + y −3 = 0
d) 3x + y + 9 = 0
e) 3x −y + 3 = 0

5) Observe atentamente o gráfico abaixo:

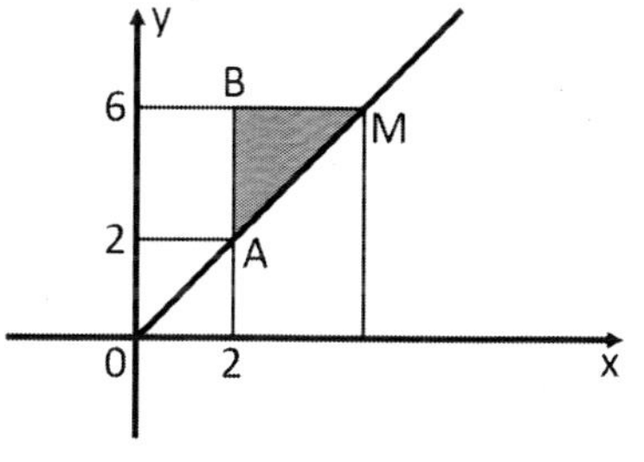

O valor positivo da abscissa de M, para que a área do triângulo ABM seja igual a 8 unidades de área, é:

a) 4 b) 5 c) 6 d) 7 e) 8

6) A figura abaixo representa um retângulo de cartolina de 60cm X 45cm que foi dividido em três partes, de mesma área, cortando-se nas linhas pontilhadas AC e BC. A distância do ponto A ao ponto B é, em cm,

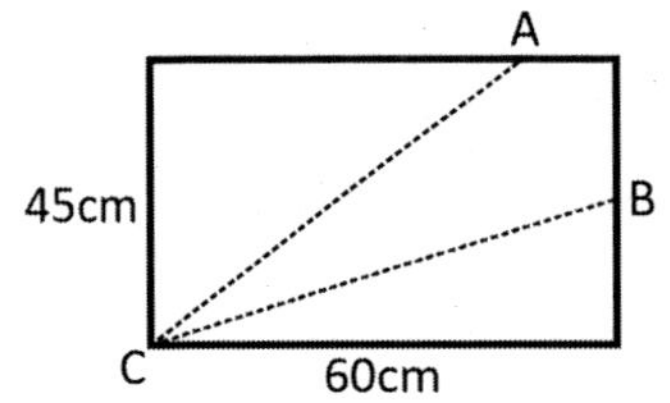

a) 15 b) 20 c) 24 d) 25 e) 30

7) Com 1400 cubinhos congruentes monta-se o maior cubo possível. O número de cubinhos que ainda resta é:

a) 400 b) 69 c) 143 d) 91 e) 231

Simulado 7

1) Uma quantia de R$ 10.000,00 foi empregada durante 8 meses, a juros simples e rendeu R$ 240,00. A taxa de juros adotada foi:

a) 3,6% ao ano b) 2,4% ao mês c) 24% ao ano d) 3% ao mês e) 30% ao ano

2) O conjunto-imagem da função $f(x)=2^{\log_2(x-1)}+3$ é o intervalo:

a) $]3,+\infty[$ b) $[3,+\infty[$ c) $]-\infty,3]$ d) $]-\infty,+\infty[$ e) $]0,+\infty[$

3) Na forma trigonométrica, o complexo $z=\dfrac{(1+i)^2}{1-i}$, é igual a:

a) $\sqrt{2}\left(\cos\dfrac{3\pi}{4}-i\,\text{sen}\dfrac{3\pi}{4}\right)$

b) $\dfrac{\sqrt{2}}{2}\left(\cos\dfrac{3\pi}{4}+i\,\text{sen}\dfrac{3\pi}{4}\right)$

c) $\sqrt{2}\left(-\cos\dfrac{3\pi}{4}+i\,\text{sen}\dfrac{3\pi}{4}\right)$

d) $\dfrac{\sqrt{2}}{2}\left(\cos\dfrac{3\pi}{4}-i\,\text{sen}\dfrac{3\pi}{4}\right)$

e) $\sqrt{2}\left(\cos\dfrac{3\pi}{4}+i\,\text{sen}\dfrac{3\pi}{4}\right)$

4) Sejam A, B e C matrizes reais 2 X 2, satisfazendo as seguintes condições: AB = C^{-1} e B = 3A. Se o determinante de C é $\dfrac{1}{81}$, o valor do módulo do determinante de A é:

a) 9 b) 4 c) 3 d) 27 e) 3

5) Os valores reais de **x**, para os quais a sentença 2 < |2 –3x| < 5 é verdadeira, são:

a) $-1<x<\dfrac{7}{3}$

b) $-1<x<0$ ou $\dfrac{4}{3}<x<\dfrac{7}{3}$

c) $x<0$ ou $x>\dfrac{4}{3}$

d) $0<x<\dfrac{7}{3}$

e) $-1<x<\dfrac{4}{3}$

6) A função $f(x) = x^2 + mx + p$ é representada graficamente por uma parábola cujo vértice é o ponto V(2, 5). Os valores de **m** e **p** são, respectivamente:

a) −2 e −7
b) −4 e 9
c) 2 e −1
d) −1 e 1
e) 4 e 1

7) O gráfico que representa a função real $f(x)=\dfrac{x^{x-\frac{1}{2}}-x^{\frac{1}{2}}}{x^{x-1}-1}$, onde x > 0 e ≠ 1 é:

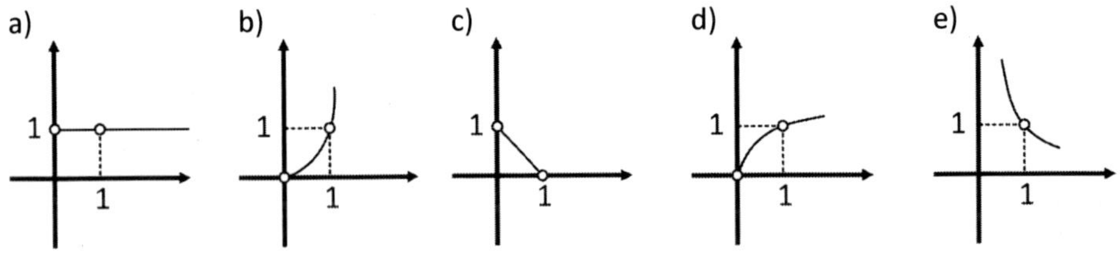

8) A soma dos quadrados das raízes da função $f(x) = x^2 + 5x - 13$, vale:

a) 5 b) 13 c) 18 d) 25 e) 51

9) Um operário fixa, numa parede, letras metálicas que formam ESTÁCIO DE SÁ. Para que a escrita fique bem centrada, ele começa a fixação pelas letras mais centrais. Já tendo fixado as letras C, I, O e D, vai almoçar. Um grupo de alunos começa a mexer nas letras que ainda estão no chão, trocando-as de lugar. O número de formas diferentes com que essas letras podem ser dispostas é:

a) 7 b) 315 c) 630 d) 3780 e) 5040

10) Na figura, a reta r intercepta duas retas paralelas, t e s. Podemos afirmar que os valores de x e y são, respectivamente:

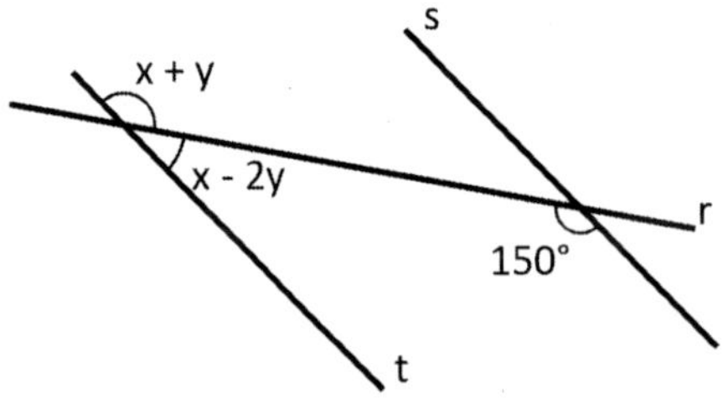

a) 30° e 120° b) 60° e 120° c) 90° e 60° d) 100° e 40° e) 110° e 70°

Simulado 8

1) Uma transformação linear T: IR^2 X IR^2 é dada pela matriz $T = \begin{pmatrix} -1 & 0 \\ 0 & 2 \end{pmatrix}$.

Se $A = \{(x, y) \in R^2 \ / \ y = x + 1\}$, o gráfico que melhor representa o conjunto T(A) é:

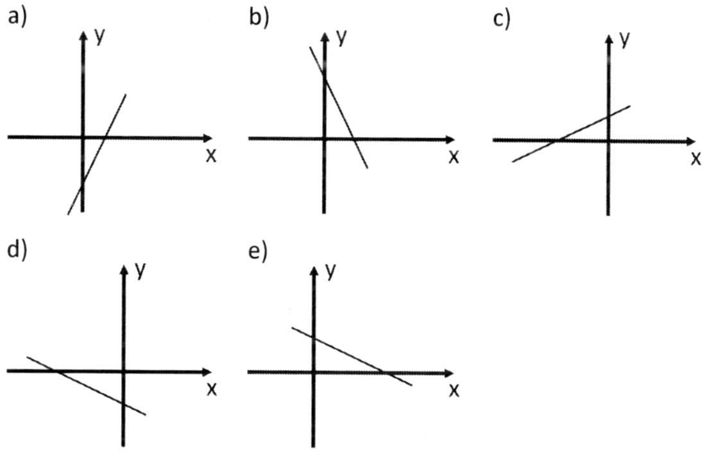

2) Sendo x e y números inteiros, o valor mínimo de x + y para que |x| · |y| = 4 é:

a) –5 b) –4 c) –3 d) –6 e) –2

3) No gráfico abaixo estão representadas duas funções reais f e g:

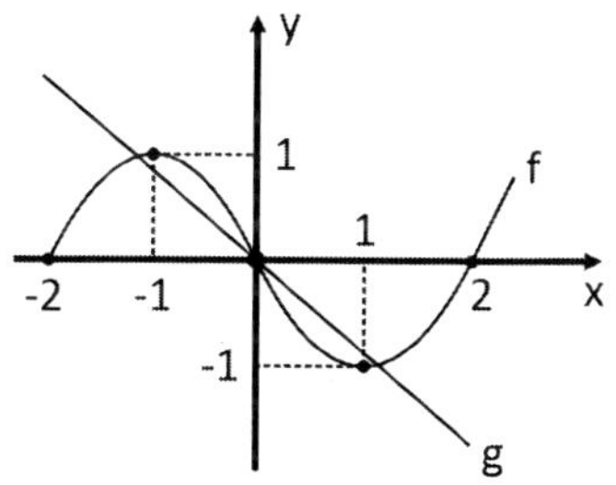

Assinale a opção correta:

a) f(–1) < g(–1)
b) f(–2) = g(0)
c) f(–1) · g(1) > 0
d) f(3) · g(3) > 0
e) $f\left(\frac{1}{2}\right) \cdot g\left(\frac{1}{2}\right) < 0$

4) Considere as funções reais dadas por f(x) = 3x –2 e g(x) = 2x + 3. Se b = f(a) e g(b) = 5, então é **falso** afirmar que:

a) a + b = 2 b) a = b c) a – b = 2a d) $a^b = b^a$ e) $\frac{2a}{b} = 2$

5) Se x – y > x e x + y < y, então:

a) $x < y$ b) $y < x$ c) $x < 0$ e $y < 0$ d) $x < y < 0$ e) $x < 0$ e $y > 0$

6) Dada a progressão $10^{\frac{1}{11}}, 10^{\frac{2}{11}}, 10^{\frac{3}{11}}, K, 10^{\frac{n}{11}}$. O menor inteiro positivo **n** tal que o produto dos n primeiros termos da progressão exceda 100.000 é:

a) 7 b) 8 c) 9 d) 10 e) 11

7) O gráfico abaixo é a representação cartesiana da função $y = \log_a |x|$, onde $0 < a \neq 1$

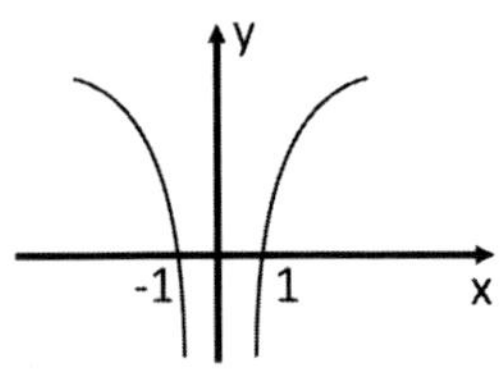

A partir dessa informação, pode-se afirmar que o gráfico abaixo representa a função:

a) $y = \log_a |x - 1|$

b) $y = \log_a |x + 1|$

c) $y = \log_a |x| - 1$

d) $y = \log_a |x| + 1$

e) $y = \log_a |x|$

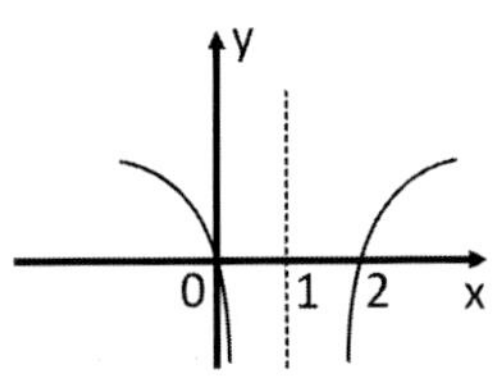

8) O número de caminhos possíveis para ir do ponto 0 até a reta r, sem caminhar para a esquerda ou para baixo sobre o quadriculado da figura é:

a) 6
b) 9
c) 12
d) 14
e) 16

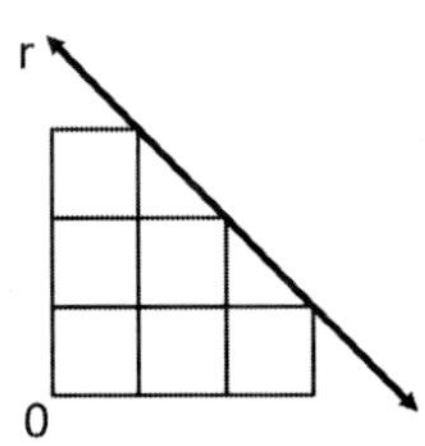

9) Uma sorveteria vende casquinhas com 3 bolas de sorvete, de mesmo sabor ou não. No momento tem 7 sabores de sorvete a oferecer, o número de casquinhas diferentes que podem ser vendidas é:

a) 21 b) 35 c) 63 d) 84 e) 210

10) Na figura, a soma das medidas dos ângulos x e y é igual a:

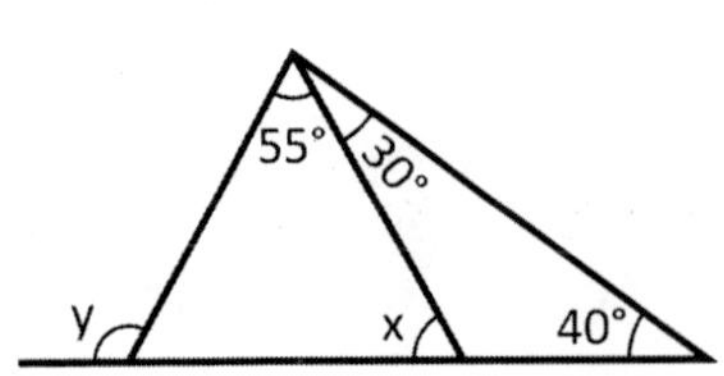

a) 125° b) 145° c) 155° d) 180° e) 195°

Simulado 9

1) Um fabricante de goiabada deseja vender seu produto em embalagens cilíndricas. Há duas propostas apresentadas, conforme está ilustrado abaixo:

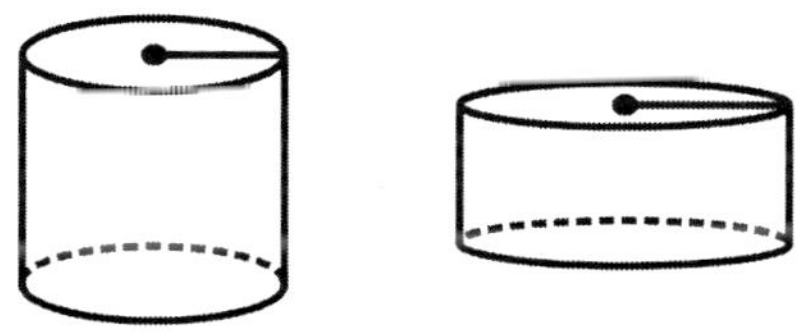

Proposta 1	Proposta 2
Raio da base: 2	Raio da base: 4
Altura: 4	Altura: 2

O fabricante disse que era indiferente, pois as medidas usadas eram as mesmas, 2cm e 4cm, e que o preço da mercadoria seria o mesmo para as duas situações.
Lúcia e Renata decidem comprar essa mercadoria, sendo que Lúcia optou pela embalagem da proposta 1 e Renata por outra embalagem. Pode-se concluir que:

a) O fabricante tinha razão. Lúcia e Renata levaram a mesma quantidade de goiabada.
b) Lúcia levou o dobro da quantidade de goiabada que foi levada por Renata.
c) Lúcia levou o triplo da quantidade de goiabada que foi levada por Renata
d) Renata levou o triplo da quantidade de goiabada que foi levada por Lúcia.
e) Renata levou o dobro da quantidade de goiabada que foi levada por Lúcia.

2) Considere num plano (α) um quadrado ABCD, de lado 4cm. Pelos vértices A e C são desenhados dois segmentos AP e CQ, perpendiculares a α, medindo respectivamente, 2cm e 6cm. A distância entre P e Q tem medida igual a:

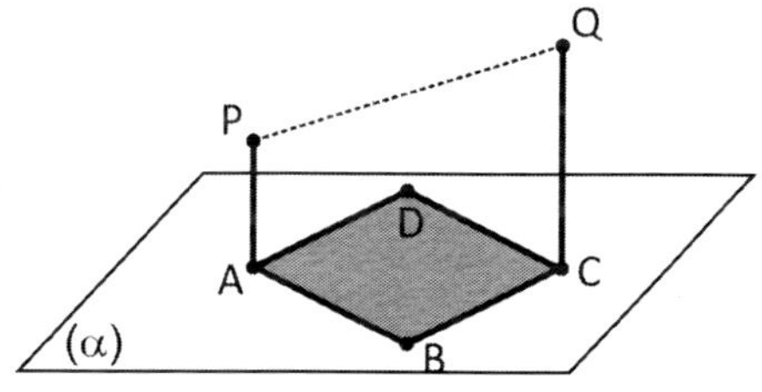

a) $2\sqrt{2}$cm b) $2\sqrt{3}$cm c) $3\sqrt{2}$cm d) $3\sqrt{3}$cm e) $4\sqrt{3}$cm

3)

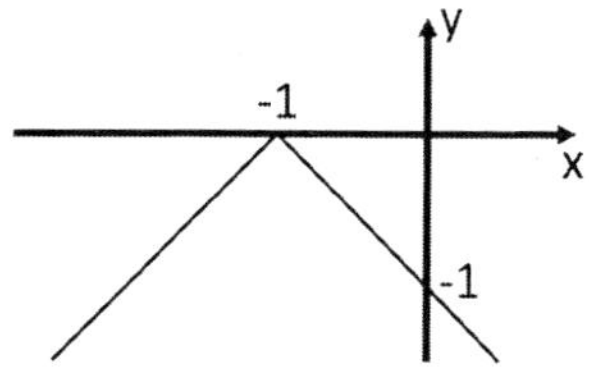

O gráfico da figura é a melhor representação da função:

a) $f(x)=|1-x|$
b) $f(x)-|x+1|$

c) $f(x)=|x|-1$

d) $f(x=1-|x|)$

e) $f(x)=|-1-x|$

4) Considere a circunferência da figura abaixo, cuja equação é $x^2 + y^2 - 4x - 2y - 4 = 0$. A corda AB é dividida pelo ponto M em dois segmentos AM e MB de 1cm e 4cm respectivamente. A distância do centro da circunferência ao ponto M, em cm, é:

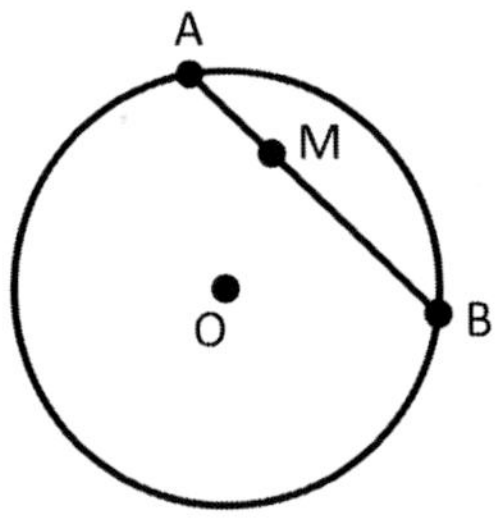

a) $\sqrt{2}$ b) $\sqrt{3}$ c) $\sqrt{5}$ d) $\sqrt{7}$ e) $\sqrt{11}$

5) Sejam A = (1, 3), B = (3, 5) e C = (5, 1), três vértices consecutivos de um paralelogramo. A reta que passa pelos pontos médios dos lados AB e BC, intercepta o prolongamento do lado DC no ponto N. A abscissa de N é igual a:

a) 6 b) 7 c) 8 d) 9 e) 10

6) Foi feita uma pesquisa num grupo de 200 vestibulandos e verificou-se que 150 cursaram pré-vestibulares, 55 tiveram professores particulares e apenas 15 não tinham feito curso pré-vestibular nem tido aulas particulares. O número de vestibulandos que cursaram pré-vestibulares e ainda tiveram aula particular é:

a) 15 b) 20 c) 25 d) 30 e) 35

7) Considere a função $f(x) = x + 1$ e sua inversa $f^{-1}(x)$. As representações gráficas dessas funções são linhas retas. Pode-se afirmar que:

a) $f(x) + f^{-1}(x) = 0$
b) as duas retas são perpendiculares.
c) o ponto de intersecção das duas retas é o ponto de abscissa nula
d) as duas retas são paralelas
e) $f(x) \cdot f^{-1}(x) = 1$

8) Em um banco os depósitos rendem 2% ao mês e esse banco oferece um empréstimo de R$ 10.000 reais ao seu cliente cobrando 10% de juros ao mês. Um cliente que aceita o empréstimo retira R$ 9.000,00. Se o banco está cobrando 10% antecipado, então a taxa de juros ao mês é na verdade de:

a) 9,8% b) 10% c) 10,1% d) 10,2% e) 10,3%

9)

Observe a figura:

Cada um dos seis soldados vai recolher apenas um objeto. Os outros três objetos vão permanecer nos seus respectivos lugares marcando a trilha. O número de modos distintos que essa trilha pode ficar marcada é:

a) 84 b) 72 c) 504 d) 252 e) 600

10) No km 88 de uma estrada há um telefone para pedir auxílio mecânico. O próximo telefone se encontra no km 256. Entre eles, serão colocados 15 novos telefones, onde a distância entre um deles e o seguinte será sempre a mesma. A distância, em km, entre dois telefones seguidos será igual a:

a) 8,5 b) 9 c) 10,5 d) 10 e) 9,5

Simulado 10

1) Os vetores $V_1 = 2i + 3j + mk$ e $V_2 = 4i + nj + 10k$ são paralelos. Pode-se afirmar que:

a) o produto escalar $V_1 \cdot V_2$ vale 76

b) o produto vetorial $V_1 \wedge V_2$ é (8, 18, 50)

c) $V_1 = (2,3,6)$

d) o produto vetorial $V_1 \wedge V_2$ é (8, 15, 60)

e) $V_2 = (4,5,10)$

2) O gráfico abaixo representa a função f(x) = |x – 2| – 3

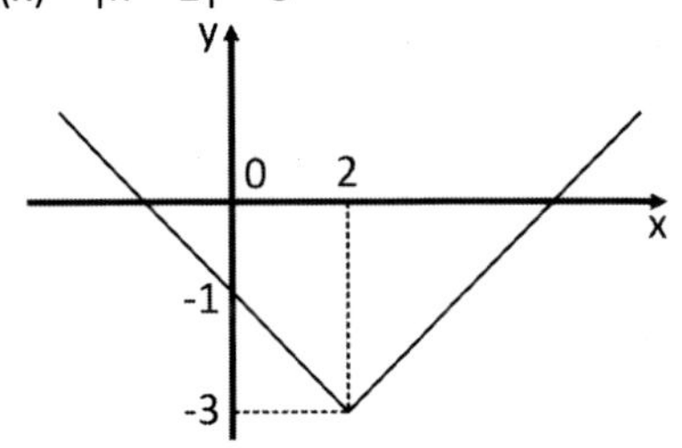

O conjunto solução da inequação f(x) $\leq$ 0 é:

a) $\{x \in IR \,/\, -1 \leq x \leq 5\}$
b) $\{x \in IR \,/\, -1 < x < 5\}$
c) $\{x \in IR \,/\, x < -1 \text{ ou } x > 5\}$
d) $\{x \in IR \,/\, x \leq -1 \text{ e } x \geq 5\}$
e) $\{x \in IR \,/\, x \leq -1 \text{ ou } x \geq 5\}$

3) Considere a função f(x) = ax² + bx + c, cujas raízes são –1 e 5 e cuja imagem é o intervalo [–18, ∞[. Pode-se afirmar que:

a) c = –5 b) b = –4 c) a = 1 d) b = –8 e) c = –18

4) A área compreendida entre as circunferências inscritas e circunscrita à elipse $\frac{x^2}{5} + \frac{y^2}{8} = 1$ vale, em cm²

a) 2π b) 3π c) 7π d) 13π e) 39π

5) Se $x^2 = y^2 - 2y + 1$, pode-se afirmar que:

a) x – y + 1 = 0
b) x + y – 1 = 0
c) x – y + 1 = 0 ou x + y – 1 = 0
d) x – y + 1 = 0 e x + y – 1 = 0
e) x = 0 e y = 1

6) O número $a = 5^{20} \cdot 2^{21}$, depois de desenvolvidas as potências e calculado o produto terá:

a) 18 algarismos
b) 19 algarismos
c) 20 algarismos
d) 21 algarismos

e) 22 algarismos

7) O triângulo ABC representado abaixo é obtusângulo e tem área igual a 12 cm². Se $\overline{AB} = \overline{AC}$ e $\text{sen}\,\hat{A} = \frac{24}{25}$, a medida do segmento $\overline{CD}$ é, em cm, igual a:

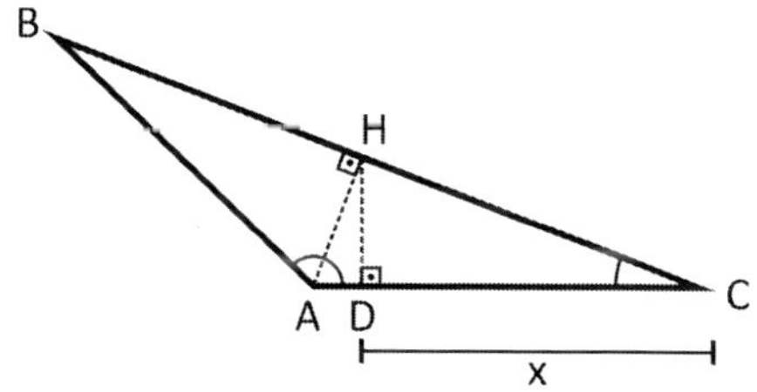

a) 1,8 cm b) 2,2 cm c) 2,8 cm d) 3,2 cm e) 3,6 cm

8) A figura abaixo representa duas vasilhas: uma semiesfera de raio R e um cone de raio R cuja altura também é R.

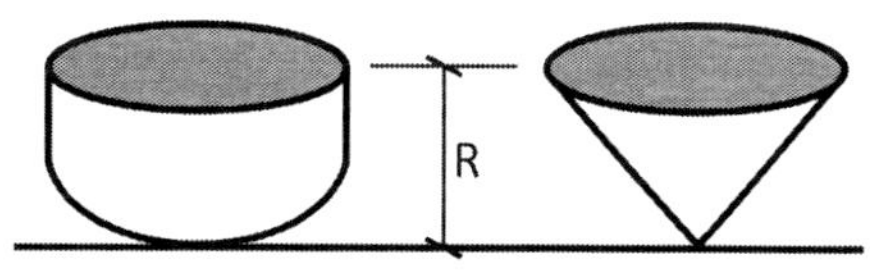

Essas medidas do raio e da altura são internas; portanto, determinam o espaço vazio das vasilhas. Enche-se o cone de água e despeja-se esse volume em (A).
O número de vezes que essa operação deve ser repetida até encher a vasilha (A) é:

a) 2 b) 3 c) 4 d) 5 e) 6

9) Um vagão de 10 m de comprimento por 3 m de largura faz uma curva cujo raio interno é 9 m. A figura abaixo representa essa situação. A medida do raio externo R, em m, dessa curva é:

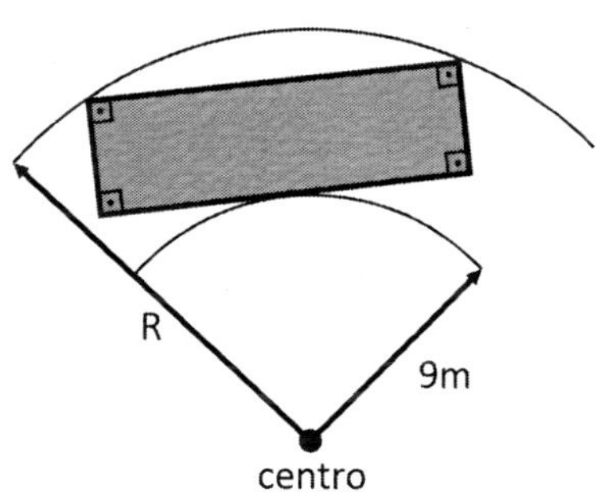

a) 12 b) 13 c) 14 d) 15 e) 16

10) Em um sistema de eixos não ortogonais $X\hat{O}Y = 45°$, conforme representado na figura abaixo:

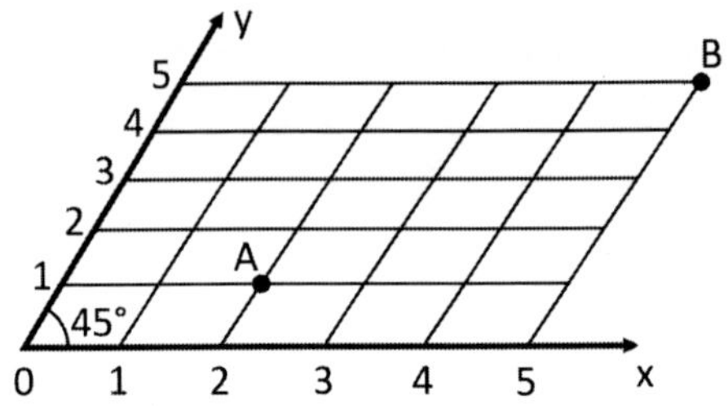

Se a distância entre os pontos A (2, 1) e B (5, 5) neste sistema é x, então.

a) $x = 5$ b) $5 < x < 6$ c) $6 < x < 7$ d) $x = 7$ e) $x > 7$

Simulado 11

1) No triângulo ABC desenhado abaixo, tem-se: $\overline{AB} = 6$, $\overline{BC} = 10$ e $\overline{AC} = 12$.

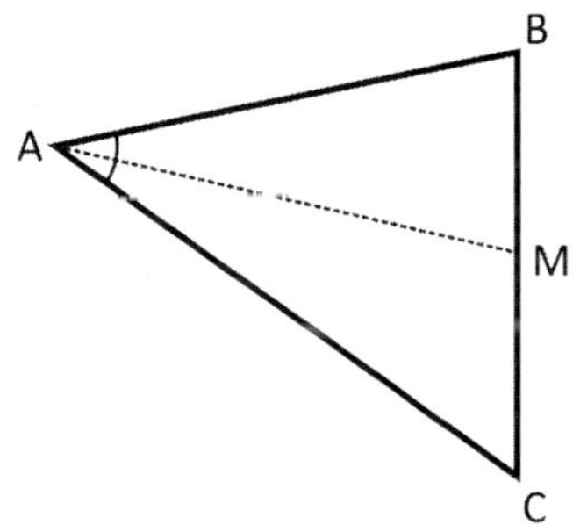

Se $\overline{AM}$ é a bissetriz do ângulo A, pode-se afirmar que:

a) $\overline{BM} = \overline{CM} = 5$

b) $\overline{CM} = 2 \cdot \overline{BM}$

c) $\overline{CM} = 3 \cdot \overline{BM}$

d) $\dfrac{\overline{AB}}{\overline{CM}} = \dfrac{\overline{AC}}{\overline{BM}}$

e) Os triângulos ABM e ACM são semelhantes

2) A base de um prisma reto, de altura 8 cm, é um quadrado de área 36 cm². É feita uma secção que passa pelos vértices A, G e E, conforme sugere a figura abaixo.

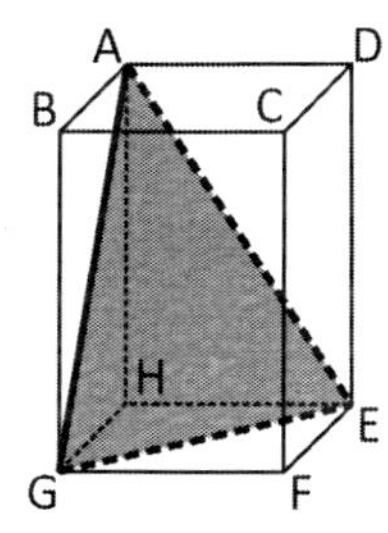

A área da secção é, em cm², igual a um número x, tal que:

a) $16 < x < 20$
b) $20 < x < 24$
c) $24 < x < 30$
d) $30 < x < 36$
e) $36 < x < 40$

3) No desenvolvimento da potência $(x^2 - 2x + 1)^{10}$ o termo do primeiro grau é igual a:

a) $-20x$ b) $-2x$ c) $20x$ d) $2x$ e) x

4) Na figura, os segmentos $\overline{OA}, \overline{AB}$ e $\overline{BC}$ apresentam o mesmo comprimento. Se as coordenadas de A são (6, 3), o comprimento do segmento $\overline{OC}$ será igual a:

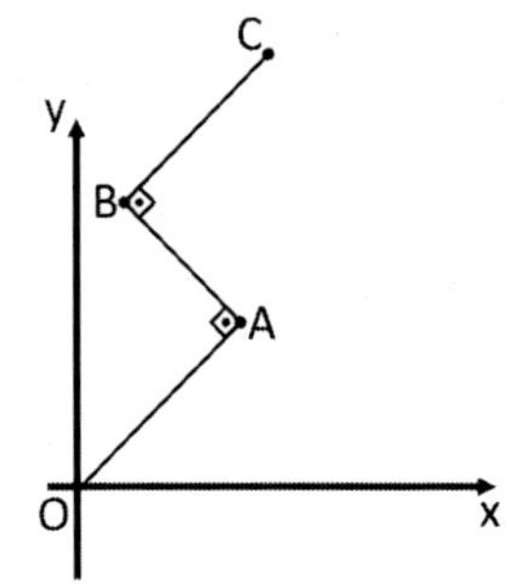

a) 13 b) 14 c) 15 d) 16 e) 17

5) A equação $x^2 - y^2 - 2y - 1 = 0$ representa no plano cartesiano:

a) uma circunferência
b) uma hipérbole
c) um par de retas paralelas
d) um par de retas perpendiculares
e) uma parábola

6) Em um caso tem, 1.000 cartões cada qual com um dos números de 1 a 1000. Sorteando um deles, qual a probabilidade de sair um cartão com um número múltiplo de 3 ou de 7?

a) 42,8% b) 43,6% c) 44,5% d) 46,6% e) 47,5%

7) Sendo **a** e **b** as raízes da equação $x^2 + 7x - 3 = 0$, o valor de $(a + 2)(b + 2)$ é:

a) 15 b) 21 c) –7 d) –13 e) –15

8) Considere os conjuntos $A = \{x \in Z / 3 = |x - 2|\}$ e $B = \{y \in N / 2 < y \leq 6\}$. O conjunto A – B é:

a) {5} b) {– 1, 3, 4, 6} c) {– 1, 5} d) {3, 4, 6} e) {– 1}

9) Considere os números complexos $z_1 = 1 + i$ e $z_2 = 1 - i$. Ao dividir z_1 por z_2 obtemos um número complexo cujas partes real e imaginária são respectivamente:

a) –1 e 0 b) 0 e 1 c) 1 e –1 d) 0 e –1 e) 1 e 0

10) O domínio da função $f(x) = \dfrac{\sqrt{4 - x^2}}{x^2 - 4x + 4}$ é:

a) [– 2, 2[b)]– 2, ∞[c) [–2, 2[d)]2, ∞[e)]–2, 2]

Simulado 12

1) O valor positivo de **x**, para que os 3 números: $x-\sqrt{6}$; 5 e 3 sejam inversamente proporcionais aos 3 números $x+\sqrt{6}$; 6 e 10, respectivamente, é:

a) $1\ \sqrt{6}$ b) $\sqrt{6}$ c) $\sqrt{6}+1$ d) $\frac{6}{5}$ e) 6

2) Observe a figura abaixo.

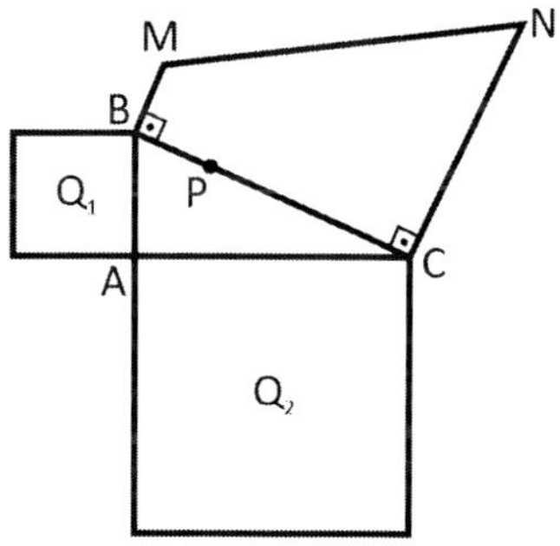

ABC é um triângulo retângulo em A e P é um ponto qualquer de sua hipotenusa. Q_1 e Q_2 são quadrados de áreas S_1 e S_2, respectivamente. Se $\overline{BM}=\overline{BP}$ e $\overline{CN}=\overline{CP}$, então a área do trapézio retângulo BCNM é igual A:

a) Q_1+Q_2 b) $\frac{Q_1+Q_2}{2}$ c) $\frac{Q_1+Q_2}{3}$ d) $\sqrt{Q_1Q_2}$ e) $2(Q_2-Q_1)$

3) O gráfico de uma função do 1º grau f(x) = ax + b intercepta o eixo das ordenadas no ponto (0, 1). Se f(x) > 0 somente para $x<\frac{3}{2}$, então f(15) é igual a.

a) –9 b) –10 c) –11 d) –12 e) –13

4) A região hachurada abaixo corresponde ao conjunto:

a) $(A \cup B) - C$
b) $(A \cap B) \cup C$
c) $(A \cup B) \cap C$
d) $(A - C) \cap (B - C)$
e) $(A \cup B) - (A \cap B \cap C)$

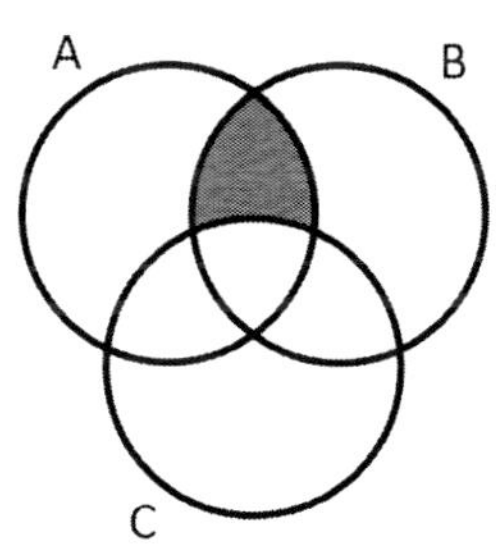

5) "O cubo do dobro de um número é igual ao dobro desse mesmo número". O produto dos possíveis valores que atendem a essa sentença é:

a) $-\frac{1}{4}$ b $\frac{1}{4}$ c) 0 d) $\frac{1}{2}$ e) $-\frac{1}{2}$

6) Na figura abaixo os pontos A, B e C estão alinhados.

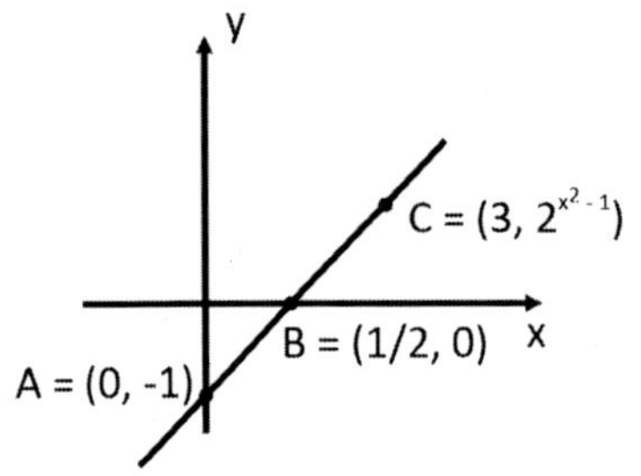

O valor positivo de x é:

a) 5 b) 4 c) 3 d) 2 e) 1

7) Uma circunferência com centro no ponto (2, –1) passa pela origem. Seu raio vale:

a) 1
b) $\sqrt{3}$
c) $\sqrt{5}$
d) 3
e) 5

8) O número N = $(0,005)^{30} \times (0,002)^{30}$, depois de desenvolvidas as potências e calculando o produto,, terá:

a) 100 casas decimais
b) 110 casas decimais
c) 120 casas decimais
d) 130 casas decimais
e) 150 casas decimais

9) Um observador, situado no ponto Q, vê um edifício segundo um ângulo de 105°, conforme sugere a figura abaixo.

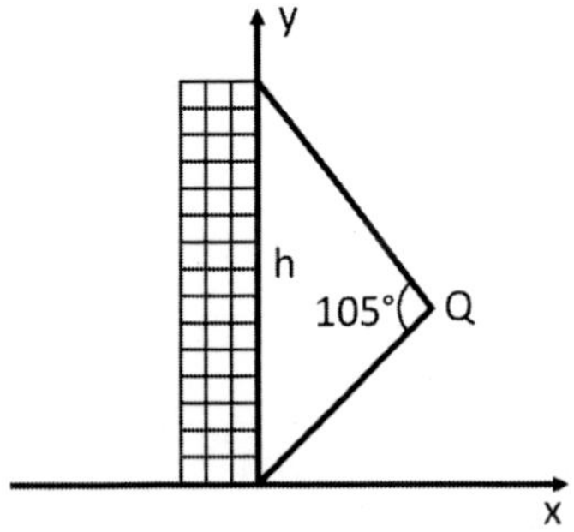

Considerando o sistema de eixos ortogonais x e y o ponto Q tem coordenadas (4, 4), em metros. Desse modo, a altura h deste edifício, em metros, é:

a) $4(1 + \sqrt{3})$ b) $2(2 + \sqrt{3})$ c) $4\sqrt{3}$ d) $8\sqrt{3}$ e) $4 + \sqrt{3}$

10) Considere o plano 5x + 3y – z + 15 = 0 e os pontos A(–3, 0, 0), B(–2, 0, 5), C(0,–5, 0), D(0, 3, –6) e E(0, 0, 15). O único destes pontos que não pertence ao plano é o ponto:

a) E b) D c) C d) B e) A

Simulado 13

1) Na figura, os segmentos de reta AB, DE e CF são paralelos. O valor de x é:

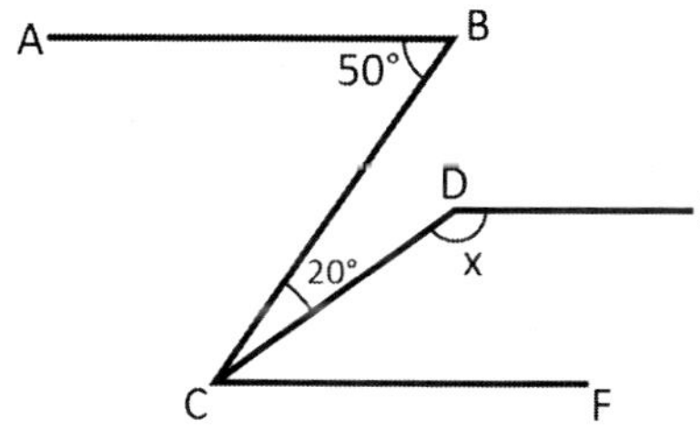

a) 70° b) 110° c) 130° d) 150° e) 170°

2) O valor real de **x** que é solução da equação $|3x - 2| - |3x + 1| = 0$, é:

a) $\frac{1}{6}$ b) -3 c) $\frac{1}{3}$ d) $\frac{1}{2}$ e) 0

3) Considere a função quadrática $f(x) = 5 - 18x - 3x^2$. Suponha que exista um número real **m**, tal que $f(m) = -16$. Isso somente é possível se:

a) $m = -1$ b) $m = 1$ ou $m = 7$ c) $m = 0$ d) $m = -1$ ou $m = 7$ e) $m = 1$

4) Considere as igualdades apresentadas abaixo, onde $\mathbf{x} \in \mathbb{R}^*$.

I - $\left(2^{3^2}\right)^x = 2^{6x}$

II - $\left[\left(2^3\right)^2\right]^x = 2^{9x}$

III - $2^{x+3} + 2^{x+1} = 10 \cdot 2^x$

IV - $\sqrt[3]{\sqrt{2^x}} = 2^{6x}$

Pode-se afirmar que:

a) todas estão erradas
b) todas estão corretas
c) somente I e II estão corretas
d) somente I e IV estão corretas
e) somente III está correta

5) O gráfico abaixo representa a função $y = -x^{-1}$, $x \neq 0$. Observando o gráfico, podemos afirmar que a solução da inequação $y < -2$ é o intervalo:

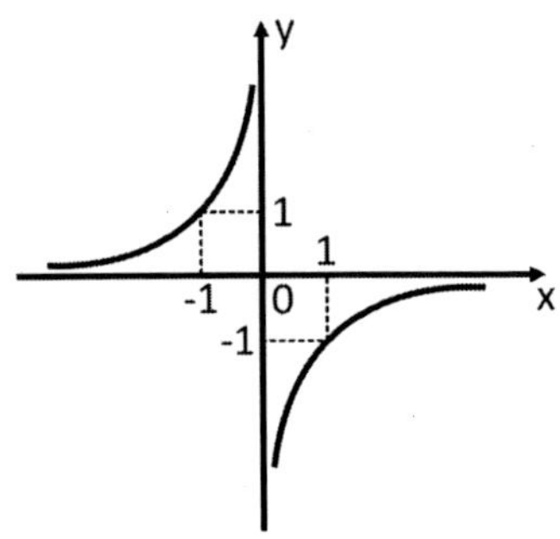

a) $x < \frac{1}{2}$ b) $x < 2$ c) $0 < x < \frac{1}{2}$ d) $x > \frac{1}{2}$ e) $0 < x < 2$

6) As circunferências $x^2 + y^2 - 2x + Ey - 4 = 0$ e $(x - a)^2 + (y + 2)^2 = 2$ são concêntricas. A área da coroa circular determinada por elas é igual a:

a) π b) 3π c) 4π d) 5π e) 7π

7) Um número inteiro positivo de dois algarismos fica aumentado de 18 unidades quando invertemos a ordem de seus algarismos. Podemos afirmar que:

a) a soma dos algarismos é 10;
b) o módulo da diferença dos algarismos é 2;
c) o número é múltiplo de 3;
d) o número é primo;
e) o número é um quadrado perfeito.

8) A soma dos n primeiros termos de uma P.A é $n(n - 2)$, qualquer que seja n. O 15º termo desta progressão é:

a) 27   b) 25   c) 23   d) 21   e) 19

9) Um objeto foi comprado por R$ 35,00 e revendido por R$ 63,00. O lucro obtido foi de:

a) 20%   b) 40%   c) 60%   d) 80%   e) 100%

10) Dois números positivos x e y são tais que $\frac{x}{y} = \frac{a}{b}$, quando $0 < a < b$. Se $x + y = c$, então o menor dos números x e y é:

a) $\frac{ac}{b}$ b) $\frac{bc - ac}{b}$ c) $\frac{ac}{a+b}$ d) $\frac{bc}{a+b}$ e) $\frac{ac}{b-a}$

Simulado 14

1) Considere a elipse $\frac{x^2}{9}+\frac{y^2}{4}=1$. A menor distância de um ponto desta elipse ao seu centro é:

a) 0 b) 2 c) 3 d) 4 e) 5

2) Considere as matrizes A, B e C que não comutam entre si e cujas inversas são, respectivamente, A^{-1}, B^{-1} e C^{-1}. Sabe-se que $A \times B \times C = I$, onde I é a matriz identidade. É **FALSO** afirmar que:

a) $BC = A^{-1}$ b) $AB = C^{-1}$ c) $B = A^{-1}C^{-1}$ d) $A = B^{-1}C^{-1}$ e) $A = C^{-1}B^{-1}$

3) A função inversa da função f : IR →]3, +∞[, definida por $f(x) = 2^{1-x} + 3$ é uma função g :]3, +∞[→ IR tal que:

a) $g(x) = 1 + \log_2(x+3)$
b) $g(x) = 1 - \log_2(x-3)$
c) $g(x) = 1 + \log_2(x-3)$
d) $g(x) = -1 - \log_2(x-3)$
e) $g(x) = 1 - \log_2(x+3)$

4) Em uma prova realizada em uma escola, foram reprovados 25% dos alunos que a fizeram. Na 2ª chamada, para os 8 alunos que faltaram, foram reprovados 2 alunos.
A porcentagem de aprovação da turma foi de:

a) 23% b) 27% c) 63% d) 50% e) 75%

5) Efetuando $\left(\sqrt{a}+\sqrt{b}+\sqrt[4]{4ab}\right)\left(\sqrt{a}+\sqrt{b}-\sqrt[4]{4ab}\right)$, encontramos como resultado:

a) a b) a – b c) a + b d) b e) 1

6) O menor valor natural de **a**, a ≠ 0, na expressão $\frac{a \cdot 6^4}{7!}$ para que a mesma seja um número inteiro é:

a) 280 b) 320 c) 360 d) 400 e) 440

7) O gráfico abaixo é a representação de uma função do 1° grau, f(x) = ax + b.

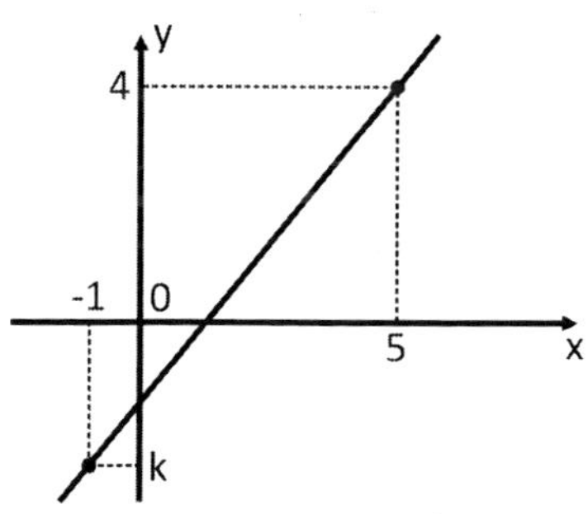

Sabendo que $\frac{f(\pi)-f(\sqrt{2})}{\pi-\sqrt{2}}=3$, o valor de k é:

a) –14
b) –10
c) –8

d) –6
e) –4

8) Observe o recipiente cilíndrico vazando água por dois furos A e B.

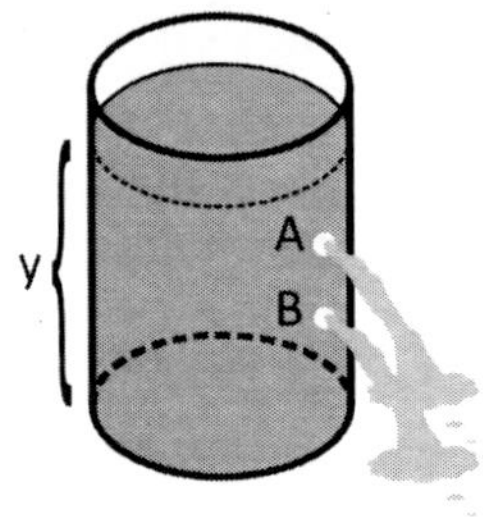

Os volumes de água que saem, por minuto, de cada furo são constantes. Se y é a altura do nível da água e t é o tempo, em minutos, medido a partir do vazamento, então o gráfico que melhor pode representar y em função de t é:

a)
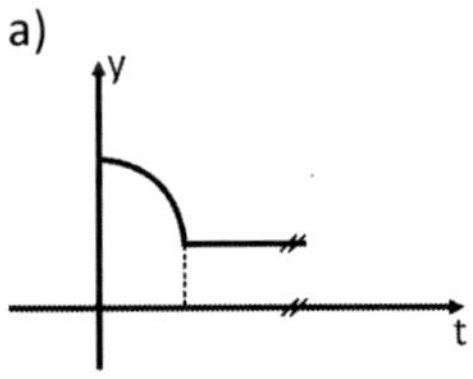

b)
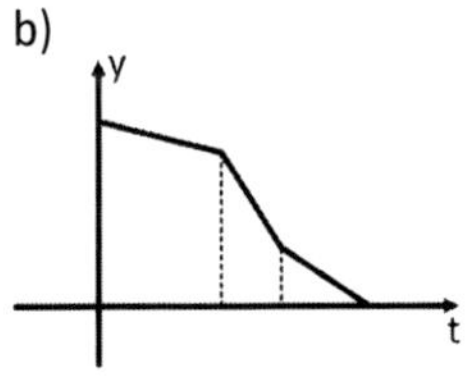

c)
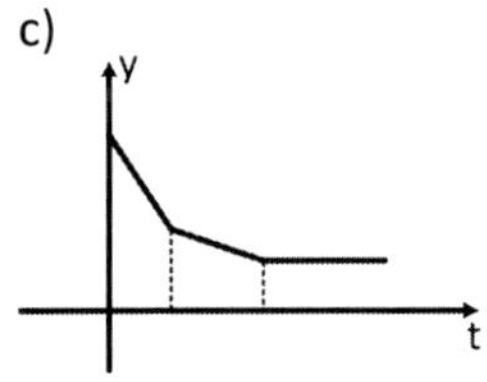

d)
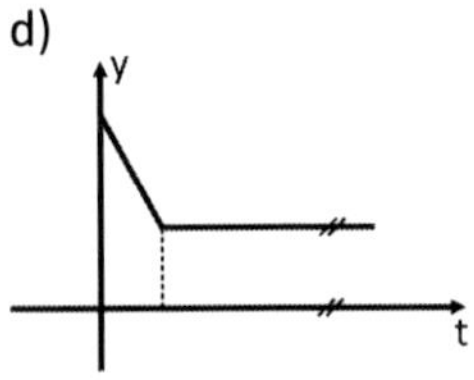

e)
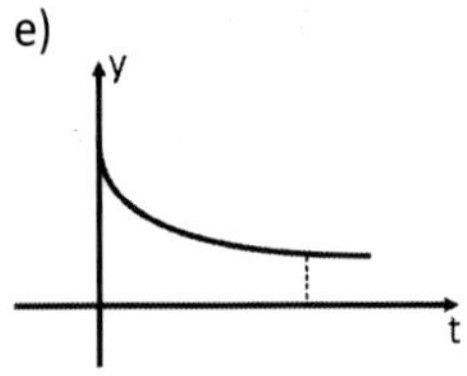

9) Dados os complexos z = 2(cos20° + isen20°), w = 2(cos30° + isen30°) e q = 4(cos70° + isen70°), o valor da expressão $\dfrac{z^5}{w \cdot q}$ é:

a) 0 b) 4i c) –4 d) 4 e) –4i

10) Ligando, com uma linha, as pontas de duas varetas perpendiculares x e y definimos um polígono. As figuras abaixo sugerem quatro possibilidades.

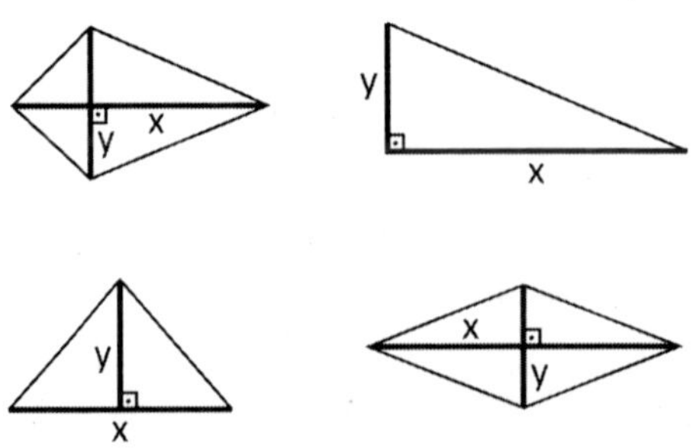

Dentre essas pode-se garantir que têm áreas iguais apenas:

a) I e IV b) II e III c) II, III e IV d) I e II e) I, II, III e IV

Simulado 15

1) João calculou corretamente $S_1 = \frac{1}{2} + \frac{1}{4} + \frac{1}{8} + \frac{1}{16} + K$ e $S_2 = \frac{1}{2} + \frac{1}{4} + \frac{1}{8} + K + \frac{1}{2^n}$ para um certo valor de n inteiro positivo. Sabendo que a diferença $S_1 - S_2$ é inferior a 0,01, o menor valor de n é:

a) 6 b) 7 c) 8 d) 9 e) 10

2) Sabe-se que 20% de uma população está infectada por um vírus. Um teste para identificar ou não a presença desse vírus dá 90% de acertos quando aplicado a uma pessoa infectada, e dá 60% de acertos quando aplicada a uma pessoa sadia. A porcentagem de pessoas realmente infectadas entre as pessoas que o teste classificou como sadia é igual a:

a) 12% b) 10% c) 8% d) 6% e) 4%

3) Um trabalhador gasta a terça parte do seu salário para cobrir o custo do aluguel da casa onde mora. A quarta parte do que sobra é gasta com a alimentação e dois quinze avos do restante são gastos em produtos de higiene. Com os R$ 520,00 restantes ele precisa cobrir todas as suas demais despesas. O salário dessa pessoa é:

a) R$ 1 000,00 b) R$ 1 100,00 c) R$ 1 200,00 d) R$ 1 300,00
e) R$ 1 400,00

4) a e b são as raízes da equação $x^2 + 7x + 8 = 0$. A equação que possui raízes a^2 e b^2 é:

a) $x^2 - a^2x + b^2 = 0$
b) $x^2 - 64x + 33 = 0$
c) $x^2 + 33x + 64 = 0$
d) $x^2 - 33x + 64 = 0$
e) $x^2 + b^2x - a^2 = 0$

5) Observe a parábola representada abaixo:

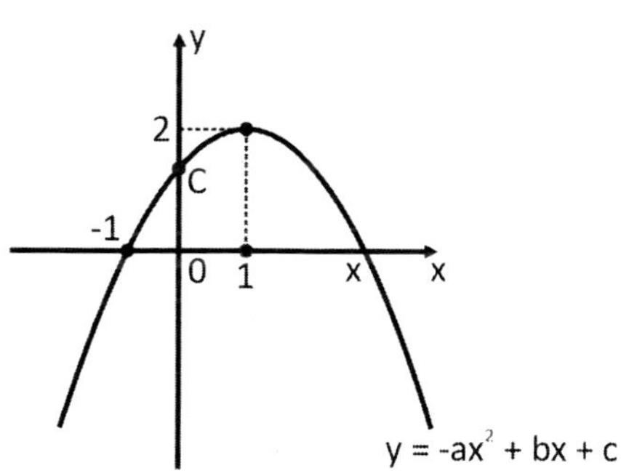

O valor de c é:

a) 1 b) 1,5 c) 1,3 d) 1,9 e) 1,7

6) Considere a função real $f(x) = \log_{10}(x - 1)$, $x > 1$. O valor de $f^{-1}(3)$, (f^{-1} é a função inversa de f), é igual a:

a) 11 b) 101 c) 1 001 d) 10 001 e) 100 001

7) Para que o produto (2x – i)(3 + 2i) seja um número <u>real</u>, o valor de x deve ser igual a:

a) $\frac{4}{3}$ b) $\frac{1}{3}$ c) $-\frac{1}{3}$ d) $\frac{3}{4}$ e) $-\frac{3}{4}$

8) Se o ponto A(x, y) pertence à reta que passa por P(1, 3) e Q(2, 5), então, temos necessariamente:

a) y = 2x + 1
b) y = –2x – 1
c) y = 2x – 1
d) y = –2x + 1
e) y = 2(x + 1)

9) O diâmetro da Terra é quatro vezes o diâmetro da Lua, então a razão entre o volume da Terra e o volume da Lua é:

a) 4 b) 8 c) 16 d) 32 e) 64

10) Uma caixa cilíndrica tem altura igual ao diâmetro de base. No seu interior coloca-se um objeto esférico cujo diâmetro é igual ao diâmetro do cilindro. Desprezando-se a espessura da caixa, a razão entre os volumes da caixa e do objeto é **k**, então a razão entre a superfície total da caixa e a da esfera é igual a:

a) k b) $\sqrt{k^3}$ c) 2k d) k^2 e) $\sqrt{k}$

GABARITO DOS SIMULADOS

	S1	S2	S3	S4	S5	S6	S7	S8	S9	S10	S11	S12	S13	S14	S15
1	E	B	B	A	E	E	A	B	E	A	B	E	D	B	B
2	D	C	E	B	D	A	B	A	E	A	E	B	A	D	B
3	B	C	C	C	D	C	E	B	B	D	C	A	B	B	C
4	D	D	B	D	B	B	C	C	C	B	C	D	E	E	D
5	C	B	D	B	A	C	B	C	B	C	E	C	C	C	B
6	C	C	C	A	E	D	B	E	B	D	E	D	E	A	C
7	B	E	C	E	A	B	B	A	D	A	D	C	B	A	D
8	B	A	B	C	B		E	D	D	A	E	E	A	C	A
9	C	D	A	E	C		C	D	A	B	B	A	D	D	E
10	C	C	B	C	C		D	A	C	B	C	B	D	E	A
11	A	E	B	E											
12	B	B	E	B											
13	B	D	C	A											
14	A	E	A	B											
15	D	C	C	A											
16	E	C	B	C											

REVISÃO GERAL

1) Uma rede de supermercados colocou em promoção uma caixa com 24 latas de cerveja de 350ml, cada caixa a R$ 10,80. Um concorrente tendo um grande estoque de garrafas de cerveja de 600ml, resolveu fazer uma oferta melhor para atrair mais fregueses. O preço máximo aproximado que esse supermercado deve adotar para cada garrafa de cerveja é:

a) R$ 0,85 b) R$ 0,80 c) R$ 0,75 d) R$ 0,70 e) R$ 0,65

2) O proprietário de um ônibus de turismo com 35 lugares estabeleceu que, para fazer um passeio com um grupo de estudantes, cada passageiro pagaria R$ 6,00 e mais uma taxa de R$ 2,00 por cada lugar desocupado no ônibus. O número de passageiros de que ele precisa para receber o máximo possível, é:

a) 35 b) 17 c) 18 d) 19 e) 20

3) Uma loja está oferecendo uma promoção na venda de sanduíches:

X Tudo R$ 4,00
X Algo R$ 3,00
Na compra de um X Tudo por dia durante 6 dias, grátis um X Algo

Quem participar da promoção, na verdade, estará pagando por cada X Tudo.

a) R$ 3,80 b) R$ 3,60 c) R$ 3,50 d) R$ 3,40 e) R$ 3,30

4) Sabendo que $x \cdot y \neq 0$, $(x^{-2} + y^{-2})^{-2} = 8$ e $x^2 + y^2 = \sqrt{2}$, podemos afirmar que o maior valor de $(x + y)^2$ é:

a) $\sqrt{2} + 2$ b) $\sqrt{2} - 2$ c) $\sqrt{2} - 4$ d) $\sqrt{2} + 4$ e) $\dfrac{1 + \sqrt{2}}{1 - \sqrt{2}}$

5) Uma rifa foi feita da seguinte maneira: em uma caixa foram colocadas fichas com os números de 201 a 300. Cada comprador sorteava uma ficha e pagava a quantia indicada na mesma, em reais. O premiado seria aquele que tivesse na sua ficha os dois últimos algarismos iguais aos do primeiro prêmio da Loteria Federal de um determinado dia. Se todos os números foram vendidos, a quantia arrecadada foi, em reais, de:

a) 23050 b) 24000 c) 24050 d) 25000 e) 25050

6) Se acrescentarmos 3 unidades ao numerador da fração $\frac{2}{7}$, ela não sofrerá alteração, desde que acrescentemos ao seu denominador o triplo do número:

a) 3,5 b) 7 c) 10,5 d) 14 e) 17,5

7) Se $\begin{cases} a + b + c = 120 \\ \dfrac{a}{3} = \dfrac{b}{4} = \dfrac{c}{5} \end{cases}$, então $a^2 + b^2 - c^2$ vale:

a) 4 b) 1 c) 2 d) –4 e) 0

8) Se a razão de 2x – y para x + y é $\frac{2}{3}$, então a razão de **x** para **y** é:

a) $\frac{1}{4}$ b) $\frac{4}{5}$ c) 1 d) $\frac{6}{5}$ e) $\frac{5}{4}$

9) Um escultor produz um determinado número de peças em 6 dias. Um outro escultor produz o mesmo número de peças em 12 dias. Trabalhando juntos, produzirão a mesma quantidade de peças em:

a) 4 dias b) 5 dias c) 6 dias d) 7 dias e) 8 dias

10) Em um certo período sem reajuste salarial, um trabalhador perde **y%** no seu poder de compra quando a inflação acumulada nesse período é de **x%**. Sabe-se que

$$Y = \frac{100x}{100 + x}$$

Se a inflação acumulada de 1995 a 1998 foi de 44% e os trabalhadores não tiveram reajustes salariais nesse período, então a perda no seu poder de compra foi de:

a) 21% b) 25,5% c) 30,5% d) 35% e) 40%

11) Uma garrafa tem 720ml de vinho. Retiram-se 50% do vinho e completa-se esse volume com água. Em seguida retiram-se 50% da mistura repondo-se com água o volume retirado. O número de vezes que devemos repetir essas operações para que a porcentagem de vinho na mistura fique entre 3% e 4% é igual a:

a) 4 b) 5 c) 6 d) 7 e) 8

12) Se **p** e **q** são raízes da equação $x^2 + px + q = 0$, $p \neq 0$, $q \neq 0$, então a soma das raízes é:

a) $-\frac{1}{2}$ b) -1 c) $\frac{1}{2}$ d) 1 e) indeterminado

13) A equação cujas raízes são iguais às da equação $x^2 - 2x + 9 = 0$, aumentadas de uma unidade é:

a) $x^2 - 4x + 12 = 0$
b) $x^2 + 4x + 12 = 0$
c) $x^2 - 4x - 12 = 0$
d) $x^2 + 4x - 12 = 0$
e) $x^2 - 12x + 4 = 0$

14) As medidas dos lados de um triângulo são números inteiros expressos por x + 2, 3x –7 e 10cm. Sendo 10cm a medida do menor lado do triângulo, o seu perímetro pode ser igual a:

a) 25 cm b) 29 cm c) 33 cm d) 41 cm e) 43 cm

15) Considere um triângulo retângulo em que a hipotenusa mede **a**, os catetos medem **b** e **c** e a altura relativa à hipotenusa mede **h**. O quadrado da soma dos catetos, em função de **a** e **h** é expresso por:

a) a^2 b) ah c) $a(a + 2h)$ d) $a(a + h)$ e) h^2

16) A diferença entre as medidas das bases maior e menor de um trapézio é igual à medida da sua altura. Se a base menor e a área desse quadrilátero medem, respectivamente, **2cm** e **6cm²**, pode-se afirmar que a altura em cm, deste trapézio é:

a) 2 b) 3 c) 2,5 d) 3,5 e) 4

17) As circunferências abaixo são tangentes e seus raios medem **9cm** e **4cm**. Se a reta **r** tangencia as duas circunferências em **P** e **Q**, respectivamente, a medida de **PQ**, em cm, é igual a:

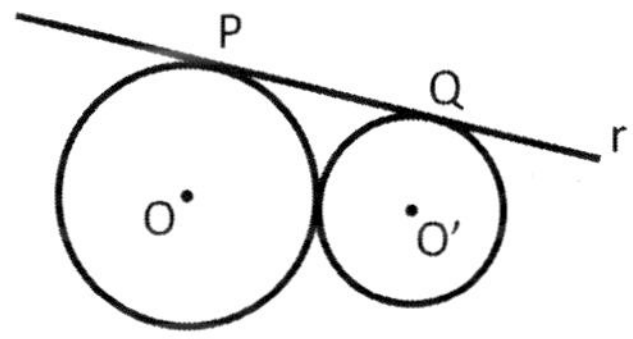

a) 6 b) 8 c) 10 d) 12 e) 16

18) Na figura abaixo, $\overline{AB}$ é um diâmetro da circunferência de centro O e raio R, e o ângulo $B\hat{P}D$ mede 10°. Se $AC = 20°$, pode-se afirmar que a medida da corda DC é igual a:

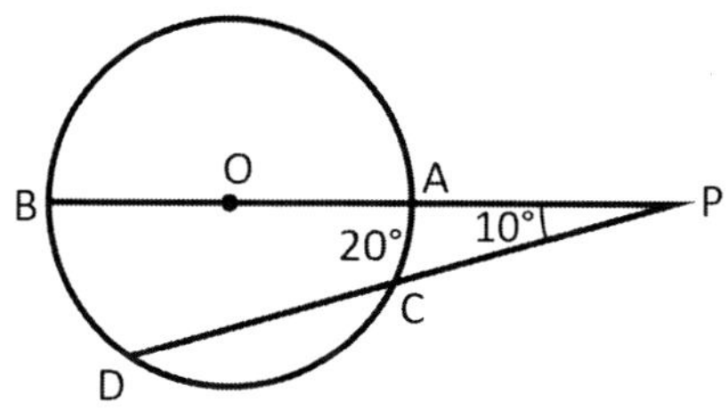

a) $\frac{R}{2}$ b) R c) $\frac{2R}{3}$ d) $R\sqrt{2}$ e) $R\sqrt{3}$

19) Um quadrado e um hexágono regular estão inscritos em um mesmo círculo. A área do hexágono em função do lado L do quadrado é:

a) $\frac{3\sqrt{3}L^2}{4}$ b) $\frac{\sqrt{3}L^2}{4}$ c) $4\sqrt{3}L^2$ d) $2\sqrt{3}L^2$ e) $L^2\sqrt{3}$

20) Na figura abaixo, as retas r e s tangenciam a circunferência de centro O e raio 2cm, respectivamente nos pontos B e C. Se a medida do ângulo BÔC é igual a 120°, a área da região hachurada é, em cm², igual a:

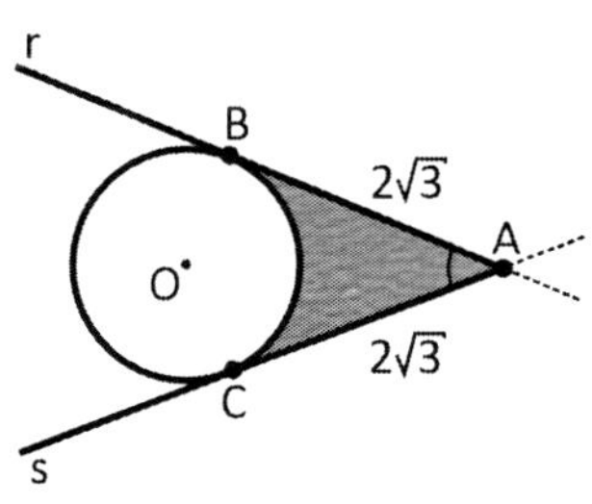

a) $\frac{1}{4}\left(\sqrt{3}-\frac{\pi}{3}\right)$ b) $2\left(\sqrt{3}-\frac{\pi}{3}\right)$ c) $\left(\sqrt{3}-\frac{\pi}{3}\right)$ d) $\frac{1}{2}\left(\sqrt{3}-\frac{\pi}{3}\right)$

e) $4\left(\sqrt{3}-\frac{\pi}{3}\right)$

21) São dados os conjuntos A = {x∈ IR/|x −1| ≤ 2} e B = {y∈ IR / x^2 − 3x +2 < 0}. Pode-se afirmar que:

a) A ∩ B =]1, 2[
b) B = [1, 2]
c) A ∪ B =]−1, 3]
d) A − B = ∅
e) A = [0, 2]

22) É dado o conjunto A = {x∈ Z / x^2 −2x −3 ≤ 0}. É correto afirmar que:

a) a soma dos elementos de A vale 5
b) A possui 3 elementos
c) o produto dos elementos de A vale −6
d) A possui 4 elementos
e) a soma dos elementos de A vale 3

23) O menor número inteiro que verifica a sentença (x^2 −4)(3x −6) > 0 é:

a) −2 b) −1 c) 0 d) 1 e) 2

24) Sejam f e g funções, definidas em IR, por f (x) = 3x −1 e g (x) = −x + 4. O valor de *f*{*f*[g(1)]}

a) 20 b) 21 c) 22 d) 23 e) 24

25) Considere as funções de f(x) = |2x −3| e g (x) = x^2 − 3. O valor de f(−2) + g (−1) é:

a) 5 b) −1 c) 3 d) −3 e) 11

26) Se F(n) é a função tal que F(1) = F(2) = F(3) = 1, e que $F(n+1)=\dfrac{F(n)\cdot F(n-1)+1}{F(n-2)}$ para $n \geq 3$, então F(6) é igual a:

a) 2 b) 3 c) 7 d) 11 e) 26

27) Sejam f e g funções reais tais que f(x) = $2x^2$ −1 e g (x) = x^{-1}. Então f(g(2)) é igual a:

a) $-\dfrac{1}{2}$ b) $\dfrac{1}{2}$ c) 1 d) −1 e) $\dfrac{3}{2}$

28) Considere a função $f(x)=\left(\dfrac{1}{10}\right)^x$. O conjunto de valores de **x** para os quais f(x) < 1 é:

a) $]-\infty,\infty[$ b) $]-\infty,0[$ c) $]-\infty,1[$ d) $]0,\infty[$ e) $]1,\infty[$

29) Sendo f(x) = 4^x e g(x) = x −1, o valor de **x** que satisfaz a equação f(g(x)) − f (2x) = −15 pertence ao intervalo:

a) $[-2,-1]$ b) $[-1,1]$ c) $[-1,0]$ d) $[2,3]$ e) $[3,4]$

30) Se $3\cdot\log_4 x+1=0$, então $\log_{\frac{1}{4}} x$, vale:

a) $\dfrac{1}{2}$ b) $\dfrac{1}{3}$ c) $-\dfrac{1}{3}$ d) $-\dfrac{1}{2}$ e) $\dfrac{1}{4}$

31) Considere a função real definida por $f(x) = \log_a x$. Pode-se afirmar que:

a) f(2a) = 2
b) o domínio da função é IR^*
c) f(a) = 1
d) a imagem da função é IR^*
e) f(a + 2) = f(a) + f(2)

32) Se A, B e C são matrizes quadradas de ordem 2, assinale a proposição que nem sempre é verdadeira:

a) $A \times B = A \times C \leftrightarrow B = C$
b) $A \times (B + C) = A \times B + A \times C$
c) Det (3A) = 9 Det (A)
d) $(A + B)^t = A^t + B^t$
e) $A \times (B \times C) = (A \times B) \times C$

33) O produto $A \times B$ das matrizes $A = \begin{pmatrix} 2 & 0 \\ 0 & 5 \end{pmatrix}$ e $B = \begin{pmatrix} x \\ y \end{pmatrix}$ é a matriz $\begin{pmatrix} 6 \\ 10 \end{pmatrix}$. Podemos afirmar que:

a) x = 3 e y = 0
b) a soma x + y vale –3
c) x = 0 e y = 2
d) x = 6 e y = 10
e) o produto xy vale 6

34) Seja $S_n = 1 - 2 + 3 - 4 + ... + (-1)^{n-1} \cdot n$, $n = 1,2,3,...$

Então o valor de $S_{17} + S_{33} + S_{50}$ é igual a:

a) 0　　b) –2　　c) 2　　d) –1　　e) 1

35) A expressão $S_n = (2n - 1)n$, $\forall\, n \in IN^*$ representa a soma dos n primeiros termos de uma P.A. cuja razão é:

a) 5　　b) 4　　c) 3　　d) 2　　e) 1

36) O 9º termo de uma progressão geométrica vale 1 e o 2º termo vale 128. A razão desta P.G. é:

a) $\frac{1}{4}$　　b) $\frac{1}{2}$　　c) 1　　d) 2　　e) 4

37) Há um ano, uma mata tinha uma extensão de 20.000km². Devido ao desmatamento, hoje sua área é 12% inferior. Supondo que a extensão dessa mata continue diminuindo 12% ao ano, a extensão que ela terá daqui a 5 anos, em km², será igual a:

a) $(0,88)^4 \cdot 20.000$
b) $(0,88)^5 \cdot 20.000$
c) $(0,12)^6 \cdot 20.000$
d) $(0,12)^5 \cdot 20.000$
e) $(0,88)^6 \cdot 20.000$

38) A sucessão a_1, a_2, a_3, a_4 é uma progressão geométrica de razão −2. O determinante da matriz $A = \begin{pmatrix} a_1 & a_2 \\ a_3 & a_4 \end{pmatrix}$ vale:

a) −8 b) −4 c) 0 d) 4 e) 8

39) Sete chaves do tipo "liga-desliga" estão alinhadas de modo que a primeira e a sétima estejam de modos diferentes: uma ligada e a outra desligada ou vice-versa. O número de modos distintos que essas 7 chaves podem ser mostradas é igual a:

a) 32 b) 64 c) 128 d) 240 e) 5.040

40) Se trocarmos de posição os elementos de uma fila obtemos outra diferente da primeira.
Observe a figura:

O número de filas distintas, formadas pelos 9 elementos, em que Donald estará em último lugar é igual a:

a) 8^8 b) 8! c) 9! −8! d) 2^8 e) 64

41) Observe a figura:

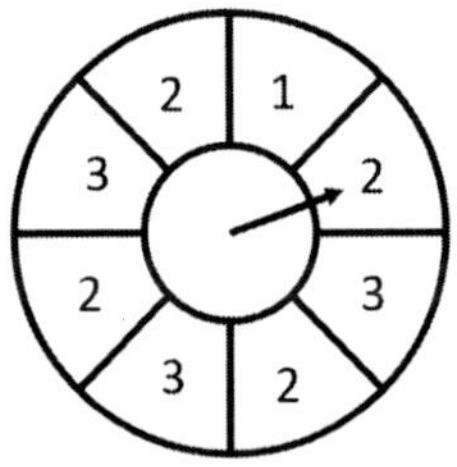

Gira-se o ponteiro três vezes e registram-se os três números que ele indica ao parar. A probabilidade de que a soma dos três números obtidos seja 6 é igual a:

a) $\frac{1}{8}$ b) $\frac{9}{64}$ c) $\frac{19}{128}$ d) $\frac{17}{64}$ e) $\frac{5}{16}$

42) Uma pirâmide regular possui 5 vértices e todas as suas arestas têm a mesma medida, que é igual a 6cm. O volume dessa pirâmide é:

a) $48\sqrt{2}cm^3$ b) $36\sqrt{2}cm^3$ c) $24\sqrt{2}cm^3$ d) $12\sqrt{2}cm^3$ e) $8\sqrt{2}cm^3$

43) Um tetraedro regular de aresta 4cm é seccionado por um plano que passa por um de seus vértices e pelos pontos médios de duas das arestas da face oposta a esse vértice. A área da secção obtida é, em cm^2, igual a:

a) $\sqrt{11}$ b) $\frac{\sqrt{11}}{2}$ c) $\frac{\sqrt{11}}{3}$ d) $\frac{\sqrt{11}}{4}$ e) $\frac{\sqrt{11}}{6}$

44) Se **G** o baricentro do triângulo **OAB** de ângulo reto **A**. Sendo **O** (0,0) e **A** (3,0), a abscissa de **G** é:

a) $x_G < 1$ b) $x_G = 1$ c) $x_G = \frac{3}{2}$ d) $x_G = 2$ e) $x_G - -1$

45) O ponto do IR^2 pertencente à bissetriz dos quadrantes ímpares, equidistantes dos pontos A = (−2, 1) e B = (1, 3), tem para soma de suas coordenadas o valor:

a) 4 b) 3 c) 2 d) 1 e) 0

46) Sabe-se que a reta **s**, de equação mx + ny = 0, é perpendicular à reta **t**, de equação $x - 2y + \frac{4}{3} = 0$. Então m −2n é igual a:

a) 2 b) 1 c) 0 d) 3 e) 4

47) Considere as retas **r**, **s** e **t**, cujas equações são, respectivamente, x + 2y + 8 = 0, x −2y −8 = 0 e 2x + y + 8 = 0. Pode-se afirmar que:

a) as retas r e s são paralelas
b) as retas r e t são perpendiculares
c) o ponto de interseção das retas r e s é (0, −4)
d) as retas r e t são paralelas
e) as retas r e s são perpendiculares

48) A reta de equação mx + ny = 0, onde m e n são reais não nulos, é paralela à reta que se passa pelos pontos A = (1, 1) e B = (4, 3). O valor da razão m/n é:

a) $\frac{2}{3}$ b) $\frac{3}{2}$ c) $\frac{-3}{2}$ d) 1 e) $\frac{-2}{3}$

49) As retas x = 2, x − 2y + 4 = 0 e x + 2y − 16 = 0 determinam no plano cartesiano um triângulo. O baricentro desse triângulo tem ordenada igual a:

a) 2 b) 3 c) 4 d) 5 e) 6

50) A equação $2x^2 + 2y^2 + 4xy - x - y = 0$, no plano cartesiano, representa:

a) uma parábola
b) uma circunferência
c) duas retas paralelas
d) uma reta
e) uma elipse

51) Traçando-se pelo ponto (4, −4) as tangentes à circunferência $x^2 + y^2 - 6x + 2y + 5 = 0$, a distância entre os pontos de tangência será igual a:

a) 10 b) $\sqrt{10}$ c) $\pm\sqrt{10}$ d) 6 e) 8

52) Considere os vetores do $R^2, v_1 = (2, m)$ e $v_2 = (n, 4)$ cuja soma é o vetor V = (5, 1). O produto escalar $v_1 \cdot v_2$ vale:

a) 18 b) 6i −12j c) 9 d) 2i + 4j e) −6

53) Abaixo está representada uma das raízes quartas de um número complexo z = x + yi

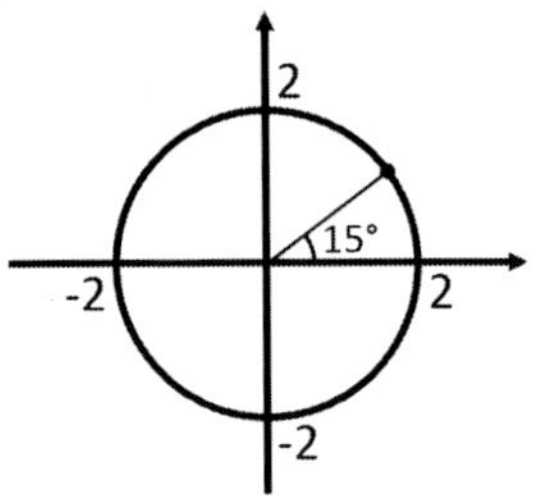

O número **z** é:

a) $8 - 8i\sqrt{3}$ b) $8 + 8i\sqrt{3}$ c) $4 - 4i\sqrt{3}$ d) $4 + 4i\sqrt{3}$ e) $2 + 2i\sqrt{3}$

54) A forma trigonométrica do número complexo $Z = 2i - 2\sqrt{3}$ é:

a) 4 (cos π/6 + i sen π/6)
b) 2 (cos π/3 + i sen π/3)
c) 4 (cos 5π/6 + i sen 5π/6)
d) 2 (cos 2π/3 + i sen 2π/3)
e) 4 (cos 7π/6 + i sen 7π/6)

55) Considere o polinômio $P(x) = 2x^4 - x^3 + 5x^2 - 8$. Pode-se afirmar que:

a) P(2) = P(0)
b) P(0) = −2
c) P(1) + P(−1) = 0
d) P(−1) = 0
e) P(2) = 2P(1)

GABARITO DA REVISÃO GERAL

1	C	**15**	C	**29**	B	**43**	A
2	D	**16**	A	**30**	B	**44**	D
3	C	**17**	D	**31**	C	**45**	D
4	D	**18**	E	**32**	A	**46**	C
5	E	**19**	A	**33**	E	**47**	C
6	C	**20**	E	**34**	E	**48**	E
7	E	**21**	A	**35**	B	**49**	D
8	E	**22**	A	**36**	B	**50**	D
9	A	**23**	B	**37**	E	**51**	B
10	C	**24**	D	**38**	C	**52**	E
11	B	**25**	A	**39**	B	**53**	B
12	E	**26**	C	**40**	B	**54**	C
13	A	**27**	A	**41**	D	**55**	D
14	D	**28**	D	**42**	B		

Revisão Geral – parte II

1) Sabe-se que um livro de 100 páginas tem um total de 30 erros de digitação e que em nenhuma página há mais que 3 erros. O número de páginas sem erro é no máximo igual a:

a) 33
b) 70
c) 82
d) 90
e) 97

2) Considere as seis proposições abaixo:

(I) Todos os homens gostam de futebol.
(II) Nenhuma mulher gosta de futebol.
(III) Nenhum homem gosta de futebol.
(IV) Pelo menos uma mulher não gosta de futebol.
(V) Todas as mulheres gostam de futebol.
(VI) Existem homens que não gostam de futebol

A negação da proposição V é:

a) I
b) II
c) III
d) IV
e) VI

3) Num programa de televisão, o apresentador queria saber a época em que ocorrera um determinado fato histórico, apresentando as seguintes opções:

A) antes de 1500
B) século XIX
C) século XX
D) depois de 1830
E) depois de 1500

Pode-se concluir que a resposta correta é:

a) A
b) B
c) C
d) D
e) E

4) Em 13 caixas foram embalados 74 lápis. Se a capacidade máxima de cada caixa é de 6 lápis, o número mínimo de lápis que pode haver em uma caixa é igual a:

a) 1
b) 2
c) 3
d) 4
e) 5

5) A negação da proposição "Hoje é Domingo e amanhã não choverá" é:

a) Hoje não é Domingo e amanhã choverá
b) Hoje não é Domingo ou amanhã choverá
c) Hoje não é Domingo, então amanhã choverá
d) Hoje não é Domingo nem amanhã choverá
e) Hoje é Domingo ou amanhã não choverá

6) Numa cidade do interior todos os habitantes seguem rigorosamente a seguinte regra:

"Se não chover, então todos irão à praça"

Pode-se concluir que:

a) Se todos foram à praça, então choveu
b) Se todos foram à praça, então não choveu
c) Se choveu, então ninguém foi à praça
d) Se choveu, então todos foram à praça
e) Se uma pessoa não foi à praça, então choveu

7) Para marcar seus pássaros, um criador dispõe de fitas de 10 cores diferentes. Um pássaro marcado deve ter fita na pata esquerda, na pata direita, ou em ambas. Se, no máximo, se pode colocar uma fita em cada pata e se dois pássaros não podem ser marcados de modo idêntico, então o maior número de pássaros que podem ser marcados é:

a) 99
b) 100
c) 120
d) 200
e) 1024

8) Em um grupo de 20 rapazes, 16 jogam futebol, 12 jogam basquetebol e 2 não praticam esportes. O número de rapazes desse grupo que jogam somente futebol é igual a:

a) 4
b) 6
c) 8
d) 10
e) 14

9) A série de palavras abaixo segue uma regra lógica para sua formação:

TRENS – MALAS – MAIOR – ...

Das palavras seguintes, a que poderá continuar a série é:

a) PARTE
b) AULAS
c) CALMA
d) BAIÃO
e) MENGO

10) Na questão abaixo, a sequência de letras utiliza o alfabeto oficial, que não inclui as letras K, W e Y. Assim, a próxima letra de sequência

B, D, G, L, Q, ... é:

a) R
b) T
c) V
d) X
e) Z

11) Na sucessão TERESATERESATERESA... a letra que ocupa a 2001ª posição é:

a) T
b) E
c) R
d) S
e) A

12) Os números inteiros positivos foram dispostos em linhas e colunas, formando "quadrados" da seguinte maneira:

```
1  2  3     10  11  12     19 .......
4  5  6     13  14  15     ..........
7  8  9     16  17  18     ..........
```

O número 500 se encontra em um desses quadrados. A "linha" e a "coluna" em que o número 500 se encontra é:

a) 2 e 2
b) 3 e 3
c) 2 e 3
d) 3 e 2
e) 3 e 1

13) Uma cultura de bactérias que está sendo estudada em um laboratório tem a característica de dobrar sua "população" a cada dia. Se ao final de 5 dias essas bactérias já ocupam a metade de um tubo de ensaio, o número de dias necessários para que elas encham esse tubo completamente é:

a) 1
b) 3
c) 5
d) 7
e) 10

14) Considere as premissas:

1. Existem brasileiros que são famosos.
2. Todas as pessoas famosas são chatas.

A partir dessas afirmações, pode-se concluir que:

a) Existem brasileiros que são chatos
b) Nenhum brasileiro é chato
c) Existem pessoa famosas que não são brasileiras
d) Todos os brasileiros são chatos
e) Todos os brasileiros são famosos e chatos

15) Um escritório possui 5 seções, e em cada uma há um relógio. O alarme do relógio da primeira seção toca de hora em hora, o da segunda toca de 2 em 2 horas, o da terceira, de 3 em 3 horas, o da quarta de 4 em 4 horas e o da quinta de 5 em 5 horas. Sabe-se que às dez horas do dia primeiro de março de 2006 os alarmes dos 5 relógios foram ajustados e tocaram simultaneamente. Assim, o dia, o mês, o ano e a hora em que os alarmes dos 5 relógios tocarão, simultaneamente, pela terceira vez, após o instante em que foram ajustados é:

a) 07/03/2006 às 10 horas
b) 07/03/2006 às 22 horas
c) 08/03/2006 às 10 horas
d) 08/03/2006 às 22 horas

16) Dadas as premissas:

I – Todas as pessoas que gostam de Matemática são inteligentes.
II – Existem argentinos que gostam de Matemática.

É correto concluir que:

a) Não existem argentinos inteligentes
b) Todos os argentinos são inteligentes
c) Somente os argentinos que são inteligentes gostam de Matemática
d) Existem argentinos inteligentes que não gostam de Matemática

17) Uma cultura de bactérias que está sendo estudada em um laboratório tem a característica de dobrar sua "população" a cada dia. Se ao final de 10 dias essas bactérias já ocupam a metade de um tubo de ensaio, o número de dias a mais, necessários para que elas encham esse tubo completamente é:

a) 1
b) 5
c) 10
d) 15

18) O dono de uma empresa divulgou aos funcionários a seguinte notícia:

"Se a equipe de João ganhar a concorrência, então todos os funcionários ganharão um aumento salarial."

Pode-se concluir que:

a) Se todos os funcionários ganharem um aumento salarial, então a equipe de João ganhou a concorrência.
b) Se nenhum funcionário ganhar um aumento salarial, então a equipe de João não ganhou a concorrência.
c) Se a equipe de João não ganhar a concorrência, então nenhum funcionário ganhará um aumento salarial.
d) Se um funcionário não ganhar um aumento salarial, então a equipe de João não ganhou a concorrência.

19) Considere as cinco proposições abaixo:

(I) Todos as mulheres gostam de novela.
(II) Nenhum homem gosta de novela.
(III) Nenhuma mulher gosta de novela.
(IV) Pelo menos um homem não gosta de novela.
(V) Todos os homens gostam de novela.

A negação da proposição V é:

a) I
b) II
c) III
d) IV

20) O gráfico abaixo, da função $P(t) = P_0 \cdot 10^{kt}$, representa o crescimento da produção de uma empresa em função do tempo t, expresso em anos, em que P_0 é a produção inicial e k é uma constante real.

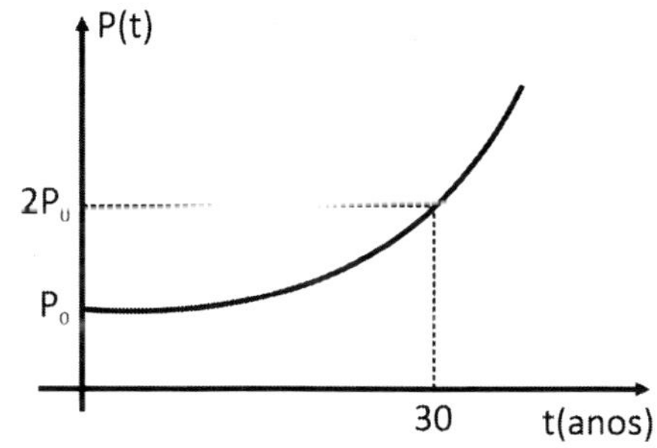

Com base nas informações do gráfico, pode-se concluir em 120 anos, a produção P dessa empresa corresponderá $n \cdot P_0$, onde n é igual a:

a) 16
b) 12
c) 8
d) 6

21) A companhia WXZ Lines oferece passeios turísticos. Um dos passeios, que custa 7 reais por pessoa, tem uma demanda média de 1000 turistas por semana. Quando o preço foi baixado para 6 reais, a demanda semanal subiu para 1.200 turistas. Supondo que a equação de demanda seja linear, o preço do passeio, em reais, por pessoa, que maximiza o faturamento total em cada semana é igual a:

a) 5
b) 6
c) 7
d) 8

22) Leia a charge publicada no jornal O Dia:

Suponha que a despesa de Antonio com remédios tenha subido exatamente 36 %. Se após esse aumento Antonio comprar 64% dos remédios que comprava, ele irá desembolsar, na compra de remédios, em comparação com o que pagava antes do aumento:

a) 13% a mais
b) 13% a menos
c) 87% a mais
d) 87% a menos
e) a mesma quantia

23) Um supermercado fez uma promoção no setor de limpeza, vendendo desinfetante, sabão em pó e cera líquida em três conjuntos, conforme a tabela abaixo:

CONJUNTO	PREÇO
2 desinfetantes e 3 caixas de sabão em pó	R$ 38,00
4 caixas de sabão em pó e 2 latas de cera líquida	R$ 26,00
2 desinfetantes e 1 lata de cera líquida	R$ 31,00

O preço de uma caixa de sabão em pó, considerando que o preço individual de cada produto é o mesmo, independente do conjunto ao qual pretence é igual a:

a) R$ 4,00
b) R$ 5,00
c) R$ 10,00
d) R$ 13,00

24) Para promover um funcionário para o cargo de Diretor, uma empresa estabeleceu como critério a escolha daquele que tivesse conhecimento nas três áreas de atuação da empresa: Mercado de Capitais, Previdência Complementar e Estatística. Ao fazer a avaliação entre 30 de seus funcionários mais experientes, obteve o seguinte quadro:

Mercado	Previdência	Estatística	Mercado e Previdência	Mercado e Estatística	Previdência e Estatística	Nenhuma das três áreas
12	18	13	7	6	9	5

De acordo com o critério estabelecido pela empresa, o número de funcionários que poderão ser promovidos ao cargo de Diretor é igual a:

a) 2
b) 3
c) 4
d) 5

25) Suponha que numa floresta haja, exatamente, 1 milhão de árvores, e que nenhuma dessas árvores tenha mais que 300.000 folhas. Pode-se concluir que nessa floresta existem árvores com:

a) o mesmo número de folhas
b) número distinto de folhas
c) uma só folha
d) 150.000 folhas

26) Durante a Feira de Ciências realizada em sua escola, a professora Marta decidiu identificar os 48 alunos da sua turma utilizando fitas de cores diferentes. Um aluno identificado deveria ter fita no braço esquerdo, no braço direito, ou em ambos. Se, no máximo, ela colocará uma fita em cada braço e se dois alunos não podem ser identificados de modo idêntico, então o menor número de cores das fitas que Marta deverá utilizar é igual a:

a) 8
b) 7

c) 6
d) 5

27) Num programa de televisão realizado no dia 15 de abril de 2006, o apresentador queria saber a época em que ocorrera um determinado fato histórico, apresentando as seguintes opções, para que o participante escolhesse a única correta:

A) O fato ocorreu no século XX
B) O fato ocorreu no ano 2000
C) O fato ocorreu há mais de 8 anos
D) O fato ocorreu em 2003

Pode-se concluir que a resposta correta é:

a) A b) B c) C d) D

28) Considere que as seguintes afirmações são verdadeiras:

I – Nenhum economista é preguiçoso.
II – Luís trabalha no Departamento Financeiro.
III – Todos os funcionários do Departamento Financeiro são preguiçosos.
IV – Alguns preguiçosos são simpáticos

A afirmação que é certamente VERDADEIRA é:

a) Todos os preguiçosos trabalham no Departamento Financeiro
b) Alguns funcionários do Departamento Financeiro são economistas
c) Luís não é economista
d) Luís não é simpático

29) Considere as cinco afirmações a seguir:

I – Lucas é contador e Pedro não é economista
II – Lucas não é contador e Pedro é economista
III – Se Lucas é contador, então Pedro é economista
IV – Lucas não é contador ou Pedro é economista
V – Lucas não é contador ou Pedro não é economista.

A afirmação I é a negação lógica das afirmações:

a) II e V
b) II e III
c) III e IV
d) II e IV

30) Sabe-se que: "Carlos ser contratado é uma condição necessária para Pedro ser promovido e é uma condição suficiente para Marta se aposentar."
Se Marta não se aposentou, então é correto concluir que:

a) Pedro foi promovido
b) Carlos foi contratado e Pedro não foi promovido
c) Carlos não foi contratado e Pedro foi promovido
d) Pedro não foi promovido

31) Dizer que "Mário não é engenheiro ou Márcia é economista" é logicamente equivalente a dizer que:

a) Se Mário é engenheiro, então Márcia é economista
b) Mário é engenheiro e Márcia não é economista
c) Se Márcia é economista, então Mário não é engenheiro
d) Se Márcia não é economista, então Mário é engenheiro

32) Considere as premissas:

- Existem médicos que são loiros
- Todas as pessoas loiras são competentes

Pode-se concluir que:

a) Todos os médicos são competentes
b) Existem médicos que são competentes
c) Não existem médicos que não são competentes
d) Todos os loiros são médicos competentes

33) Observando o calendário de um determinado ano, verificou-se que o dia 31 de março foi uma quarta-feira. Nesse mesmo calendário, pode-se verificar que o dia 21 de dezembro será uma:

a) segunda-feira
b) terça feira
c) quinta-feira
d) sexta-feira

34) Marcelo calculou a média salarial dos 10 funcionários do seu departamento, encontrando R$ 2.700,00, porém percebeu que havia esquecido de incluir o salário de Marcos. Refazendo os cálculos, encontrou a nova média, que subiu para R$ 3.080,00. Em relação ao salário de Marcos, é correto afirmar que:

a) é o menor do departamento
b) é o maior do departamento
c) é menor que 3 mil reais
d) é maior que 3 mil reais

35) A tabela a seguir foi utilizada para calcular o Imposto de Renda devido à Receita Federal nos meses de outubro e novembro de 2002.

TABELA PROGRESSIVA MENSAL		
BASE DO CÁLCULO	**ALÍQUOTA**	**PARCELA A DEDUZIR**
Até R$ 1.058,00	ISENTO	- -
De R$ 1.058,00 a R$ 2.115,00	15%	R$ 158,70
Acima de R$ 2.115,00	27,5%	R$ 423,08

João presta serviços a uma empresa, e o seu Imposto de Renda devido é calculado da seguinte maneira: tomando por base de cálculo o seu salário bruto em reais, aplica-se a alíquota (porcentagem) e, desse resultado, subtrai-se a parcela a deduzir. O salário líquido de João então é calculado, subtraindo-se do seu salário bruto o valor do Imposto de Renda devido. Suponha que em outubro de 2002, o salário bruto de João foi R$ 2.000,00 e que no mês seguinte, seu salário bruto teve aumento de 20%. Com base nessas informações, analise as seguintes afirmações:

I – O salário líquido de João no mês de novembro foi de R$ 2.163,08
II – A diferença entre os salários líquidos recebidos por João em novembro e outubro foi superior a R$ 300,00

III – Comparando com o salário líquido de outubro, o salário líquido de João em novembro apresentou um aumento de 18,5%

O número de afirmações corretas é:

a) 0
b) 1
c) 2
d) 3

36) Em 2000, uma indústria iniciou a fabricação de **X** unidades de certo produto e, desde então, sua produção tem crescido à taxa de **20%** ao ano. Nessas condições, o ano em que, pela primeira vez, a produção será superior ao **triplo** da de 2000 é:
Observação: Se necessário, utilize log 2 = 0,30 e log 3 = 0,48

a) 2005
b) 2006
c) 2007
d) 2008

37) No quadro abaixo são apresentadas as equivalências entre três unidades monetárias utilizadas num certo país:

10 pilas = 8 merrecas
1 merreca = 5 contos

Utilizando esses dados, o preço, em contos, de uma mercadoria que custe 2 pilas mais 3 merrecas é igual a:

a) 53
b) 43
c) 33
d) 23

38) O avanço da tecnologia tem resultado na produção de aparelhos eletrônicos mais compactos e com mais recursos, possibilitando também a queda de seus preços aos consumidores. Uma indústria estimou que, daqui a **x** meses, o preço de um certo modelo de calculadora será igual a $P(x) = 40 + \frac{30}{x+1}$ reais. Assim, comparando o preço desse modelo hoje (x = 0) com o que deverá ser daqui a 2 anos e 5 meses conclui-se que ele sofrerá uma queda de:

a) 58,5
b) 56,5
c) 43,5
d) 41,5

39) Suponha que em uma certa rota, uma companhia aérea transporta 8.000 passageiros por mês, cada um pagando 50 dólares. A companhia aérea deseja aumentar o preço da passagem. Entretanto, o departamento de pesquisa de mercado estima que para cada 1 dólar de aumento, a companhia aérea irá perder 100 passageiros.

Analise as afirmações abaixo:

I – O faturamento da empresa é dado pela equação: $F(x) = -100x^2 + 13.000x$
II – O preço da passagem para que a companhia tenha o maior faturamento possível é 60 dólares
III – É indiferente para a companhia, considerando apenas o faturamento, que a passagem custe 50 dólares ou 80 dólares

IV – O faturamento máximo da companhia será de 422.500 dólares

O número de afirmações corretas é igual a:

a) 1
b) 2
c) 3
d) 4

40) Dos 22 pacientes atendidos por um médico num determinado dia, constatou-se que 15 sofriam de *rinite atópica* , 12 de *urticária* e 3 não apresentavam qualquer sintoma dessas duas doenças. A partir dessa constatação, uma enfermeira fez as seguintes afirmações:

I) Sete desses pacientes sofrem apenas de rinite;
II) Oito desses pacientes sofrem de ambas as doenças;
III) Onze desses pacientes sofrem apenas de uma dessas doenças.

Das afirmações feitas pela enfermeira, pode-se concluir que:

a) todas estão corretas
b) apenas I está correta
c) apenas II está errada
d) I e II estão erradas
e) Apenas II e III estão corretas

41) Num dicionário escolar foram encontradas as seguintes definições:

Animal vertebrado: *é aquele que possui vértebras, isto é, são os animais de cuja estrutura faz parte um esqueleto ósseo ou cartilagíneo*

Ave: *animal vertebrado com o corpo coberto de penas.*

(Dicionário Escolar Silveira Bueno – Ediouro/2000)

A partir dessas definições, é possível concluir corretamente que:

a) Todo animal vertebrado tem o corpo coberto de penas
b) Existem animais vertebrados que têm o corpo coberto de penas
c) Todos os vertebrados que não são aves possuem o corpo coberto de penas
d) Se um animal não é vertebrado, então ele pode ser uma ave
e) Se um animal não é uma ave, então ele não é vertebrado

42) Foi testada a resistência física de 5 pessoas subindo uma montanha, medindo-se o tempo que elas necessitaram para escalar de uma certa altitude até o nível mais alto. O cálculo da *"potência de escalada"* em m/h (distância vertical por hora) serviu para classificar cada pessoa, segundo a sua resistência, classificando-as de acordo com a tabela abaixo:

Pessoa número	Classificação	Altitude do nível Mais baixo - Mais alto	Tempo requerido
1	Muito forte	800 m - 2020 m	2 h 42 min
2	Não treinada	1200 m - 2100 m	3 h 06 min
3	Muito forte	1200 m - 2900 m	3 h 30 min
4	Razoavelmente forte	1500 m - 2350 m	2 h 12 min
5	Não treinada	950 m - 2250 m	4 h 06 min

Com base nos dados da tabela, foram feitas 3 afirmações:

I) A *"potência de escalada"* da pessoa classificada como razoavelmente forte é aproximadamente igual a 390 m/h
II) A *"potência de escalada"* da pessoa número 5 ficou abaixo de 300 m/h
III) Comparando as pessoas classificadas como muito forte, a número 1 teve melhor desempenho.

Analisando essas afirmações pode-se concluir que:

a) todas estão corretas
b) somente II está correta
c) somente I está correta
d) Somente III está correta
e) Todas estão erradas

43) Numa pesquisa, os cientistas afirmaram que para as fêmeas da cobra *Lampropeltis polyzona* o comprimento total (y) é uma função linear do comprimento da cauda (x), com grande precisão. Num experimento com três cobras A, B e C, dessa espécie, foi construído o seguinte gráfico:

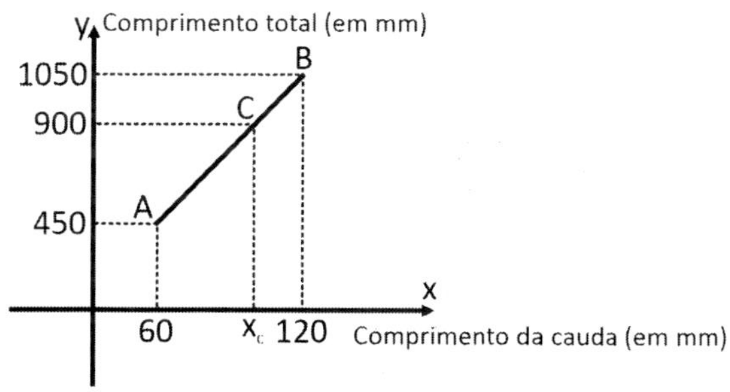

Com base no gráfico, pode-se concluir que o comprimento da cauda da cobra C é, em mm, igual a:

a) 85
b) 90
c) 95
d) 100
e) 105

44) O fluxo de sangue em um vaso sanguíneo pode ser calculado, em cm/s , de acordo com a lei de Poiseuille, através da fórmula

$$V = 1{,}185 - (1{,}85 \times 10^4) \cdot r^2,$$

em que r é a distância em cm, a qualquer ponto do líquido a partir do eixo do tubo, considerado cilíndrico de raio R cm, isto é, $0 \leq r \leq R$. Assim, se r = 0, a velocidade alcança seu valor máximo, e se r = R o fluxo do sangue é igual a zero, ou seja, o vaso fica obstruído.
Com base nessas informações, pode-se concluir que o raio R considerado para o vaso sanguíneo é, em milímetros, aproximadamente igual a:

a) 0,06
b) 0,08
c) 0,10
d) 0,12
e) 0,14

45) Para o tratamento de um paciente em recuperação, um fisioterapeuta recomendou que ele fizesse caminhadas diárias, durante um período de 30 dias, obedecendo a seguinte tabela:

dias	1º	2º	3º	4º	5º	. . .	30º
metros	80	100	120	140	160	. . .	x

Considerando que o acréscimo continuará constante, isto é, 20 metros a cada dia, até o final do tratamento, pode-se concluir que no 30º dia este paciente estará caminhando, em metros, uma distância equivalente a:

a) 600
b) 620
c) 640
d) 660
e) 680

46) Um rio foi infectado por uma vegetação que, no final de 2001 cobria uma área de 12 Km^2. Considerando que o aumento anual da área coberta foi sempre constante e igual à metade da área total que estava coberta no final do ano anterior, pode-se afirmar que no final de 2006 a área total que estava coberta era, em Km^2, aproximadamente igual a:

a) 91
b) 95
c) 100
d) 121
e) 125

A temperatura diária, em graus Celsius, de um paciente, foi acompanhada durante 5 dias, fazendo-se 4 medições diárias. Os resultados dessa medição foram colocados numa matriz, conforme é mostrado abaixo, na qual cada elemento a_{ij} representa a medição i realizada no dia j

$$\begin{pmatrix} 36{,}0 & 36{,}5 & 37{,}0 & 37{,}0 & 38{,}0 \\ 36{,}5 & 38{,}0 & 38{,}0 & 40{,}0 & 37{,}0 \\ 37{,}0 & 37{,}5 & 39{,}0 & 39{,}0 & 36{,}5 \\ 36{,}0 & 37{,}5 & 37{,}0 & 38{,}0 & 36{,}5 \end{pmatrix}$$

Com base nos dado da tabela, responda as duas a seguir:

47) Considere as afirmações abaixo:

I) No terceiro dia, a temperatura do paciente chegou duas vezes a 39 graus
II) Na quarta medição do segundo dia, a temperatura era igual a 40 graus
III) A menor temperatura foi registrada na segunda medição do quarto dia

Dessas afirmações, pode-se concluir que:
a) todas estão erradas
b) apenas I está errada
c) I e II estão corretas
d) Apenas III está correta
e) Todas estão corretas

48) A temperatura média desse paciente no terceiro dia de medição foi, em graus Celsius, igual a:

a) 37,75
b) 37,80
c) 38,05
d) 38,25
e) 38,50

49) Num hospital há 3 cardiologistas, 4 neurologistas e 10 pediatras. Deseja-se montar uma comissão formada por 4 desses profissionais, de modo que, em cada comissão, haja, obrigatoriamente, um cardiologista, um neurologista e um pediatra. Assim, o número máximo de comissões que poderão ser formadas atendendo a condição é igual a:

a) 1680
b) 1920
c) 1980
d) 2520
e) 2580

50) A probabilidade de um paciente sobreviver após um certo tipo de cirurgia é de 95%. Num hospital, três pacientes foram submetidos a essa cirurgia. A probabilidade de que nenhum deles sobreviva é de:

a) 0,0125%
b) 0,125%
c) 1,25%
d) 12,5%
e) 125%

51) Os salários dos profissionais da área de saúde de um certo município foram reajustados em 4,6%. Assim, um médico passou a receber um salário bruto de R$ 2.562,70. Sabendo que do salário bruto de cada funcionário desse município é descontada uma parcela de 10% para um instituto de previdência, a diferença entre o valor que um médico passou a descontar e o que ele descontava antes do seu aumento salarial é, em reais, igual a:

a) 12,37
b) 12,07
c) 11,47
d) 11,27
e) 10,77

52) Num hospital há médicos e enfermeiros, num total de 37 profissionais. Foram contratados 11 novos enfermeiros, e com isso, o número desses profissionais passou a ser o triplo do número de médicos do hospital. Pode-se concluir que, antes da contratação dos novos enfermeiros, a diferença entre o número de enfermeiros e médicos era igual a:

a) 13
b) 12
c) 11
d) 10
e) 9

53) Um certo medicamento deve ser ministrado aos pacientes proporcionalmente à idade de cada um, conforme o quadro abaixo:

IDADE (anos)	Nº DE GOTAS
6	10
12	20
27	x

Logo, o número de gotas que um paciente com 27 anos deverá receber é igual a:

a) 32
b) 35
c) 42
d) 45
e) 47

54) A sala de recepção de um hospital foi desenhada abaixo, na escala de 1: 50, conforme sugere a figura abaixo:

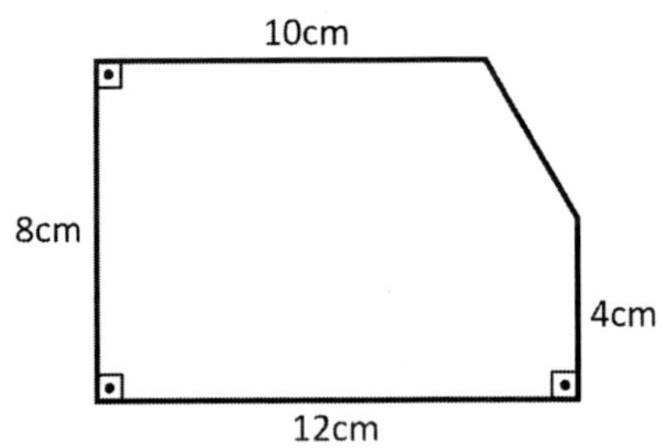

Pode-se afirmar que a areal real da sala, em m^2, é igual a:

a) 21
b) 22
c) 23
d) 24
e) 25

55) A média aritmética das idades dos 49 funcionários de um hospital era igual a 35 anos. Com a admissão de um novo funcionário, essa média subiu para 35,2 anos. Pode-se afirmar que a idade do funcionário admitido é um número x, tal que x é:

a) par
b) primo
c) menor que 35

d) múltiplo de 5
e) divisor de 15

56) Foi utilizado numa experiência um frasco com a forma de uma pirâmide de base quadrada, cuja aresta da base mede 12 cm e a altura, 8 cm. Colocando-se o frasco com a base sobre uma mesa observou-se que um conta-gotas levou 42 minutos para liberar um líquido que alcançou uma altura igual a metade da altura da pirâmide. Supondo que o líquido é liberado pelo conta-gotas com uma vazão constante, o tempo mínimo necessário para que o frasco fique totalmente cheio é, em minutos, igual a:

a) 42
b) 21
c) 18
d) 9
e) 6

57) Um tanque foi construído com a forma de um cubo cuja aresta mede 4 metros. Estando totalmente cheio de água, esse cubo tem capacidade para armazenar, em litros de água, o equivalente a:

a) 64
b) 640
c) 6.400
d) 64.000
e) 640.000

58) Um medicamento líquido que é utilizado no tratamento de um paciente, é acondicionado em recipientes com a forma de um cilindro circular reto, cuja altura mede 20 cm e o raio da base, 5 cm, os quais são totalmente cheios e o seu conteúdo ministrado integralmente a cada hora. Tendo acabado esse tipo de recipiente, um enfermeiro utilizou um tubo semelhante ao primeiro, porém com altura de 40 cm e raio da base 10 cm. Sabendo que o paciente não pode receber uma dose superior à que recebia antes, o enfermeiro deverá utilizar uma fração do conteúdo do novo tubo. Para obter a dose correta, a altura do medicamento, no novo recipiente, deverá, em cm, corresponder a:

a) 20
b) 15
c) 12
d) 10
e) 5

59) A embalagem de um remédio tem a forma de um prisma quadrangular regular de altura 12 cm e aresta da base igual a 4 cm. Para a confecção de cada embalagem, uma fábrica vai utilizar placas de papelão retangulares, com medidas 2,00 m por 1,68 m. Supondo que não haja perda de material, o número máximo de embalagens que poderão ser fabricadas com uma dessas placas de papelão é igual a:

a) 120
b) 130
c) 140
d) 150
e) 160

60) Num estacionamento havia vinte automóveis. João observou que, desses automóveis, dez eram verdes, oito eram da marca CARROBOM e três eram verdes da marca CARROBOM. O número de automóveis que estão no estacionamento e não são verdes, nem da marca CARROBOM é igual a:

a) 1
b) 3
c) 5
d) 7
e) 9

Para responder as três questões a seguir, leia atentamente o texto:

Para fazer uma viagem, Carlos encheu o tanque de gasolina do seu automóvel, cuja capacidade é de 60 litros. Carlos saiu às 8 horas da manhã e depois de 4 horas de viagem, parou em um restaurante. Observou então que havia percorrido uma distância de 360 Km, e que o marcador de combustível do seu automóvel indicava que o tanque estava com a metade da capacidade total.

61) A velocidade média com que Carlos dirigiu até o instante em que parou no restaurante foi de:

a) 100 Km/h
b) 90 Km/h
c) 80 Km/h
d) 70 Km/h
e) 60 Km/h

62) O consumo médio de gasolina do automóvel de Carlos é de:

a) 16 Km/l
b) 15 Km/l
c) 13 Km/l
d) 12 Km/l
e) 10 Km/l

63) Considere que Carlos tenha almoçado e descansado durante uma hora e meia no restaurante. Sabendo que, para terminar a viagem, Carlos ainda precisa percorrer mais 120 Km, se ele andar com uma velocidade média de 100Km/h, chegará ao seu destino às:

a) 14h e 42min
b) 14h e 40min
c) 14h e 35min
d) 14h e 32min
e) 14h e 30min

O texto e a tabela abaixo devem ser utilizados para responder as quatro questões a seguir:

Pedro foi comprar material para manutenção do seu automóvel. Numa loja especializada observou a seguinte tabela, onde constam os itens que ele procurava, as marcas disponíveis e o preço unitário de cada item:

ITENS	MARCAS DISPONÍVEIS	PREÇO UNITÁRIO (em reais)
ÓLEO (litro)	O1	24,00
	O2	21,00
	O3	32,00
FILTRO DE AR	F1	12,00
	F2	15,00
PNEU	P1	110,00
	P2	95,00

64) Se Pedro optar pelos itens mais baratos da tabela e comprar 3 litros de óleo, 2 filtros de ar e 2 pneus, pagará um total de:

a) 267 reais
b) 271 reais
c) 275 reais
d) 277 reais
e) 281 reais

65) A loja oferece, nas compras à vista, um desconto de 20% sobre o preço de tabela. Logo, se Pedro comprar um filtro de ar da marca F2, pagará, à vista:

a) 9,60 reais
b) 10 reais
c) 10,40 reais
d) 12 reais
e) 12,50 reais

66) Se colocar a despesa no cartão de crédito, Pedro poderá pagar em 4 prestações iguais, mas nesse caso a loja cobra um acréscimo de 15% sobre o preço de tabela. Logo, se Pedro comprar 4 pneus da marca P1 e colocar a despesa no cartão de crédito, o valor de cada prestação a ser paga será igual a:

a) R$ 126,50
b) R$ 136,50
c) R$ 138,50
d) R$ 146,50
e) R$ 148,50

67) Como se observa na tabela, há três marcas disponíveis de óleo e duas de filtro de ar. Se Pedro escolher, sem levar em consideração os preços, uma marca dessas marcas de óleo e uma das de filtro de ar, o número de formas diferentes que poderá ser feita essa escolha é igual a:

a) 12
b) 10
c) 8
d) 6
e) 5

68) Luís foi pai aos 20 anos. Hoje, a idade de Luís, adicionada com a de seu filho resulta 36. A idade atual de Luís é igual a:

a) 32 anos
b) 30 anos
c) 28 anos
d) 26 anos
e) 24 anos

O gráfico abaixo apresenta a variação da taxa de inflação, ao final de cada mês, de um certo país, no primeiro semestre de 2008:

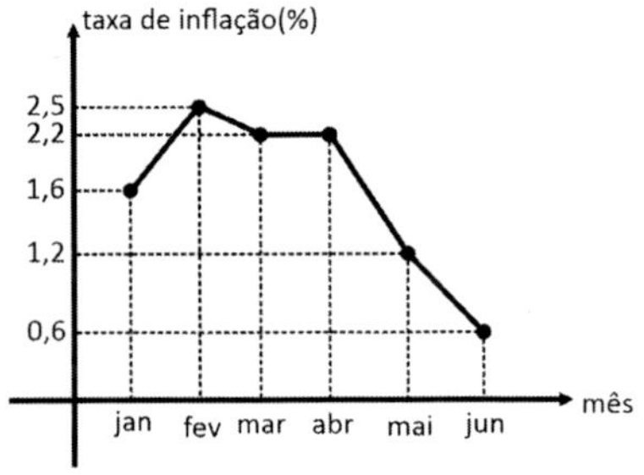

Com base no gráfico acima, responda as três questões a seguir:

69) O mês que apresentou o maior índice de inflação foi:

a) janeiro
b) fevereiro
c) abril
d) maio
e) junho

70) Os meses que apresentaram a mesma taxa de inflação foram:

a) março e abril
b) abril e maio
c) maio e junho
d) janeiro e fevereiro
e) fevereiro e março

71) A taxa média de inflação no primeiro trimestre de 2008 nesse país foi de:

a) 6,3%
b) 4,2%
c) 3,6%
d) 2,1%
e) 1,8%

72) Numa conversa entre amigos, foram ouvidas as seguintes afirmações:

I) Todo motorista é inteligente
II) Existem motoristas que são flamenguistas

Admitindo que essas afirmações sejam verdadeiras, a conclusão que nunca poderá ser verdadeira é:

a) Existem flamenguistas inteligentes
b) Existem motoristas que não são flamenguistas
c) Existem flamenguistas que não são motoristas
d) Todo flamenguista é inteligente
e) Nenhuma pessoa inteligente é flamenguista

73) Ao observar o número de pessoas que estavam em uma sala, Marília afirmou que pelo menos três delas haviam nascido num mesmo mês. Sabendo que Marília estava correta em sua afirmação, pode-se concluir que o menor número possível de pessoas que estavam na sala quando Marília fez sua afirmação era igual a:

a) 14
b) 24
c) 25
d) 36
e) 37

Pedro tem uma frota de 5 automóveis, que mandou emplacar seguindo um padrão, conforme é mostrado abaixo:

LKA - 1231	LKC - 2342	LKF - 3453	LKJ - 4564	LK▼ - 5ab5

Observando o padrão responda as duas questões a seguir:

74) A letra que substitui corretamente o símbolo "▼" é:

a) O
b) P
c) Q
d) L
e) N

75) As letras a e b estão substituindo algarismos cuja soma é igual a:

a) 11
b) 13
c) 15
d) 17
e) 19

76) Observando os algarismos do marcador de quilometragem do seu carro, Mário trocou a posição dos dois últimos algarismos, lendo 72.5**YX** em vez de 72.5**XY**. Com essa leitura, pensou que estivesse 45 Km à frente de onde realmente ainda estava. Dentre os números abaixo, o único que poderia estar no marcador no momento da leitura era:

a) 72.516
b) 72.550
c) 72.572
d) 72.583
e) 72.594

Um terreno, com a forma de um retângulo, foi dividido em dez retângulos menores de mesma área, de modo que pudesse acomodar 10 automóveis, deixando-se ainda uma área livre para circulação e manobras, conforme sugere o desenho abaixo:

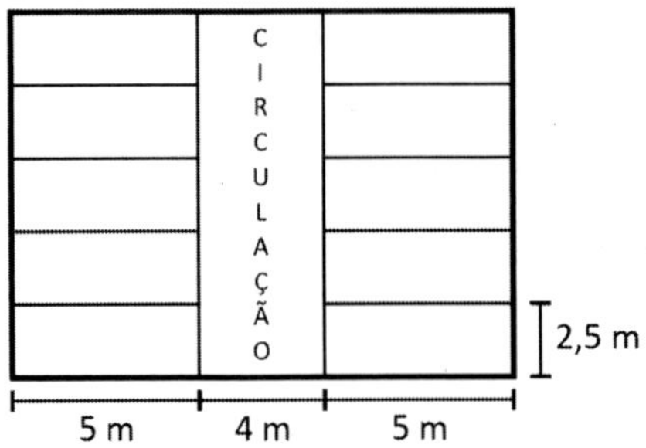

Com base nos dados acima, responda as duas questões a seguir:

77) A área destinada a cada automóvel é, em metros quadrados, igual a:

a) 7,5
b) 10,0
c) 12,5
d) 15,0
e) 16,5

78) Para pintar todo o piso do estacionamento, incluindo a área destinada a circulação e manobras, foi utilizada uma tinta especial. Cada galão dessa tinta cobre uma área equivalente a $20m^2$. Assim, o número mínimo de galões, necessários para pintar todo o piso é igual a:

a) 7
b) 9
c) 10
d) 12
e) 15

79) De uma rodoviária partem três linhas de ônibus diferentes. Cada ônibus da primeira linha sai de 6 em 6 minutos; cada ônibus da segunda linha sai de 8 em 8 minutos e cada ônibus da terceira linha sai de 10 em 10 minutos. Às 8 horas da manhã saíram três ônibus, um de cada linha. O primeiro instante dessa manhã isto ocorrerá novamente, ou seja, sairão três ônibus, um de cada linha, no mesmo horário, será às:

a) 10h
b) 10h e 20min.
c) 10h e 30min.
d) 11h
e) 11h e40min.

Leia com atenção o texto abaixo e, em seguida, responda as três questões a seguir:

Ao organizar o arquivo de associados do clube em que trabalha, Marta encontrou 1200 fichas, verificando que 40% delas correspondiam a pessoas do sexo feminino e que 20% dessas pessoas tinham idade igual ou superior a 60 anos. Das fichas correspondentes às pessoas do sexo masculino, 15% tinham idade inferior a 20 anos.

80) O percentual de fichas correspondentes às mulheres com idade **inferior** a 60 anos, em relação ao total de fichas encontradas no arquivo é de:

a) 32%
b) 40%
c) 48%

d) 62%
e) 80%

81) Se retirar ao acaso uma das 1200 fichas encontradas no arquivo, a probabilidade de Marta obter uma ficha que corresponde a uma pessoa do sexo masculino com menos de 20 anos é de:

a) 15%
b) 12%
c) 10%
d) 9%
e) 8%

82) Separando 10 dessas fichas, Marta observou que a média aritmética das idades encontradas era de 42 anos. Incluindo mais uma ficha, essa média aumentou para 43. A idade da pessoa cuja ficha foi incluída era de:

a) 43 anos
b) 48 anos
c) 53 anos
d) 58 anos
e) 63 anos

83) Um associado de um clube foi pagar sua mensalidade no dia 18 de julho de 2008. No carnê destinado ao pagamento constavam as seguintes informações:

I) Valor da mensalidade: R$ 28,00;
II) Data do vencimento: 10 / 08 / 2008;
III) Pagamento em atraso: Multa de 15% sobre o valor da mensalidade, acrescido de R$0,20 por dia de atraso.

Com essas informações, pode-se afirmar que o valor que deverá ser cobrado a esse associado é, em reais, igual a:

a) 32,20
b) 32,40
c) 32,80
d) 33,20
e) 33,80

Leia as informações abaixo para responder as duas questões a seguir:

Marcelo faz o controle do estoque das mercadorias X, Y e Z da firma em que trabalha. Sabe-se que essas mercadorias são vendidas em dois tamanhos, grande (G) e médio (M) e que a firma possui duas lojas onde essas mercadorias são vendidas. Marcelo organizou duas tabelas para controlar o estoque de cada loja, e num determinado dia observou a seguinte situação:

LOJA 1			
	QUANTIDADE DE MERCADORIA		
TAMANHO	X	Y	Z
G	20	12	8
M	16	3	4

LOJA 2			
	QUANTIDADE DE MERCADORIA		
TAMANHO	X	Y	Z
G	4	8	6
M	12	5	7

Além das informações acima, considere que o preço de cada mercadoria é o mesmo nas duas lojas, conforme é mostrado na tabela:

	TAMANHO / PREÇO (em reais)	
MERCADORIA	G	M
X	12,10	9,20
Y	10,80	8,50
Z	15,50	12,50

84) A quantidade de mercadoria Z, tamanho G, existente no estoque das duas lojas nesse dia era igual a:

a) 25
b) 24
c) 20
d) 14
e) 11

85) Se todas as mercadorias do tipo X, tamanho M forem vendidas, o total arrecadado pelas duas lojas será, em reais, igual a:

a) 275,60
b) 267,50
c) 257,60
d) 256,70
e) 267,60

86) Analisando o quadro de associados de um determinado clube, o presidente observou que estava ocorrendo uma evolução, no final de cada ano, conforme é mostrada no quadro abaixo:

ANO	2002	2003	2004	2005	2006	2007
Nº DE SÓCIOS	300	375	450	525	...	...

Supondo que o número de sócios continue aumentando, a cada ano, na mesma razão, o número de sócios que o clube terá no final do ano de 2010 será igual a:

a) 1050
b) 1000
c) 975
d) 900
e) 825

87) No gráfico abaixo, são mostradas as variações do custo e do valor que uma indústria arrecada, em reais, respectivamente, na fabricação e na venda de cada unidade de uma determinada peça que produz, ambos considerados com crescimentos lineares.

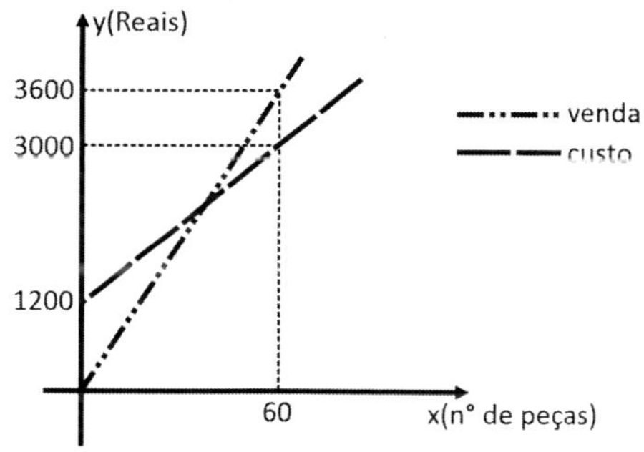

Com base no gráfico, são feitas as seguintes afirmações:

I) A indústria tem um custo fixo de produção de 1200 reais;
II) Na venda de 60 peças a indústria arrecada 3000 reais
III) A indústria deve vender, no mínimo, 41 peças para apresentar lucro;
IV) O lucro na venda de 60 peças é de 600 reais

O número de afirmações corretas é:

a) 0
b) 1
c) 2
d) 3
e) 4

88) Considere a afirmação:

"Se uma pessoa é psicóloga, então ela ganha muito dinheiro."

Considerando que a afirmação acima seja verdadeira, assinale a única afirmação que também é verdadeira:

a) Se uma pessoa não é psicóloga, então ela não ganha muito dinheiro.
b) Se uma pessoa ganha muito dinheiro, então ela é psicóloga.
c) Se uma pessoa não ganha muito dinheiro, então ela não é psicóloga.
d) Toda pessoa que ganha muito dinheiro é psicóloga.
e) Nenhuma pessoa que é psicóloga ganha muito dinheiro.

89) Uma sala retangular deverá ser construída de modo que a diferença entre o comprimento (C) e a largura (L) seja igual a 2 metros, ou seja $C - L = 2$ m. A partir dessa informação, Juliana fez as seguintes afirmações:

I) Se o comprimento da sala for igual a 6 m, seu perímetro será igual a 20m;
II) Se a largura da sala for igual a 3 m, sua área será igual a 15m^2;
III) Se desejarmos que a sala tenha uma área de 56m^2, seu comprimento deverá ser igual a 9 metros;
IV) Descontando 80cm do vão destinado à colocação de uma porta, se a sala tiver 5metros de largura, serão gastos 23,20m de ripa, para colocação do rodapé.

O número de afirmações corretas é igual a:

a) 0
b) 1
c) 2
d) 3
e) 4

90)

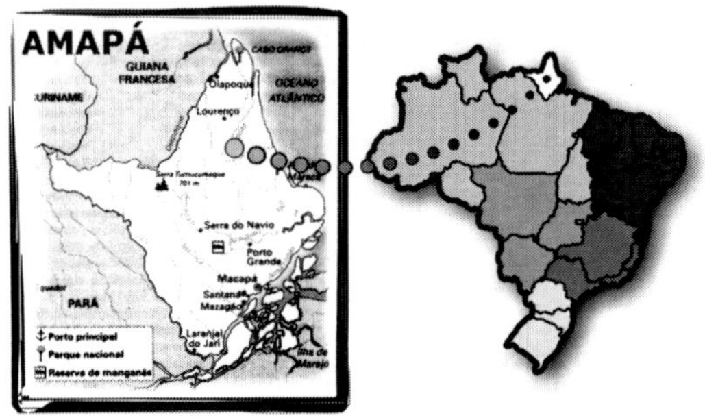

De acordo com as informações contidas no site www.citybrazil.com.br, a maior parte do território do Estado do Amapá, cerca de **73%** do total, que corresponde a aproximadamente **97.000km²**, está coberta pela Floresta Amazônica ou Hileia Brasileira. De acordo com esta informação, podemos afirmar que a área total do estado do Amapá é de aproximadamente:

a) 20.000km²
b) 100.000km²
c) 110.000km²
d) 133.000km²
e) 160.000km²

GABARITO

1. B
2. C
3. B
4. C
5. E
6. C
7. B
8. C
9. D
10. D
11. B
12. C
13. B
14. D
15. C
16. B
17. B
18. B
19. D
20. A
21. C
22. C
23. D
24. C
25. C
26. A
27. B
28. C
29. B
30. A
31. D
32. A
33. A
34. B
35. B
36. E
37. a) 17; B) [(5 + 2) x 3 – 20 + 6] x 4 : 2
38. B
39. C
40. E
41. B
42. A
43. C
44. A
45. E
46. A
47. A
48. D
49. B
50. D
51. B
52. D
53. C
54. E
55. E
56. C
57. A
58. C
59. E
60. E
61. C
62. D
63. A
64. B
65. A
66. E
67. D
68. D
69. C
70. A
71. D
72. C
73. D
74. A
75. A
76. D
77. B
78. A
79. B
80. B
81. A
82. B
83. D
84. B
85. C
86. C

87. C
88. A
89. E
90. A
91. C
92. B
93. A
94. C
95. C
96. B
97. E
98. E
99. A
100. A
101. A
102. A
103. A
104. A
105. A
106. C
107. B
108. A
109. A
110. B
111. D
112. C
113. D
114. C
115. B
116. B
117. D
118. A
119. A
120. B
121. C
122. B
123. C
124. C
125. E
126. C
127. A
128. A
129. B
130. B
131. D
132. E
133. B
134. B
135. B
136. E
137. B
138. A
139. C
140. D
141. A
142. B
143. D
144. C
145. C
146. A
147. C
148. B
149. C
150. D
151. A
152. C
153. D
154. C
155. D
156. B
157. 3,6cm
158. $2\sqrt{2}$cm
159. E
160. 72%
161. 81
162. A
163. B
164. A
165. 10cm
166. A
167. A
168. C
169. B
170. C
171. A
172. D
173. B
174. E
175. A
176. E
177. C
178. A
179. A

180. $89l^2/100$

181. $\frac{r^2(9\sqrt{3}-4\pi)}{2}$

182. a) 10cm; $\frac{20\pi}{3}$ cm

183. A

184. C

185. B

186. A

187. D

188. B

189. C

190. C

191. B

192. A

193. D

194. B

195. C

196. C

197. A

198. B

199. C

200. B

201. A

202. 597

203. 375.000

204. D

205. B

206. B

207. E

208. E

209. B

210. E

211. C

212. B

213. C

214. C

215. 13

216. A

217. C

218. D

219. D

220. D

221. C

222. E

223. a) aprox.. 3,3 milhões;
b) 10

224. B

225. a) 1,64m;
b) Paulo: 56kg e
Paula: 54kg

226. E

227. E

228. B

229. C

230. E

231. D

232. E

233. A

234. E

235. A

236. A

237. A

238. D

239. D

240. C

241. A

242. D

243. D

244. E

245. C

246. E

247. B

248. a) x; b) 13

249. a) −6x − 5;

b) $f^{-1}(x)=\frac{x-1}{3}$ e $g^{-1}(x)=\frac{-x-2}{2}$

250. D

251. A

252. A

253. B

254. C

255. D

256. A

257. D

258. B

259. B

260. D

261. A

262. D

263. C

264. C

265. D

266. A

267. E

268. A

269. D
270. 8 u.a.
271. D
272. A
273. 2.039
274. A
275. D
276. C
277. C
278. a) 840 litros; b) 100 horas
279. a) 22 °C; b) 31 °C
280.]1/3; 6/17]
281. E
282. E
283. B
284. C
285. A
286. C
287. D
288. C
289. 10 min
290. A
291. 50
292. E
293. D
294. 5
295. B
296. A
297.]-2; -1] ou]2; +∞[
298. 90
299. A
300. C
301. E
302. B
303. 125.000m²
304. D
305. E
306. D
307. a) $A(t) = -2t^2 + 8t + 10$; 18km²; 2 anos
308. C
309. C
310. A
311. C
312. D
313. E
314. C
315. A
316. E
317. B
318. A
319. C
320. E
321. D
322. B
323. A
324. E
325. 30
326. D
327. A
328. A
329. D
330. C
331. A
332. D
333. D
334. C
335. A
336. A
337. D
338. C
339. D
340. C
341. C
342. a) 27; –8; 1/9; –1/8; b) d < b < c < a
343. B
344. D
345. C
346. B
347. A
348. B
349. E
350. A
351. D
352. E
353. C
354. B
355. B
356. D
357. C
358. A

359. B
360. E
361. x = 1
362. E
363. D
364. D
365. C
366. B
367. 60%
368. 39
369. D
370. C
371. D
372. C
373. E
374. D
375. A
376. B
377. A
378. E
379. C
380. C
381. A
382. B
383. B
384. A
385. x = 100
386. D
387. A
388. B
389. C
390. E
391. $y = 100x^2$
392. B
393. C
394. 47
395. D
396. 35 meses
397. E
398. E
399. D
400. a) 362.500;
b) 2.742.000
401. 62
402. E
403. B
404. A
405. E
406. C
407. C
408. C
409. E
410. 1/89
411. D
412. D
413. D
414. 10 m
415. B
416. a) 10,5km/h; b) 480km;
c) 15,66 reais
417. A
418. 20
419. B
420. D
421. C
422. E
423. B
424. B
425. A
426. B
427. C
428. B
429. B
430. D
431. E
432. A
433. 7
434. A
435. A
436. B
437. D
438. D
439. D
440. E
441. E
442. E
443. D
444. E
445. E
446. B
447. A
448. B
449. E
450. A

451. D
452. B
453. a) 295; b) 83
454. 4
455. Demonstrar; b) k = 125
456. C
457. E
458. D
459. C
460. E
461. B
462. E
463. D
464. a) 68,8;
b) demonstrar
465. C
466. B
467. D
468. C
469. D
470. D
471. D
472. C
473. 23h
474. D
475. E
476. E
477. 42
478. D
479. A
480. A

481. E
482. E
483. 1023x
484. A
485. B
486. D
487. E
488. E
489. D
490. A
491. B
492. C
493. B
494. A
495. C
496. B
497. C
498. A
499. A
500. D
501. C
502. A
503. D
504. a) 2ª medição do 4° dia;
b) 37,3 °C
505. E
506. E
507. D
508. A
509. B
510. E

511. D
512. A
513. C
514. D
515. A
516. C
517. E
518. D
519. A
520. C
521. C
522. D
523. A
524. 10
525. B
526. B
527. A
528. 53
529. B
530. C
531. A
532. E
533. D
534. E
535. A
536. D
537. B
538. B
539. 11
540. B
541. B

542. D

543. D

544. D

545. E

546. A

547. 250 cavalheiros e 230 damas

548. A

549. A

550. A

551. A

552. A

553. C

554. B

555. C

556. A

557. B

558. B

559. A

560. E

561. a) 83,93 reais;
b) $x = 3$ e $y = z = 2$

562. B

563. B

564. A

565. C

566. C

567. D

568. D

569. C

570. C

571. C

572. D

573. D

574. A

575. E

576. B

577. D

578. D

579. B

580. C

581. D

582. E

583. E

584. D

585. B

586. E

587. B

588. a) $26^3.10^4$;
b) 26

589. 140

590. 210

591. A

592. D

593. E

594. D

595. B

596. VVVF

597. E

598. D

599. C

600. B

601. E

602. A

603. A

604. FVVF

605. D

606. E

607. A

608. A

609. D

610. B

611. C

612. A

613. A

614. D

615. E

616. C

617. D

618. D

619. A

620. A

621. C

622. D

623. B

624. E

625. A

626. A

627. A

628. D

629. D

630. C

631. A

632. D
633. A
634. C
635. B
636. A
637. D
638. A
639. A
640. A
641. A
642. B
643. C
644. E
645. D
646. B
647. E
648. B
649. A
650. A
651. C
652. C
653. C
654. D
655. A
656. A
657. C
658. B
659. A
660. 16 litros/hora
661. Aprox.. 21 centavos
662. $\sqrt{65}$
663. a) 80cm;
b) 512 litros
664. E
665. D
666. E
667. B
668. A
669. $7{,}5\pi\ m^3$
670. B
671. A
672. $\sqrt{3}$ cm
673. D
674. 80
675. D
676. B
677. 83
678. C
679. B
680. E
681. E
682. D
683. E
684. D
685. A
686. B
687. C
688. A
689. a) 15; b) 18π
690. a)6.650km;
b) 132.667.500 km^2
691. 126π; b) 2/3
692. A
693. B
694. A
695. A
696. B
697. B
698. B
699. B
700. C
701. C
702. A
703. D
704. B
705. B
706. C
707. C
708. C
709. C
710. A
711. C
712. B
713. A
714. A
715. A
716. E
717. D
718. C
719. A
720. A
721. A
722. B

723. A

724. 6 u.a.

725. a) demonstrar;
b) 8 u.a.

726. 768

727. a) 40/3;
b) k = 8/3

728. B

729. D

730. A

731. C

732. D

733. A

734. C

735. A

736. B

737. C

738. A

739. A

740. A

741. Y = -x + 1

742. a) y = -2x + 8;
b) y = (1/2)x + 3

743. $4\sqrt{5}$ u.c.

744. E

745. D

746. A

747. 19

748. C

749. C

750. C

751. D

752. C

753. D

754. B

755. A

756. C

757. B

758. D

759. B

760. B

761. A

762. D

763. B

764. E

765. A

766. a) 1/9 (10, –5, 10);
b) x = 4 + 5t; y = –5 + 4t;
z = 7 – 3t

767. A

768. (-1,-3); (3, 7); (3, 1)

769. A

770. A) (1, 3, 0);

b) $\frac{-1}{\sqrt{6}}; \frac{2}{\sqrt{6}}; \frac{-1}{\sqrt{6}}$

771. (1, 0) ou $\left(-\frac{3}{5}, \frac{4}{5}\right)$

772. E

773. A

774. D

775. C

776. E

777. B

778. X – y + 2 = 0 e x + y – 6
= 0

779. E

780. B

781. C

782. B

783. C

784. D

785. A

786. A

787. D

788. A

789. C

790. C

791. D

792. D

793. B

794. D

795. C

796. B

797. A

798. E

799. E

800. C

801. E

802. A

803. D

804. E

805. D

806. A

807. A

808. B

809. B

810. D

811. E

812. A

813. A

814. A

815. A

816. D

817. E

818. B

819. E

820. B

821. A

822. B

823. E

824. C

825. C

826. FVVV

827. A

828. D

829. B

830. B

831. -1, 2, $\frac{1 \pm i\sqrt{3}}{2}$, $-1 \pm i\sqrt{3}$

832. C

833. 0, 1 (dupla), i, -i

834. a) 2;
b) (x – 2) $(x^2 + x + 2)$;
c) x < –2 ou 1 < x < 2

835. E

836. C

837. B

838. E

839. a) –4;
b) –1 < x < 1 ou x > 3

840. a) demonstrar;
b) $\frac{-1 \pm i\sqrt{23}}{2}$

841. a) 6;
b) 345

Revisão Geral Parte II

1. d
2. d
3. a
4. b
5. b
6. e
7. c
8. b
9. d
10. d
11. c
12. a
13. a
14. a
15. d
16. d
17. a
18. d
19. d
20. a
21. b
22. b
23. a
24. c
25. a
26. c
27. d
28. c
29. c
30. d
31. a
32. b
33. b
34. d
35. c
36. c
37. d
38. d
39. c
40. a
41. b
42. c
43. e
44. b
45. d
46. a
47. a
48. a
49. a
50. a
51. d
52. a
53. b

54. c
55. d
56. e
57. d
58. e
59. d
60. c
61. b
62. d
63. a
64. d
65. d
66. a
67. d
68. c
69. b
70. a
71. d
72. e
73. c
74. a
75. b
76. A
77. C
78. B
79. A
80. A
81. D
82. C
83. E
84. D
85. C
86. D
87. D
88. C
89. D
90. D

Impressão e acabamento
Gráfica da Editora Ciência Moderna Ltda.
Tel: (21) 2201-6662